民用飞机驾驶舱人为因素适航验证导论

揭裕文　朱　亮　郑弋源　刘　勋　编著

北京航空航天大学出版社

内容简介

本书从适航审定的角度，对民用运输类飞机设计与审定过程中的驾驶舱人为因素问题进行全面阐述，内容以民用运输类飞机人为因素相关的理论和设计知识为基础，结合多种飞机型号的工程开发和适航审定实践经验，通过多轮研究、探讨、修正和完善后编撰完成，希望能够为读者提供专业的飞机驾驶舱人为因素设计与适航审定方面的帮助。本书的理论与实践相结合，采用了许多飞机设计与适航审定中的实例，大大增强了可读性和实用性。

本书适用于从事飞机设计与适航审定方面工作的专业技术人员，也可供从事人为因素研究的科研人员以及对飞机和飞行感兴趣的广大读者参考使用。

图书在版编目(CIP)数据

民用飞机驾驶舱人为因素适航验证导论 / 揭裕文等编著. -- 北京 ：北京航空航天大学出版社，2017.3

ISBN 978-7-5124-2359-6

Ⅰ.①民… Ⅱ.①揭… Ⅲ.①民用飞机—座舱—适航—人为因素—研究 Ⅳ.①V223

中国版本图书馆 CIP 数据核字(2017)第 046062 号

民用飞机驾驶舱人为因素适航验证导论

揭裕文 朱 亮 郑弋源 刘 勋 编著

责任编辑 赵延永 胡绥霞

*

北京航空航天大学出版社出版发行

北京市海淀区学院路 37 号(邮编 100191) http://www.buaapress.com.cn

发行部电话:(010)82317024 传真:(010)82328026

读者信箱: goodtextbook@126.com 邮购电话:(010)82316936

涿州市新华印刷有限公司印装 各地书店经销

*

开本:710×1 000 1/16 印张:15.5 字数:330 千字

2017 年 3 月第 1 版 2017 年 3 月第 1 次印刷 印数:2 000 册

ISBN 978-7-5124-2359-6 定价:68.00 元

若本书有倒页、脱页、缺页等印装质量问题，请与本社发行部联系调换。联系电话:(010)82317024

前　　言

驾驶舱人为因素适航性设计和验证是民用运输类飞机产品研发和适航取证中的关键问题，它是通过在驾驶舱设计中对人为因素的设计理念、设计原则、设计标准的有效贯彻与实施，验证驾驶舱的设计满足与人为因素相关的适航标准要求，以保证飞机的飞行安全。随着科学技术的不断进步，更多新颖、独特的设计被应用到民用飞机驾驶舱中，驾驶舱人为因素对飞行安全的重要性日益突显，从而对驾驶舱人为因素适航性设计和验证提出了更加严格的要求。

虽然我国在人因学的理论研究方面已经取得了一定的成就，但是在民用航空领域对人为因素的设计和验证实践经验还比较欠缺，与欧美先进水平有不小的差距，在民用飞机驾驶舱人为因素的设计和适航验证等方面，还需要进一步总结和提高。

本书的作者包括从事飞机设计与适航验证数十年的工业界专家，以及以人为因素为研究方向的科研人员。本书从适航验证的角度，对飞机设计与验证过程中需要关注的驾驶舱人为因素问题进行阐述，希望能够为读者提供专业的民用飞机驾驶舱人为因素设计与适航验证方面的帮助。

全书共6章。第1章为民用飞机驾驶舱发展与人为因素考虑，第2章为民用飞机设计流程与适航管理，第3章为与驾驶舱人为因素直接相关条款解析，第4章为需要考虑人为因素问题的相关条款解析，第5章为民用飞机驾驶舱人为因素适航验证，第6章为最小飞行机组工作负荷符合性验证。此外，本书还包含4个附录。

最后，感谢为本书顺利出版给予关心、帮助和支持的所有人。

由于作者学识水平有限、时间仓促，书中可能存在不足和差错之处，恳请各位读者批评指正。

作　者

2017年1月于上海

目　　录

第1章　民用飞机驾驶舱发展与人为因素考虑……………………………… 1

1.1　飞行员飞行感知的发展 ………………………………………………… 1
1.2　民用飞机驾驶舱的发展 ………………………………………………… 2
1.2.1　"传统的"驾驶舱 ………………………………………………… 2
1.2.2　玻璃驾驶舱 ………………………………………………………… 3
1.2.3　波音B-787和空客A-380驾驶舱 ……………………………… 4
1.3　民用飞机驾驶舱人为因素考虑 ………………………………………… 6
1.3.1　人体测量学 ………………………………………………………… 6
1.3.2　人的生理特点以及人的感知和认知能力 ……………………… 6
1.3.3　环境因素 …………………………………………………………… 7
1.3.4　构造布局 …………………………………………………………… 8
1.3.5　硬件和设备 ………………………………………………………… 8
1.3.6　人机界面 …………………………………………………………… 8
1.3.7　人与自动化系统角色 ……………………………………………… 9
1.3.8　人为差错……………………………………………………………… 13

第2章　民用飞机设计流程与适航管理 ……………………………………… 18

2.1　一般生命周期的划分……………………………………………………… 18
2.2　民用飞机设计流程………………………………………………………… 20
2.3　民用飞机设计不同阶段人为因素关注的问题…………………………… 20
2.3.1　需求定义……………………………………………………………… 20
2.3.2　概念设计……………………………………………………………… 20
2.3.3　总体设计……………………………………………………………… 21
2.3.4　详细设计……………………………………………………………… 22
2.3.5　试飞取证……………………………………………………………… 22
2.3.6　交付运营……………………………………………………………… 22
2.4　适航与适航管理…………………………………………………………… 23
2.5　适航法规体系……………………………………………………………… 23
2.6　航空器型号合格审定过程及分析………………………………………… 24
2.6.1　航空器型号合格审定过程………………………………………… 24

2.6.2 各审查方型号合格审定过程的分析…… 29
2.6.3 人为因素相关的适航规章要求和审定政策…… 33

第3章 与驾驶舱人为因素直接相关条款解析 …… 35

3.1 25.143 操纵性和机动性总则 …… 35
3.1.1 条款原文…… 35
3.1.2 条款解析…… 37
3.1.3 符合性验证方法…… 38
3.2 25.671 控制系统总则 …… 38
3.2.1 条款原文…… 38
3.2.2 条款解析…… 39
3.2.3 符合性验证方法…… 41
3.3 25.771 驾驶舱 …… 41
3.3.1 条款原文…… 41
3.3.2 条款解析…… 42
3.3.3 符合性验证方法…… 42
3.4 25.773 驾驶舱视界 …… 43
3.4.1 条款原文…… 43
3.4.2 条款解析…… 44
3.4.3 符合性验证方法…… 46
3.5 25.777 驾驶舱操纵器件 …… 46
3.5.1 条款原文…… 46
3.5.2 条款解析…… 47
3.5.3 符合性验证方法…… 48
3.6 25.785 座椅、卧铺、安全带 …… 48
3.6.1 条款原文…… 48
3.6.2 条款解析…… 50
3.6.3 符合性验证方法…… 51
3.7 25.1141 动力装置的操纵器件总则 …… 52
3.7.1 条款原文…… 52
3.7.2 条款解析…… 53
3.7.3 符合性验证方法…… 54
3.8 25.1301 设备功能和安装 …… 54
3.8.1 条款原文…… 54
3.8.2 条款解析…… 54
3.8.3 符合性验证方法…… 55

3.9　25.1302 供飞行机组使用安装的系统和设备 …… 56
3.10　25.1309 设备、系统及安装 …… 56
3.10.1　条款原文 …… 56
3.10.2　条款解析 …… 57
3.10.3　符合性验证方法 …… 61
3.11　25.1321 仪表安装布局和可见度 …… 63
3.11.1　条款原文 …… 63
3.11.2　条款解析 …… 64
3.11.3　符合性验证方法 …… 65
3.12　25.1322 警告灯、戒备灯和提示灯 …… 65
3.12.1　条款原文 …… 65
3.12.2　条款解析 …… 66
3.12.3　符合性验证方法 …… 66
3.13　25.1357 电路保护装置 …… 66
3.13.1　条款原文 …… 66
3.13.2　条款解析 …… 67
3.13.3　符合性验证方法 …… 69
3.14　25.1381 仪表灯 …… 70
3.14.1　条款原文 …… 70
3.14.2　条款解析 …… 70
3.14.3　符合性验证方法 …… 70
3.15　25.1523 最小飞行机组 …… 71
3.16　25.1543 仪表标记总则 …… 71
3.16.1　条款原文 …… 71
3.16.2　条款解析 …… 71
3.16.3　符合性验证方法 …… 72
3.17　25.1555 操纵器件标记 …… 72
3.17.1　条款原文 …… 72
3.17.2　条款解析 …… 73
3.17.3　符合性验证方法 …… 73

第 4 章　需要考虑驾驶舱人为因素的相关条款解析 …… 74

4.1　25.105 起飞 …… 74
4.1.1　条款原文 …… 74
4.1.2　条款解析 …… 75
4.1.3　符合性验证方法 …… 75

4.2 25.109 加速—停止距离 …… 75
4.2.1 条款原文 …… 75
4.2.2 条款解析 …… 78
4.2.3 符合性验证方法 …… 78
4.3 25.125 着陆 …… 79
4.3.1 条款原文 …… 79
4.3.2 条款解析 …… 80
4.3.3 符合性验证方法 …… 81
4.4 25.145 纵向操纵 …… 81
4.4.1 条款原文 …… 81
4.4.2 条款解析 …… 82
4.4.3 符合性验证方法 …… 82
4.5 25.149 最小操纵速度 …… 83
4.5.1 条款原文 …… 83
4.5.2 条款解析 …… 85
4.5.3 符合性验证方法 …… 85
4.6 25.173 纵向静稳定性 …… 86
4.6.1 条款原文 …… 86
4.6.2 条款解析 …… 86
4.6.3 符合性验证方法 …… 87
4.7 25.181 动稳定性 …… 87
4.7.1 条款原文 …… 87
4.7.2 条款解析 …… 87
4.7.3 符合性验证方法 …… 88
4.8 25.233 航向稳定性和操纵性 …… 88
4.8.1 条款原文 …… 88
4.8.2 条款解析 …… 89
4.8.3 符合性验证方法 …… 89
4.9 25.253 高速特性 …… 89
4.9.1 条款原文 …… 89
4.9.2 条款解析 …… 90
4.9.3 符合性验证方法 …… 91
4.10 25.672 增稳系统及自动和带动力的操纵系统 …… 91
4.10.1 条款原文 …… 91
4.10.2 条款解析 …… 92
4.10.3 符合性验证方法 …… 92

4.11　25.809 应急出口布置 …… 94
4.11.1　条款原文 …… 94
4.11.2　条款解析 …… 95
4.11.3　符合性验证方法 …… 98
4.12　25.941 进气系统、发动机和排气系统的匹配性 …… 98
4.12.1　条款原文 …… 98
4.12.2　条款解析 …… 98
4.12.3　符合性验证方法 …… 99
4.13　25.1329 飞行导引系统 …… 100
4.13.1　条款原文 …… 100
4.13.2　条款解析 …… 101
4.13.3　符合性验证方法 …… 103

第 5 章　民用飞机驾驶舱人为因素适航验证 …… 105

5.1　驾驶舱人为因素适航验证的审定计划 …… 105
5.1.1　背　景 …… 105
5.1.2　审定计划的总体要求 …… 105
5.1.3　人为因素审定计划内容 …… 107
5.2　驾驶舱人为因素适航验证的相关设备 …… 114
5.2.1　工程模拟器 …… 114
5.2.2　人体生理参数测量采集设备 …… 120
5.3　平视显示器的人为因素适航验证 …… 122
5.3.1　概　述 …… 122
5.3.2　平视显示器功能描述 …… 123
5.3.3　相关的适航条款 …… 123
5.3.4　符合性验证方法 …… 123

第 6 章　最小飞行机组工作负荷符合性验证 …… 129

6.1　最小飞行机组适航要求和解析 …… 129
6.2　机组工作负荷设计与评估中的主要任务 …… 131
6.2.1　工作负荷分析 …… 131
6.2.2　评估试验的计划和准备 …… 132
6.2.3　参试人员的选拔和确定 …… 132
6.2.4　评估策略的确定 …… 136
6.2.5　测量方法的确定 …… 137
6.2.6　场景设计 …… 139

6.2.7 数据采集、处理和分析 …… 141
6.2.8 评估结果批准和/或认可 …… 141
6.2.9 第三方参与 …… 141
6.3 机组工作负荷分析和测量的方法 …… 142
6.3.1 机组工作负荷的分析方法 …… 142
6.3.2 机组工作负荷的测量方法 …… 142
6.4 某型号飞机最小飞行机组审定计划 …… 154
6.4.1 引 言 …… 154
6.4.2 范 围 …… 154
6.4.3 依据性文件 …… 155
6.4.4 系统安全性要求 …… 156
6.4.5 构型管理 …… 156
6.4.6 运行要求 …… 156
6.4.7 审定基础 …… 156
6.4.8 符合性验证 …… 157

附录1 25.1302供飞行机组使用安装的系统和设备的设计与审定 …… 163

1 25.1302条与其他适航条款的关系 …… 163
2 25.1302条款实施 …… 164
3 25.1302条款符合性方法 …… 189

附录2 AC23.1523最小飞行机组 …… 196

1 前 言 …… 196
2 目 的 …… 196
3 背 景 …… 196
4 适用性 …… 197
5 相关规章与条例 …… 198
6 基本审定事项 …… 199
7 验证程序 …… 200
8 附 件 …… 204

附录3 AC25.1523最小飞行机组 …… 216

1 目 的 …… 216
2 FAR相关条款 …… 216
3 背 景 …… 216
4 讨 论 …… 216

5　验证程序 …… 217
6　事件清单 …… 221

附录 4　某型号飞机最小飞行机组审定试验飞行场景 …… 222

1　人工手动飞行 …… 222
2　标准仪表离场 …… 222
3　非精密进近(紊流气象条件) …… 223
4　非精密进近(正常气象条件) …… 224
5　过 V_1 后的单发失效 …… 224
6　两套液压系统失效 …… 225
7　TCAS 告警(一名飞行员失能) …… 226
8　燃油不平衡 …… 227
9　发电机失效 …… 228
10　侧风条件下复飞 …… 229
11　飞行控制系统直接模式 …… 230
12　发动机着火 …… 231
13　标准仪表进场 …… 232
14　结冰环境 …… 232

参考文献 …… 234

第1章 民用飞机驾驶舱发展与人为因素考虑

民用运输类飞机驾驶舱伴随着科技水平的进步而不断地持续发展。飞机驾驶舱从布满专用的计量器或刻度盘到使用大屏幕的显示器，从机械操纵系统到电传操纵系统，从纯手动控制到大量的工作由自动化系统完成，这些变化和发展极大地减轻了飞行员的工作负荷，但同时增加了他们其他方面的责任。本章首先介绍飞机驾驶舱的发展历程，包括飞行员飞行感知和驾驶舱设备的发展，然后阐述民用飞机驾驶舱中人为因素的考虑。

1.1 飞行员飞行感知的发展

早期飞行员驾驶飞机更多依靠身体和感知完成任务。第一代飞机极其不稳定，需要飞行员在飞行过程中持续地对飞机保持控制。飞行控制依赖于对“操纵杆和方向舵”的操作，飞行员需要知道飞机本身的特性，并通过身体感知操纵飞机所需的各种信息。因此，早期的航空研究集中关注解决手动控制与运行相关的问题。飞行员通过感官感受（视觉和触觉）的方式判断自然和物理空间的情况，尤其是通过目视进行问题诊断、导航以及发现其他飞机或障碍物，这种飞行称为“接触式”飞行。“接触式”飞行的重点在于准确判断环境中的各个目标对象，包括地面上障碍物的高度、飞机离地高度、云团内外风暴活动的强度、地标位置，并做出准确的响应（如通过机动躲避障碍物或风暴云、准确降落等）。

外界环境和可用线索的特征会影响判断的准确性。晴朗的天气、清晰易辨的线索有利于做出判断，如果有高耸的建筑物作参照，飞行员能够很容易地识别5 mile[①]（8 000 m）外的报告点；阴暗的天气、昏暗或模糊的线索则会对判断产生阻碍，如果地标建筑被雾遮挡或被很多类似的建筑所遮蔽，飞行员就难以发现报告点。随着飞行经验的增加，飞行员能更准确地感知外界条件，进而做出更准确的反应，还能够尽量规避影响准确感知的各种情况，如云团或连续的黑暗区域。

早期的航空邮件飞机的飞行员通常依靠铁路引导飞行，飞机下部会倾斜地安装一个着陆灯，便于在夜间识别铁轨。后来，信标系统被发明，它能够在夜间照亮902 mile范围内的航路。1929年，美国空军中尉 James H. Doolittle 在仅使用仪器设备（包括1个高度计、1个陀螺仪和1个人工水平仪）和特殊的无线电接收器的情况下

① 1 mile＝1 609.344 m。为了方便读者，遵从民航工作人员的习惯，本书保留了所引用资料的英制单位，并用页下注给出与国标单位的换算值。

实现了 15 min 的飞行，证明了在完全没有外部目视参考的情况下能够安全飞行，这是一个历史性的突破，对实现通过设备引导飞行是一个重要的里程碑。

相对过去而言，现在大部分飞行任务则较少依赖于身体感知。随着飞机的不断发展，部分飞行任务已经实现了自动化(如自动驾驶仪的应用)，飞行需要的身体素质不再像以往那样严格。自动化系统可以代替飞行员完成很多以前需要飞行员完成的飞行任务。随着全天候飞行能力需求的出现，用于避免可能影响飞行员情境意识准确性的设备不断涌现。例如，当看不到地面的时候，视觉和前庭觉间的冲突会让飞行员产生空间定位障碍，从而造成错误的控制输入，而通过借助驾驶舱内的人工水平仪或高度表可以解决这一冲突。此外，导航设备可以帮助飞行员克服夜间视觉上的限制。飞机上越来越多的信息(如高度表、空速表、告警和警告系统)补充或替代了飞机外部的线索，这极大地减少了飞行员对感知线索的依赖性(如统计概率)。驾驶舱设备所提供的数据比飞行员自身感知的更加准确，因此飞行员变得越发依赖这些设备。随着航空业逐渐成熟，很多相关研究都开始转向确定和克服人类在察觉和识别、夜间视觉以及视觉-前庭觉交互方面的局限性。在这一时期，人类感知和信息处理能力占据了航空研究的主导地位。人类感知能力的限制(如夜间视力的下降、难以发现和识别远处的大型飞机)和人类信息处理能力的限制(如注意力和记忆力能力的限制)成为此类研究的焦点。在现代飞机的驾驶舱中，有很多设备和技术手段来辅助解决上面所提到的人类本身的局限性。需要指出的是，在技术不断的发展过程中，驾驶舱内会加入更多的外界环境数据，显示更可靠和精确的信息，以减少飞行员对模糊的、有歧义的信息的依赖。每次技术进步都可以让飞行员更少地关注驾驶舱外部情形，而将注意力更多地集中到驾驶舱内的系统和显示信息上。

在最新的飞机中，在驾驶舱内可以找到所有驾驶飞机从 A 点飞到 B 点所需的信息，这极大地减少了飞行员对动态感知或观察驾驶舱外界信息的需求。事实上，使用可靠的设备，飞机完全可以在低能见度或者是不可见的条件下进行飞行，不管驾驶舱外界条件如何，飞行员都可以从驾驶舱显示仪表上读取准确的位置信息。在某些飞机上，由于“电传”控制取代了传统的液压作动控制，飞行员的触觉感知大大减少，而触觉反馈也基本消失了。最新的飞机相较于早期飞机有本质上的不同，驾驶这些飞机不但需要感知外部的能力，还要有了解内部因素的能力。

1.2 民用飞机驾驶舱的发展

1.2.1 “传统的”驾驶舱

“传统的”驾驶舱包括波音 B-727、麦道 DC-10 以及早期的波音 B-747 的驾驶舱。这一类驾驶舱中的人-机交互界面使用了大量的专用显示器件，一个数据的显示就要用一个专用的计量器或是刻度盘，比如在波音 B-747-300 的飞机上总共安装了 132 个仪表。这样的飞机也使用了相对较少的自动化系统。“传统的”DC-10 的驾驶舱如图 1-1 所示。这些飞机都有简易的自动驾驶仪，通常在每个轴上提供一个或几个简单的模式。总的来说，一个简单的设备指示来自于一个简单的传感器参数，在极少数的情况下(如水平状态指示器)，一个单独的设备指示来自于几个传感器的横滚输出。不管怎样，对于这样的飞机，飞行机组需要监视所有的这些设备，并且应意识到设备参数是否出现异常情况。这样的飞机上会有一个简单的告警系统，它只覆盖了最严重的系统失效。通常在“传统的”驾驶舱中需要有 3 名飞行机组成员操作，其中 2 名机组成员负责操控飞机，另 1 名机组成员则负责监视和操作飞机仪表。

图 1-1　麦道 DC-10 驾驶舱人-机交互界面

1.2.2　玻璃驾驶舱

玻璃驾驶舱包含了波音 B-747-400，空客 A-320/330/340，F-70/100，麦道 MD-11 以及波音 B-777 等机型的驾驶舱。这一代玻璃驾驶舱中主要的仪表面板上广泛地使用了阴极射线管 CRT(cathode ray tube)和液晶显示器 LCD(liquid crystal display)，主要飞行信息都使用阴极射线管 CRT 或液晶显示器 LCD 进行显示，并且集成在几块屏幕上。在这一代的驾驶舱中，还有一些飞行控制系统和自动驾驶仪的集成，也就是说，飞行机组的命令既可以输入给飞行管理系统也可以输入给自动驾驶仪，它们之间会自动进行转化。

在这一代的飞机驾驶舱中具有很多飞机系统自动化等级，这一变化减少了飞行机组在飞行过程中的操作数量，降低了操作复杂程度，颠覆性地改变了飞行过程中的人-机交互行为，大幅度减少了飞行机组的工作负荷。例如，麦道 MD-11 的燃油系统可以承受一定的故障，并自动采取正确的操作，除非当系统故障会影响飞机的表现，或者在机组必须进行操作时。这一代飞机驾驶舱的告警系统包含对故障的概要显示。有一些驾驶舱由于使用了电传控制系统,如空客 A-320/330/340,虽然飞机的大小和飞行品质是不同的,但是对于飞行员的操作来说却是相似的。此外,波音 B-777飞机在显示器上加入了光标控制,允许飞行机组使用一个触摸板与显示器进行交互。

波音 B-777 飞机可以称得上是驾驶舱显示界面发展的一个新的里程碑,它用液晶显示器 LCD 取代了阴极射线管 CRT。波音 B-777 飞机共有 6 块液晶显示器,其中主飞行显示采用典型的"T 型"分布,如图 1-2 所示。

图 1-2　波音 B-777 驾驶舱人-机交互界面

随着飞机驾驶舱设计的不断进步,飞行员获取和管理信息的方式也不断改变,从而导致了人-机交互模式的不同。在"传统的"驾驶舱中,布满了专用的计量器和刻度盘,每一个显示只对应一份信息。而在玻璃驾驶舱中,引入了更多的信息元素,飞行员需要用一种全新的方式获取信息,有些信息被综合成一种让飞行员更加容易理解的形式(如移动地图显示),以减少人-机交互的复杂度。

1.2.3　波音 B-787 和空客 A-380 驾驶舱

波音 B-787 和空客 A-380 代表了目前世界上最先进的飞机生产水平,也可以认为是最先进的制造业的生产水平。虽然它们是竞争机型,但是它们同时代表了目前飞机驾驶舱设计和制造的最高水平,也是目前驾驶舱人-机交互模式的发展方向。

在空客 A-380 驾驶舱中,最明显的变化就是引入了 8 块 15 cm×20 cm 的可更换的液晶显示器 LCD,如图 1-3 所示。其中包括 2 块主飞行显示器,2 块导航显示器,1 块发动机参数显示器,1 块系统显示器和 2 块多功能显示器。

这 8 块显示器分布在视平线周围，代替了以前所使用的 3 个多功能控制和显示单元。多功能显示器在信息存储方面发挥了很大的作用，可以作为网络系统服务器的显示器，而网络系统服务器则存储了所有的飞行信息。

空客 A－380 驾驶舱的一个全新的特点是完全无纸化，这样就取消了飞行地图和技术手册。在空客 A－380 上，所有有用的信息都被转成电子文档，代替纸质文件存储于网络系统服务器，当飞行机组需要使用时，很容易就可以获得。网络系统服务器连接着多功能显示器，从而可以让飞行机组直接通过显示器进行信息选择，而不需要去翻阅文档。

图 1－3　空客 A－380 驾驶舱人-机交互界面

波音 B－787 的驾驶舱信息显示在主飞行显示器上，主飞行显示器位于飞行员的正前方，它显示了所有必要的飞行信息以及一个虚拟的水平面，用以帮助飞行员进行导航。

相较于波音 B－777，波音 B－787 使用 4 块显示器取代了 5 块显示器，这样可以增加 50％的显示区域。波音 B－787 的 4 块大屏幕总共可以达到 546 $in^2$① 的显示面积，这比波音 B－777 大了 1 倍。利用大尺寸的屏幕可以显示移动机场地图，包含了详细的通用机场的布局，使得地面滑行更加安全。

与空客 A－380 不同的是，在波音 B－787 上安装了 2 块抬头显示器，主驾驶和副驾驶各 1 块。波音 B－787 的驾驶舱显示如图 1－4 所示。抬头显示器是可收缩的显示组件，可提供各种飞行数据，如空速、速度偏离和高度等。

---

① 1 in＝25.4 mm；1 in^2＝645.16 mm^2。

图 1-4 波音 B-787 驾驶舱人-机交互界面

1.3 民用飞机驾驶舱人为因素考虑

民用飞机驾驶舱的人为因素问题需要考虑多个方面的因素，包括人体测量学、人的感知和认知能力、环境因素、构造布局、硬件与设备、人机界面、人与自动化、人为差错等。

1.3.1 人体测量学

当设计工作空间和设备时，考虑使用者的物理尺寸、形状、可达和运动范围以及力量是非常重要的。这主要是从如何使用这些信息帮助设计硬件的角度出发，使得产品能更好地适应于使用者。涉及的信息包括：

① 人体测量数据，包括身高、体重、姿势等；

② 运动的范围，包括人体的大位移、身体各部分的运动和关节的运动；

③ 可达性包线，应用于手和足控制器的设计；

④ 人体表面范围，可应用于热环境控制和估计人体的辐射量；

⑤ 人体体积，包括人体各部分的体积，用于空间设计和三维人体测量学分析。

1.3.2 人的生理特点以及人的感知和认知能力

设计人员应当了解使用者在感知和认知能力方面的局限性，这样才能在使用者的能力范围内分配任务和设计系统。人的感知能力包括看和听的能力，认知能力包括推理、记忆、交流和理解的能力，具体涉及的内容包括：

① 生理负荷是指在单位时间内人体承受工作负荷的大小，与人的心脏、血管、肺、肌肉和骨骼的功能密切相关。生理负荷可通过测量生理参数进行评定，最常见的参数有吸氧量、肺通气量、心率、血压和肌电图等。

② 感觉运动官能是指将对环境的感觉信息转化为恰当的运动指令以实现操作，是飞行任务中影响绩效水平的一个关键因素。例如，为了保持飞机的平稳飞行，飞行员需要整合来自各个感觉通道的输入（视觉、听觉、触觉、前厅器官、本体感受等），并协同运动控制输出信号产生及时、准确和精确的感觉运动响应，从而高效地完成飞行控制、遥控操作装置和监视与系统干预等任务。飞行过程中陌生的或者矛盾的感觉输入将导致空间知觉丧失、眼球运动功能改变和视觉退化、手动控制准确性下降和平衡及运动受损。为控制飞机和保证飞行机组安全，人机系统必须在面临这些挑战时能够具有充分地感觉运动的功能，并确认和减轻感觉功能紊乱。

③ 视觉是从外部世界收集信息的主要手段。飞行员依赖视觉执行任务，包括阅读检查单、扫描仪表、观察环境、执行任务以及与其他机组成员交流等。建立视觉能力和局限性的人为因素设计和评价标准是非常重要的，这些标准能应用到视觉显示器和通信系统，以及所有需要视觉参与的任务设计中。

④ 听觉是对声音的感知和响应，对如何设计听觉通信系统是非常重要的。听觉的感知和响应因素在设计用户界面和控制器时也应当考虑。

⑤ 知觉是指获取、应用和保持知识的能力。例如，飞行任务需要飞行员具备一定的飞机硬件和软件知识，以及从外部环境中获取新知识的能力、记住信息的能力、在异常情境中进行推理的能力。知觉包括注意、记忆、推理、判断、决策和解决问题等脑力过程。

⑥ 认知工作负荷即脑力负荷。负荷是执行任务时操作者投入的努力，可以分为体力负荷和脑力负荷。过大或过小的负荷都对飞行机组的绩效产生负面的影响。操作者能够支配的脑力资源和任务难度之间的关系反映了操作者能投入的脑力负荷的程度。主要的评价方法有：主任务绩效测量、次任务绩效测量、生理量测量和主观评估。

⑦ 现在的飞行任务要求在复杂系统中完成操作，人员的协调和合作对保证资源被更有效地利用是非常重要的。协调指多个团体采取一致的行动，执行一个都能够理解的计划从而达到一个共同的目标。合作指共同完成问题解决、决策或任务，是共同工作的过程。

1.3.3 环境因素

环境因素是确保飞行机组成员在整个飞行任务中健康和安全的设计考虑，包括：

① 自然环境。如安全的大气组成、总压力、污染物极限值、大气温度、湿度和气流组织等。

② 人为环境。如加速度、振动、噪声等。

1.3.4　构造布局

构造布局的设计考虑包括：
① 工作空间的体积、尺寸、照明；
② 堆放衣服、文件、行李箱的堆装物空间设计。

1.3.5　硬件和设备

为了提高飞行机组的工作绩效和安全、舒适度，应用于硬件和设备的人因学一般性原则如下。

① 安全：能够提供安全和有效的使用、操作和处理；

② 耐用性和可靠性：能承受飞行机组成员施加的力，能运行一定的时间而维修最少；

③ 标准化：相似功能的硬件和设备必须标准化和一致性设计；

④ 适应性：设计时应考虑人体测量学、运动范围和力量范围；

⑤ 识别性：硬件和设备应当能够容易识别，如果不明显，应当进行标识；

⑥ 训练最小化：训练时间最小化；

⑦ 相似形状：如果有相同或相似形状但功能不同的硬件和设备必须能够容易识别区分，不能是可互换的；

⑧ 可维修性设计：一般包括可达性设计和防差错设计等内容。

1.3.6　人机界面

人机界面是系统中用户和系统之间交互信息的部分，包括：
① 通过文字、图形、颜色、图像、视频和标签等传递信息的视觉显示器；
② 通过信息交流和听觉告警传递信息的听觉显示器；
③ 以信息的形式对一个系统提供输入或改变物理状态的操纵装置；
④ 标签，即静态标识装置或装置元件，或静态信息说明。
人机界面设计的基本原则如下：

① 简单。用户界面应当简单可用。用户界面应简单、易学、高效、防错，并且能够让用户使用时感到愉悦。

② 可用性。是指一个系统、产品或技术容易使用。使一个显示界面具有可用性就需要使信息以一种能够被迅速和正确理解的方式呈现，因此在设计的时候需要考虑用户的文化背景，用户的期望和偏好，用户的控制和自动化程度，以及整个工作环境。

③ 标准化。系统的用户界面必须标准化，包括显示器和操纵器件用户界面（视觉的、听觉的和触觉的）的标准化和整个系统操作方法的标准化，这对系统的一致性和易学性非常重要。

④ 提示。用户界面通过使用提示行、标记、菜单和其他明显的快速提示，减少用户记忆的需要。提示符、提示行和快速提示帮助操作者感知系统状态或做出恰当的判断。提示可能是视觉的、听觉的或触觉的。研究表明，使用提示识别一个物体比在没有任何帮助的情况下回忆起相同的物体更快、更准确。

⑤ 区分性。必须区分不同目的或功能的行动、反馈和系统状态指示，避免混淆，帮助确认。为了使相似物体的不同点最大化，改变物体的 2 个或 2 个以上的维度是比较理想的(如颜色和形状维度)。

⑥ 反馈。系统必须对用户的操作和系统的改变提供反馈。反馈对确保系统对用户的操作按用户的意图进行响应是十分重要的。反馈应当清楚、易于理解，并且对于操作应当是特定的。如果用户需要更多的操作，反馈应当具体，并且给用户提供充分的时间思考和执行下一步操作。

⑦ 掌握系统状态。用户必须能够随时访问系统的状态。设计者应当考虑使用状态指示器的类型、传递状态信息的方法和信息传递的及时性或准确性等主要的设计特征，便于用户了解系统的状态。

⑧ 防止无意的操作。系统必须能够防止无意的操作。如果触发无意的操作，系统必须提供快速恢复的功能。由于人为差错在任何状态下都可能意外触发某个操作或命令，例如，操作者在面板上选取了错误的按钮或在显示器上点击了错误的菜单等，因此，当设计人机交互界面时，预防差错的发生是非常重要的，而且如果一旦发生误操作，应当有简单的程序予以恢复。

⑨ 操作一致性。用户操作系统的方式应当保持一致，除非用户要求改变。如果出现一个意外的改变，需用明显的方式警告用户。这种一致性允许系统从一部分到另一部分的动作学习迁移。通常，这种动作控制具有高度的实践性，无须脑力活动的参与。如果执行相似功能的系统不以标准化的方式进行操作，那么系统可能会以用户意想不到的方式响应，那就不存在自动控制，因为用户必须分析所有的响应，并检查收到的反馈。

1.3.7　人与自动化系统角色

随着科学技术的不断发展，越来越多的自动化系统被引入驾驶舱中，这些自动化系统包括自动驾驶仪、自动油门、飞行管理系统等。自动化系统的使用极大地提升了飞机的安全性，同时也改变了飞行员在飞行过程中所承担的角色。但是，不管自动化系统如何智能和先进，设计者和飞行员都必须明白，自动化系统作为辅助工具不能替代飞行员的工作。对于飞行员来说，在任何时候，人工操纵飞机的意识和能力一定要得到充分保证。因此，在人与自动化角色中，必须始终坚持飞行员在驾驶舱中的中心地位，不可以过分依赖自动化系统。

1.3.7.1　人机角色

现有的飞机自动化系统不会制订飞行计划，也不会配置飞机或者开启发动机。

自动化系统知道具体跑道的精确位置,但是不知道如何从登机口进入、如何从跑道滑行到登机口。在起飞过程中,通常自动飞行控制系统是被锁住的。但是,当起飞后到达一定的高度,自动化系统完全有能力执行飞行所需的操作。

驾驶舱内是必须有飞行员的,因为没有乘客愿意乘坐一架自动的、无人驾驶的飞机。在飞行环境中,很多变化是不在系统管理者的控制之下的,因此,飞行员就需要通过训练以应对这些非预期的变化。如果自动化系统失效,飞机不能像地面上的交通工具一样简单地停下来处理问题。如果在飞行中,就必须想办法着陆,这也就是说,飞行员需要在困难的情况下做出正确的决定。

因此,飞行员的角色,就是执行自动化系统不能完成的任务,包括:计划、监视、响应、并在不确定事件前做出正确的决定,以及让乘客感觉到安全、舒适。

1.3.7.2 飞行员作为控制者和管理者

作为控制者的飞行员必须能够以合适的方式完成分配给他的功能和任务。这里需要考虑,当自动化系统负责执行关键的飞行功能而飞行员作为备份的情况下,必须保证飞行员在非正常状况发生时能够迅速接管自动化系统。

对于不同的环境、操作者和任务,自动化系统应该能够提供不同的策略完成任务目标。在设计自动化系统时,应当保证不能只有一种策略能够完成既定的功能和目标。例如,适应于功能或任务的自动化系统的等级应当与飞行员的工作负荷有关:较低的自动化系统等级可能更加适宜于较低的压力/工作负荷情景,而很高的压力/工作负荷情况则需要更多的自动化系统的帮助。

当飞行员作为控制者时,自动化系统应当给予飞行员持续的帮助。这就要求对于相同组件或目标的过程及任务在系统中应当具有一致的形态。甚至在控制失效模式下,自动化系统也能够向飞行员提供可靠的帮助,真正的手动飞行能力只限于升降舵控制和安定面配平。在所有正常的情况下,飞机自动化系统负责大量的在环控制。

当自动驾驶仪用于完成飞行轨迹(和/或动力)控制任务时,飞行员则担任了管理者的角色。飞行员可以选择让自动驾驶仪只执行最基本的功能,如俯仰、横滚和偏航控制,也可以命令其保持航向、高度或速度,或者让自动驾驶仪获取和跟随垂直或水平的导航路径。这是通过授权完成不同等级的管理,包括直接的和远程的。但是,在所有情况下,自动化系统是执行来自飞行员的一系列的指令,它不会发生偏离,除非不能执行这些命令。

为了降低飞行员的工作负荷,减少飞行员操作所需要的资源,大量的控制自动化系统被引入驾驶舱中。但是,自动化系统可能导致飞行员不能有效地参与到飞行任务中,现在,只需要飞行员很少的活动飞机就能够长时间的运行。飞行轨迹控制、导航以及一些飞行子系统管理都实现了完全的自动化,但是,这会在一定程度上使飞行员容易困倦、难以集中精神,或者考虑一些与飞行无关的私人事务。所以对于设计者来说,一个重要的任务是要找到在高等级的自动化系统运行过程中保持和增强飞行员介入的方法。

1.3.7.3 飞行员作为团队成员

驾驶舱的设计应确保飞行机组的每一个成员清晰地知晓成员和某些系统的配置(分配)情况,以及哪些功能或任务正在实际执行中。另外,飞行员必须非常熟悉自动化系统的功能及功能局限,增强对机组责任和自动化系统能力局限的意识,防止“无人看管”情况的发生。

驾驶舱的自动化系统应设计成能及时、主动地告知飞行机组,它正在做什么、怎样做、为什么这样做,以促进机组和自动化系统之间的沟通,支持飞行员充当指挥员角色时的决策介入,如反馈需关注的模式状态、人工或自动化启动的模式转换。

现代高速运输类飞机采用了较常规飞机更为复杂的自动化系统,因此,自动飞行系统的模式和状态在机组与系统之间交流就显得更加重要。自动化系统应尽可能“观察”人工的操作动作,及时改变飞机的状态并指明目前的飞行目标、执行程序和下一步任务。一个简单的例子是显示检查单时自动地结合警告和警示信息,未来更复杂的功能是实现“监控”机组人员的输入的同时能够给机组人员提出完成任务的最佳途径建议。

驾驶舱的设计应方便飞行员做出合理的任务分解和动态分配,目标是确保功能的分解和分配切实可行,并且飞行机组能够快速、方便和无误地操作。例如,现代飞机的自动飞行系统将方向和速度控制功能分离,飞行机组可非常容易地实现人工控制飞行航迹的同时将速度控制交给自动油门,解决了飞行机组要么全部操纵要么无事可做(all-or-nothing)的问题。

飞行机组的团队工作效能受制于机组构成情况和人为表现,往往因个性冲突、解决问题途径、领导方式的差异等造成集体偏差,近年来通过机组资源管理(CRM)训练解决了一些问题。驾驶舱设计者应了解并积累关于上述这些局限的知识,并且必须意识到这些限制同样存在于将自动化系统作为团队之一的情况。例如,设计者要清楚,如果系统的潜在子系统故障以不适宜的方式显示为警告或警示信息,可能诱导飞行机组按建议的诊断方法(可能是不确定的)去维修或解决,而忽略了其他的可能性。

如同团队存在先天性的局限,团队也具备先天性的力量,比如头脑风暴、合作解决问题的能力。对设计者来说,并不是要求设计时使用这种能力,而是要意识到这种能力的存在,必要时将这种能力使用到最有利的地方。同样,机组与自动化系统天生的互补性有利于机组成员与系统形成一个团队。

当多个机组成员或自动化系统正在同时执行任务的时候,设计者应确保不会发生机组注意力、脑力活动或肢体动作的冲突。例如,设计某自动化系统在执行任务时所要求的监控既不能侵占飞行机组注意力又不能干扰飞行机组可能要执行的其他任务。

设计时,应利用飞行机组和自动化系统的能力,以便于阻止、容忍、检测和纠正飞行机组及系统的错误。系统失效或人为错误的发生是客观存在的事实,需要提供错误避免技术、冗余设计以及机组成员之间错误的交叉检查措施,在发生灾难性事件前哪些错误或失效能被防止或能被容错、跟踪及纠正。

另外，设计者必须确保飞行机组可能带有副作用的错误动作是可逆的，并且驾驶舱的设计不能模糊、合成或恶化人为错误或失效的出现和效应。特别要注意的是，某些失效情况的检测和处理需要非常快速，靠机组是不能解决的。如运输类飞机因缺油而造成固有的非稳定性需要及时自动处理，而这是飞行机组不能实现的。

1.3.7.4 飞行员的责任与权力

日趋先进的自动化系统对新的飞机设计小组产生了极大的吸引力。飞机设计小组可以决定通过限制飞行员的权力保证飞机的安全，这可以轻易地依靠飞机软件实现。但是在实际飞行过程中，不能完全依靠自动化系统，也就是说不能让飞行员完全在环外的情况发生。

对飞机的机长的责任和权力的描述，可以简明地表示如下：

① 机长对飞机的操作负有直接的责任，也有最终的决定权；

② 如果在飞行中遇到需要立刻处理的紧急情况，机长有权利处理；

③ 如果机长在情况②中进行了紧急处理，需要向相关管理部门呈交一份相应的纸质报告。

这些规则赋予了飞行员有效的、不受限的权力，这样的权力只能在飞行员确信遇到需要违背已经接受的规则处理紧急情况的时候使用。在紧急情况下，允许飞行员采用所有有效的手段保证乘客的安全。飞行员决定的正确性可在事后提出质疑，但是事件发生时，飞行员拥有最高的权力和责任。

飞行员是否有足够的权力保证飞行安全，受到飞行控制计算机软件编码限制的飞行员是否有完整的权力以避免碰撞或者接地，这些情况在飞机设计过程中都需要予以考虑。

1.3.7.5 飞行员的权力限制

最初为自主操作设计系统时出现了一个严重的问题，就是将飞行员权力等同于飞行员参与。这一问题最早在战斗机的设计中产生。对于该问题，在设计中提出了一种可行的解决方法：开发一种“软式”的电传操纵系统，扩大了飞行包线，但是通常伴随着飞行品质的降低。波音 B－777 采用了这种“软式”的方法，允许飞行员通过使用额外的控制力凌驾于自动的保护机制之上。在这种模式下，飞行品质会有所下降，但是飞行员拥有控制的权力。

虽然民用飞机不会面临如同战斗机在机动飞行时由于受到限制所带来的威胁，但是民用飞机的飞行员有时会需要具有控制的权力，能够超越正常的规则或发动机限制以应付非常严重的问题。也就是说，对完成安全飞行任务负有最终责任的飞行员，有时候应当被允许操作或者甚至超越飞机的限制，当飞行员决定需要通过此种方式处理紧急情况时。这个问题很难被简单的解决，这是因为这样的紧急情况非常的少，很难获得经验上的支持。但是，这个问题应当被认真考虑。

1.3.8　人为差错

1.3.8.1　关于人为差错和事故理念的考虑

多年以来，主流的观点是，执行与其专业水平相恰当任务的专业人士犯错的原因在于某种个人缺陷：他们缺乏技巧或不够勤奋。因此，机构的应对措施是责备、惩罚、重新培训或解雇犯错的、给组织带来负面影响的个人，这种方法被称之为“责备和惩罚”。虽然这种方法在很多时候依然占据主导地位，但是近年来，各个领域的专家们都一致认为这种方法是错误的，会影响安全水平。

现代的科学观点认为，事故的根本性原因并不是飞行员、管控员、机械师和调度师等专业人士所犯差错，而是由这些人员所构成的复杂系统存在差错和根本性限制。

这种观点还认为，差错的原因跟认知机制有很大关系，而认知机制是实现专业作业的基础。此外，对正确操作和差错操作的理解，都必须在个人的经历、培训和目标、所执行任务的特点、人机交互界面、常规和未预料的事件、与系统中其他人员的交互、组织、因素（包括明确的和未明确的组织目标、奖励结构、政策和程序等）等背景下完成，这些背景因素都跟人类认知过程的固有特点和局限性有高度动态的交互关系。

事故调查人员以及设备系统、操作程序和政策的设计师有时会错误地认为，如果专业人士在平时能够很轻松地完成任务，那么他们就总能够正确地完成任务，但是，在大部分时间里能够正确完成任务和 100%可靠地完成任务是有很大区别的，即便是最有责任心、技术最好的人也会偶尔犯错，这在每个领域都是如此。

专业人士犯错并不是因为本质上的不足，而是他们所执行的任务不可能有 100%的可靠性。事实上，有些任务使用自动化系统，可靠性几乎完美。但是有些任务需要人类独特的专长来决定如何采取行动，例如，在出现新情况或信息不全、信息模糊或相互冲突的情况下，或是需要价值判断的情况下。

飞行员（和其他工作人员）必须权衡相互竞争的组织目标，这通常发生在没有足够信息确定行为后果的情况下。例如，在机场附近有雷暴的情况下，管制员的许可虽然暗示能够安全起飞，但最终要由机长进行决策。机载雷达和天气报告给出了雷暴的具体位置和强度信息，但是有时候供机长决策的时间是有限的，他必须衡量延误飞行带来的成本，以及立即起飞可能带来的高度不确定的风险。如果在该航班之前起飞的 2 个航班没有遇到麻烦，或许会给机长和其他专家一种风险可以接受的感觉。但是这一次，当此机长开始起飞的时候，他遇到了剪切风，飞机坠毁了。

这种情况下，几乎可以确定的是，调查人员会认为事故机长做出了错误判断，从而导致了事故的发生。颇具讽刺意味的是，很少有人会对事故航班之前离开的飞机机长的决策提出异议。但是，这些没有发生事故的飞机机长所用的信息跟事故机长用得一样，做的决策也相同，就是因为无法完全预测风暴这一自然事件，使得他们可以免除责备，在此情况下，认为机长犯错导致事故真的合适吗？或者，是否应当承认航空业中存在无法完全准确评估风险水平、无法完全可靠地权衡安全目标和效益的情况？后一个结论表明，航空业应当关注更好地给飞行员提供信息，在处理不确定情况时提供更好的指导，承认罕见事故方面自身的责任，而非责备飞行员。

在其他情况下，飞行员所要求执行任务的特征、执行任务的环境与他们的信息处理能力和限制不匹配。飞行员必须不停地在两个或多个任务间进行切换以跟随任务状态、管理任务，这种情形通常称为多任务处理。例如，当 1 名机组成员在飞机滑行时收到修改的出航许可，他必须将新信息输入飞行管理计算机，这会与其他任务交织处理，如监督滑行路线和回答无线电呼叫。大部分时间里，有经验的飞行员都可以自如地来回切换注意力，但是如果某个任务变得更困难（如无法将新数据输入电脑），飞行员很容易把注意力放在这个任务上，而忽略了其他任务。很多人认为他们能够很有效地处理多个任务，但是研究表明，人类处理多个任务的能力非常有限。即便有充足的时间同时处理多个任务，差错率，尤其是遗漏方面的差错会显著提高。

为了保证驾驶舱操作的可靠性，必须做到：设计好程序，以减少多任务处理的情况发生；设计设备，以帮助驾驶员跟踪多个任务；培训飞行员，让他们了解多任务处理容易发生差错的特征。多任务处理的差错应当视为系统问题，而不是飞行员的不足。

即便是在最常规的飞行中，飞行员都可能犯错，而在具有挑战性的航班中，发生机组差错是很常见的。有研究发现，大部分航班中都会出现多个机组差错，虽然每个航班发生机组差错的数量有很大的不同。幸运的是，大部分的机组差错要么在出现严重问题之前就被发现了，要么在结果不是很严重之前就被处置了。发生机组差错是概率事件，是多种因素交织的结果，部分是系统性的，也有部分是随机的。类似地，机组差错是否会造成事故也是高度概率性的，而非决定性的。经过多年的经验总结，航空业的安全措施已经可以解决大部分单点设备故障问题和大部分的飞行员差错问题。例如，如果某个机组成员忘记将襟翼放到起飞位置，会有两个安全措施可以预防飞机在错误构型下起飞，即起飞前检查单和起飞构型警告系统。因此，如果发生了事故，通常是由多个随机因素导致，这些因素相互影响突破了多个安全措施。例如，在某个飞行员没有设置好襟翼而导致飞机坠毁的案例中，飞行员意外收到出港许可，要在其他等候飞机之前起飞，匆忙中机组成员忘记执行起飞前检查。不幸的是，起飞构型警告系统因开关触点问题没有向机组成员发出警告，机组人员试图起飞，从而导致事故发生。某些特殊因素随机产生并相互作用导致事故发生的概率非常低，但是所有可能因素潜在组合的数量却非常大，使得预测和解决潜在的事故异常困难，即便已经开发了多层次的保护措施以防止设备故障和人为差错。此外，人为和非人为因素之间有大量相互作用的大型动态系统，容易出现不可预测的突发问题，有时候这些问题是具有破坏性的。

以上讨论主要集中在专业飞行员所犯的差错上。私人飞行员造成的事故通常是由于缺乏技术技能导致，例如在中等侧风条件下飞机着陆失控，这些差错说明私人飞行员比专业飞行员缺乏训练和审查，他们一般都比专业飞行员缺乏很多经验。当然，大部分私人飞行员缺乏航空运营公司所提供的很多安全保障措施，如三余度系统设计、帮助决策的调度员以及高度结构化的操作程序。

1.3.8.2 驾驶舱人为差错

大多数航空事故都由人为差错导致——主要是因为飞行机组的差错，虽然有时候也由维修差错和控制差错导致。在1992年至2001年间，世界范围内商用喷气式飞机的运营中，66%的坠机事故是由飞行机组成员的原因导致。在通用航空方面，这个比例更高，例如，在2006年间，美国79%的致命事故是由飞行机组的差错导致。

下面介绍各种形式的人为差错，并重点阐述由于飞行机组的不当行为所导致的人为差错。

1. 航空人为差错的不同表现

人为差错是航空事故的主要原因。除了安全方面的问题以外，人为差错给航空业也带来了巨大的损失，包括设备损毁、飞行延误、燃料成本等。通过其中一个方面可以大致了解这些成本的量级：撞击损毁，即飞机之间以及飞机和地面车辆或建筑的撞击（滑行除外），在这些撞击中，92%由人为差错导致，每年在全世界范围内给航空业带来大约100亿美元的损失。

人为差错不仅仅出现在航空领域，在其他几乎所有行业的事故和财产损失中都扮演着很重要的角色。但是，航空业在研究人为差错的特性和原因、寻找对策方面有很大优势。航空事故的调查巨细无比，产生了大量人为差错的实质信息，包括这些差错产生的背景以及后果。此外，相对于其他行业，航空业有标准化的操作程序，根据这些程序可以有效地判定飞行员的操作是否合适。因此，航空业对人为差错的处理方法和知识能够用于解决其他关键领域的人为差错。

鉴于人为差错在航空事故中扮演核心角色，理解这类差错的产生原因以及造成事故的方式就很重要了。任何安全方面的研究项目都必须以进一步理解为基础，而且任何操作安全项目都必须根据这一基础建立。找到提高安全和效率、减少成本的方法对人为因素专家来说是工作的核心部分，因此需要对人为差错的特性和背景有深刻真切的理解。

人为差错包括飞行机组、设计人员、维修人员、空中交通管制员和地勤人员的差错。这里主要介绍除飞行机组以外的人为差错形式。

设计人员的差错往往是最隐蔽、也是最危险的差错。同时，如果需要对设计人员的差错进行修正，则需要付出巨大的代价。设计人员差错的表现形式包括不合理的操作流程设计、不合理的显控布局和方式设计等。通常解决设计人员差错的方法是在设计的初始阶段就邀请人为因素专家、有经验的飞行员和设计人员一起参与，同时采用双V结构等行之有效的设计方法。

维修人员的差错也会严重影响到飞行安全。飞机落地后，维修人员需要及时准确地了解飞机当前的情况，检查出可能存在的潜在威胁。出于民用航空经济性的考虑，维修人员在进行飞机落地后检查时有较大的时间压力，容易出现疏漏和差错。通常减少维修人员差错的方法是按照标准操作程序逐项对飞机的状态进行检查。

飞机飞行时，飞行机组与地面的沟通需要依靠与空中交通管制员的通讯来完成，特别是当空中防撞系统 TCAS(traffic collision avoidance system)技术还没有完全成熟的时候，飞机与飞机在空中进行的相互规避动作是根据空中交通管制员的指挥来完成的。乌伯林根空难很大一部分责任就是由于空中交通管制员的疏忽和不当指挥而造成了2架飞机在空中相撞。空难发生之后，美国联邦航空局规定，当空中防撞系统 TCAS 提供的规避动作与空中交通管制员提供的规避行为不一致时，以空中防撞系统 TCAS 提示为准。

地勤人员不当的指挥所造成的航空事故，发生在飞机在机场跑道上滑行的阶段。主要表现形式为飞机之间的刮碰、飞机与机场通勤车之间的碰撞以及飞机与机场廊桥之间的碰撞。特内里费空难就是飞行机组与地勤的沟通不畅所导致的2架客机在跑道上相撞的惨剧。

2. 飞行机组的人为差错

在所有的人为差错中，飞行机组的差错占据了绝大部分。飞行机组的差错包括：飞行前的准备或计划不充分、无法获得或维持飞行速度、无法获得或维持方向控制、撞击物体(障碍物)、燃油耗尽、距离或速度估计差错、飞行决策或计划差错、地形选择差错以及飞行控制选择差错等。虽然现代化的驾驶舱人机交互界面设计使得许多飞行任务都已经能够通过自动化系统完成，从而大大减少了飞行机组发生差错的可能性，但是其他新类型的差错却又出现了。从对以往的飞行事故的总结分析中可以得出，飞行过程中的不安全行为除了由于飞行机组主动无视规章之外，还有飞行机组的非故意的不安全行为。飞行机组的非故意的不安全行为主要表现在以下几个方面：

① 操作或决断差错。事故分析表明，有50%的飞行事故是由于操作不当和决断差错造成的。飞行机组的操作和决断差错是进近和着陆事故的一个主要原因。进近或着陆过程中飞行机组操作或决断差错的主要原因：一是飞行机组缺乏“位置”意识，二是缺乏相对的地形高度意识，三是缺乏危险意识，即在当前状态已高于正常危险率时仍然使飞机继续进近。此外，操作或决断差错还表现为用错机上设备、燃油耗尽、误入雷雨区等。

② 疏忽或判断差错。疏忽和判断失误甚至完全丧失情景意识是危及飞行安全的一类常见问题。这类问题主要是由于机组成员思想麻痹、作风松散、工作马虎，或机组配合不当、注意力分配不当等原因造成的。这种差错可能会使飞机丢失状态、迷航、碰撞障碍物、相撞等。

③ 飞行技能不胜任。技能不胜任可能是由于飞行员技术不熟练，知识和经验不足，也可能是飞行环境异常复杂造成的。解决这类问题，首先要对机组的技能严格要求，同时要加强对机组成员专业和知识的培训，加强机组成员间的经验交流。

④ 紧急情况处置不当。飞行人员对紧急情况处置不当，一是因为反应迟钝或对异常情况发现得晚，二是处置不合理。发生这种差错往往加剧了事件的紧急程度。

⑤ 违章违规。非故意的违规违章原因有很多：飞行员可能不知道某些规章制度，对规章制度的理解有误，规章或检查单使用差错，另外，飞行员在限制条件下采取有准备的紧急避让行动，飞机系统故障被迫采取措施也可能非故意地违规违章。

⑥ 机组失能。机组失能通常表现为三种情况：一是驾驶舱飞行人员失能，包括起飞前发现或考虑到在起飞后会发生失能状态；二是客舱机组成员失能而不能执行紧急状态通勤；三是产生错觉。飞行过程中飞行员的生理缺氧、丧失意识、心理异常、晕眩等都可能造成机组失能。

⑦ 机组资源管理不当。机组资源管理不当通常表现为机组成员间的配合失效，培训中教与学的关系处置不当或培训中教员放任不管，任由驾驶员随意操作。飞行安全基金会报告指出，近半数的进近和着陆致命事故都是由于没有完善的机组资源管理造成的。

第 2 章　民用飞机设计流程与适航管理

民用飞机的设计流程包括需求定义、概念设计、总体设计、详细设计、试飞取证和交付运营。民用飞机的适航管理是以保障民用航空器的安全性为目标的技术管理，是政府适航管理部门在指定各种最低安全标准的基础上，对民用飞机的设计、制造、使用和维修等环节进行科学统一的审查、鉴定、监督和管理。本章将介绍民用飞机的设计流程与适航管理，并着重阐述设计与适航管理过程中与人为因素相关的活动和关注点。

2.1　一般生命周期的划分

每个系统都具有一个生命周期，即使未被正式定义也是如此。生命周期可以被定义为某物（系统或制造的产品）所经历的一系列阶段。随着对环境问题意识的增强，任何所感兴趣的系统（SOI）的生命周期不仅必须包含开发、生产、使用和保障阶段，而且在系统即将停止运转和退出时还须及早地关注退役阶段。每个后续阶段的需求必须在较早阶段被考虑到，尤其是在概念设计和开发阶段，以便做出恰当的权衡和决策，以负担得起的有效方式适应后期阶段的需求。

定义系统生命周期的目的是，以有序且高效的方式为整个生命周期建立一个满足利益攸关者需要的框架。一般通过定义生命周期阶段并使用决策门来确定就绪状态，以便从一个阶段进入下一个阶段。跳过某些阶段和省去一些“耗时的”决策门可能大幅度增加风险（成本、进度和绩效），减少系统工程工作的层级也可能对技术开发造成不利影响。

决策门（亦称为控制门）通常被称为里程碑或评审点。决策门是项目周期内的审批事件，由项目经理、行政管理人员或客户在进度中定义并引入决策门是非常重要的。当项目管理基线中包含决策门时，每个决策门都需建立进入和退出的准则。决策门确保直到新活动所依赖的预先安排的活动按要求完成并处于构型控制之下时才开展新活动。项目准备就绪前如果越过决策门就必须承担风险，项目经理可能决定接受这种风险，例如，对于长期的前期项采购就要如此。

所有决策门既是评审点又是里程碑，然而，并不是所有评审点和里程碑都是决策门。决策门涉及下列问题：

- 项目可交付物仍然满足商业案例吗？
- 是否负担得起？
- 需要时能交付吗？

决策门表示系统生命周期内的主要决策点。决策门的主要目标是：

- 确保商业基线和技术基线的详细阐述可接受，并将引至满意的验证和确认（V&V）；
- 确保下一步骤能够达成，继续进行的风险能够接受；
- 继续促进买方和卖方之间的团队工作；
- 使项目活动同步。

任何项目都具有至少两类决策门：继续进行的许可和项目可交付物的最终验收。项目团队需要决定：生命周期的哪些阶段对他们的项目是合适的；超出两类基本决策门之外的哪些决策门是需要的。每个决策门必须具有有益的目的，“形式上的”评审只会浪费大家的时间。

市场需求、可支付性和现实进度的项目商业案例问题是影响概念选择的重要决策准则，并且这些问题应在每个决策门上被更新和评价。在这一过程中不充分的检查可能引起随后的失败——通常是成本超支和进度延期的主要因素。在每个决策门中，决策选项通常与以下内容类似：

- 可接受——继续进行项目的下一阶段；
- 有保留的接受——继续并回应某些行动项；
- 不可接受、不继续进行——延续本阶段工作且准备就绪时重做评审；
- 不可接受、返回到前一阶段；
- 不可接受、暂停项目活动；
- 不可挽回、终止项目。

决策门的描述应识别：

- 决策门的目的和范围；
- 进入和退出的准则；
- 主持者和主席；
- 出席者；
- 地点；
- 议程以及如何实施决策门；
- 待评估证据；
- 决策门产生的行动；
- 关闭评审的方法，包括开放式行动项的解决时序。

决策门的批准依据有资质的专家和涉及的利益攸关者的评审意见，且以符合评审准则的有力证据为基础。平衡诸多决策门的形式和频度被视为所有 SE 流程领域的关键成功因素。在大规模或长周期的项目中，决策及其依据都是使用信息管理流程来维持的。

当决策门成功完成时，一些制品（如项目生命周期阶段的文件、模型或其他产品）便被批准作为开展未来工作必须依据的基础，同时这些制品须置于构型管理之下。

2.2 民用飞机设计流程

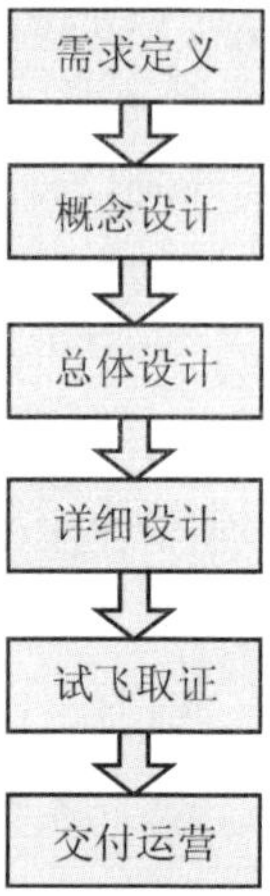

图 2-1 民用飞机设计流程

飞机设计是一个非常复杂的过程，具有动态变化、非标准化等特点，并且很大程度上依赖于先前的经验，也就是说飞机设计过程从来都是一个继承和发展的过程。技术和知识的积累是飞机设计中不可或缺的要素。

目前广泛认可的民用飞机设计流程可简化为如图2-1所示，主要包括：需求定义、概念设计、总体设计、详细设计、试飞取证以及交付运营等阶段。人为因素则贯穿于飞机设计的整个过程，并且要在较早期的设计节点中介入，通过人为因素测试与评估手段，发现并消除方案中的不良因素，而且在飞机设计中这是一个不断迭代的过程，通过不断优化得到最终的方案。

2.3 民用飞机设计不同阶段人为因素关注的问题

2.3.1 需求定义

需求定义阶段主要通过市场调研，从航空运量、飞机市场需求量、市场竞争预期的运行环境、航空公司要求、法规要求等方面进行调研和分析，确定飞机的基本技术要求和主要性能指标。这一阶段通常被认为是设计前的准备工作，或称之为项目可行性论证阶段。该阶段需要做的主要工作包括：针对基本技术要求和主要性能指标对国内外同类机型的运营现状和未来的发展趋势进行初步的竞争分析（竞争机型分析）；对研制总成本进行初步预测，对经济效益和社会效益进行分析估算；对研制周期进行初步预测和规划；对技术经济可行性进行初步分析，需要综合飞机研制过程中的设计、生产、市场、商务、材料、计划等专业团队进行综合全面评估，以确保项目能够顺利执行。需求定义阶段有关人为因素主要考虑的是驾驶舱机组人数和客舱乘坐舒适性等因素，并定义与人为因素相关的总体设计要求。这些内容将作为后续研制过程中开展人为因素各项工作的主要依据。

2.3.2 概念设计

概念设计的目的是对飞机的气动布局、性能、重量水平、航空电子、所需新技术、费用和市场前景等方面进行初步和方向性的探讨。概念设计阶段主要依据需求定义阶段确定的基本技术要求和主要性能指标，基于现有的技术条件和资源进行概念设计，通常与需求定义阶段有重叠。通过概念设计使技术要求制定得更为合理和具体化。概念设计中还要对技术要求中各项目的指标进行分析，适当降低那些对性能影响不大、但可能降低技术风险和研发费用的技术要求，并有可能提出一套合理组合的设计要求。概念设计中往往采用经验或半经验的分析方法，因此设计师的经验和判断力非常重要。概念设计主要包括：

①飞机主要几何尺寸；

②飞机总体布局；

③飞机主要特征重量；

④动力装置及其特征参数的选择；

⑤主要技术措施或系统设备的选择；

⑥飞机的主要性能和使用特性；

⑦几何尺寸和技术手段的协调。

概念设计阶段要解决的问题是确定飞机系统通过哪些系统功能实现需求定义阶段所确定的参数指标。

概念设计阶段的人为因素关注的内容主要是对飞机概念设计的人因评估。通常通过对用户飞行员的主观调查获取飞机设计理念宏观需求信息，以及概念设计方案与设计理念的匹配程度。

2.3.3　总体设计

总体设计也称为初步设计，是对概念设计的延续和细化。在该阶段，从总体气动外形到各个子系统都要进行具体方案设计，主要包括：修改、补充和完善飞机的几何外形，输出完整的三面图和理论外形；完成气动布局设计并计算较为精确的气动性能以及操纵性和稳定性；完成详细的重量计算和重心定位；完成主要系统结构构型及载荷设计；全面布置驾驶舱、设备舱、客舱各种机载设备；完成全尺寸工程样机用于工程协调等。与人为因素相关的驾驶舱的布置及人机界面的确定主要是在这一阶段进行，因此总体设计阶段是人为因素工作重点，大量的分析、测试与评估工作都在这一设计阶段开展，并且要经过数次迭代，最终确定总体方案。

人为因素相关工作应在尽可能早的节点介入，如果能在物理原型之前解决更多的人为因素问题可以极大地降低设计成本。但是由于人为因素的研究对象是人与系统之间的关系，只有人在环的真实体验才能获得最有效的数据和结论，就如同 CFD 和风洞试验一样，各项工作都必须通过实物原型进行验证。

总体设计阶段设计工作全面展开，因此在此阶段涉及的内容较多，主要包括：

① 人机功能分配。在确定操作需求之后，根据人和机器各自的特点和局限性进行人机功能分配，并评估分配方案的合理性。

② 人机界面。在完成人机功能分配之后便可确定哪些操作由人执行，据此可确定人机交互界面，包括显示及控制界面。通过对人机界面评估确定其合理性。

③ 功能操作流程。通过对功能操作流程进行分析，确定操作过程中是否有冲突或操作要求是否超出人的能力。

④ 新技术与新功能。设计中采用的新技术、新功能必须通过相关试验说明其可用性以及对安全性或操作效率的改善。

2.3.4 详细设计

详细设计阶段也称为工程发展阶段，是对总体方案的具体设计实施。该阶段主要是系统部件的详细设计与测试。这是一种传统的“自下而上”的工作模式。详细设计阶段人为因素关注的内容集中在机组操作程序的测试与评估上，由于该阶段方案基本定型，因此人为因素的测试与评估是基于飞行任务的。

由于在详细设计阶段涉及比较具体的部件级设计工作，有关部件的人为因素设计与评估工作通常也在详细设计阶段开展，在完成各部件的工作后必须开展基于任务场景的集成测试与评估。

2.3.5 试飞取证

试飞取证阶段主要按照适航的要求进行各种飞行试验，人为因素在该阶段的工作是验证机组工作负荷水平等人为因素相关特性是否符合适航的要求。

2.3.6 交付运营

交付运营阶段主要是进行飞机的航线运营，机组的训练以及飞机的维护，人为因素的考察要素主要集中在训练及维护中的人为因素。

飞机的最终用户是人（飞行机组），因此人的因素是设计过程中需要考虑的重要因素，并且要贯穿飞机全寿命周期。由于飞机是一个非常复杂的系统，而飞机的控制者（飞行机组）对飞机进行操纵的人机交互过程以及飞机的飞行环境都有诸多不可控因素，因此不可能在设计之初将所有人为因素全部考虑周全。如何在这种条件下通过有效方法设计出安全、舒适、高效的飞机是设计的最终目的，而如何通过人为因素的设计与评估使飞机系统在设计过程中充分考虑人的特性，使人在环的交互过程达到“人（机组）”—“机（飞机系统）”的和谐统一是人为因素要解决的问题，也是最终达到安全、高效、舒适目的的重要途径。在飞机设计过程中，人为因素需要伴随不同设计阶段开展各项工作，在不同阶段人为因素关注的问题不同，所采用的手段和方法也不同。

2.4　适航与适航管理

适航是指航空器能在预期的环境中安全飞行(包括起飞和着陆)的固有品质，这种品质可以通过系统的设计和制造获得，并通过合适的维修而持续保持。适航管理是政府适航管理部门代表公众，依据相关适航法规和管理文件对航空器的设计、制造、使用和维修等环节进行系统的审查和监督，以确保航空器达到适航规章要求的安全性水平。

民用航空器的适航管理是以保障民用航空器的安全性为目标的技术管理，是政府适航管理部门在指定各种最低安全标准的基础上，对民用航空器的设计、制造、使用和维修等环节进行科学统一的审查、鉴定、监督和管理。

2.5　适航法规体系

为了规范地进行适航管理，各国政府和适航管理当局都建立了相应的适航法规体系，包括一套完整的适航法规、程序和文件。

我国与适航相关的法规体系包括以下几个层次：民航法、行政法规、民航规章、规范性文件。民航法属于国家法律，是制定民航法规、规章的依据；行政法规根据宪法和法律制定，是对某一方面行政工作的规定，具有法律效力；民航规章是涉及民用航空活动、具有法律效力的专业性管理规定或标准；规范性文件包括管理程序(aviation procedure，AP)、咨询通告(advisory circular，AC)、管理文件(management document，MD)、工作手册(work manual，WM)等，是具体的职能部门(如适航审定部门)颁布的关于民航规章的具体实施办法、管理程序、规章条文的相关政策或解释，规范性文件不具备强制法律效力。

美国在适航方面的法规体系比较成熟、完备，美国联邦航空局(FAA)一直是国际适航标准和程序制定方面的领军者。FAA 依据联邦航空法，构建了包括适航审定法规文件和用于指导具体工作的政策指南性文件的完整适航法规体系。其适航法规文件包括联邦航空条例(FAR)、特殊联邦航空条例(SFAR)、技术标准规定(TSO)等，政策指南性文件包括咨询通告(AC)、指令(order)，通知(notices)、政策(policy)、备忘录(memo)、手册(handbook)和指南(manual)等。

2.6 航空器型号合格审定过程及分析

2.6.1 航空器型号合格审定过程

型号合格审定(type certification)是适航管理当局对民用航空产品进行设计批准的过程。在完成对航空产品的适航审定后,适航管理当局根据中国民用航空规章《民用航空产品和零部件合格审定规定》(CCAR－21),颁发型号合格证(TC)或型号设计批准书(TDA),用以证明民用航空产品符合相应适航规章和环境保护要求。

根据《民用航空产品和零部件合格审定规定》第 21.21 条的规定,对正常类、实用类、特技类、通勤类、运输类、载人自由气球或者特殊类别航空器颁发型号合格证;对初级类和限用类航空器颁发型号设计批准书。

典型的型号合格审定过程按航空器的生命周期划分为 5 个阶段:概念设计阶段、要求确定阶段、符合性计划制定阶段、计划实施阶段和证后阶段。在型号合格审定过程中,审查方与申请人应对每个阶段进行阶段评估,完成阶段评估检查单。只有当评估结果满足相应的阶段性工作结果要求后,审定活动才能进入下一阶段(除非审查方与申请人达成一致意见,并形成书面文件)。

1. 概念设计阶段

概念设计阶段是指意向申请人对潜在的审定项目尚未向中国民用航空局(CAAC)的责任审查部门提出型号合格证或型号设计批准书申请的阶段。CAAC 鼓励意向申请人在航空器型号项目尚处于概念设计时就与责任审查部门书面联系,责任审查部门收到联系函后即启动本阶段。

本阶段的目的是使责任审查部门尽早介入潜在的审定项目,对某些重要领域和规章相关要求符合性的问题与意向申请人达成共识,为后续审查活动的顺利开展奠定基础。

对于简单的型号合格审定项目或有取证经验的申请人,责任审查部门可根据实际情况将本阶段的任务进行适当删减。

主要工作事项:

① 型号合格审定过程的宣贯;

② 安全保障合作计划的签署或修订(按需);

③ 审定适用规章的指导;

④ 潜在审定项目的熟悉;

⑤ 审定计划的讨论;

⑥ 设计保证系统的初步评估。

2. 要求确定阶段

要求确定阶段是指意向申请人向责任审查部门提出了型号合格证或型号设计批准书的申请，责任审查部门对申请进行受理并确定适用的审定基础阶段。本阶段的工作旨在明确产品定义和有关的风险，确定需要满足的具体规章要求和符合性方法，识别重大问题，对于审查方和申请人均同意按专项合格审定计划(PSCP)进行管理的型号合格审定项目，双方编制初步的专项合格审定计划。

主要工作事项：

① 型号合格证或型号设计批准书的申请；

② 受理申请；

③ 首次型号合格审定委员会(TCB)会议前的准备；

④ 召开首次 TCB 会议；

⑤ 编制合格审定项目计划；

⑥ 按需编制专项合格审定计划草案；

⑦ 专用条件、等效安全和豁免的审批；

⑧ 召开中间 TCB 会议确定审定基础。

3. 符合性计划制定阶段

符合性计划制定阶段的目的是完成审定计划(CP)和审定项目计划(CPP)或专项合格审定计划(PSCP)。对于申请人和责任审查部门均同意采用专项合格审定计划方式进行管理的项目，专项合格审定计划作为审查组和申请人双方使用的一个工具，管理合格审定项目。关于设计保证系统的审定计划，审查组与申请人也应在该阶段完成。

主要工作事项：

① 确定审查组直接介入的范围；

② 确定授权与监督范围；

③ 制定制造符合性检查计划；

④ 完成审定计划或专项合格审定计划；

⑤ TCB 审议审定计划或专项合格审定计划。

4. 计划实施阶段

计划实施阶段是审查方和申请人执行经批准的审定计划(CP)和审定项目计划(CPP)或经双方共同签署的专项合格审定计划(PSCP)的阶段。申请人和审查方应密切合作，对已经批准的审定计划(CP)或签署的专项合格审定计划(PSCP)进行管理和完善，确保计划中的所有要求得以满足。

本阶段的活动分为3类：符合性验证数据或资料生成类、符合性表明类以及符合性确认类。符合性验证数据或资料生成类的活动指与产生符合性验证数据有关的活动，如试验（工程验证试验和飞行试验）、分析、检查等；符合性表明类的活动是指申请人应用符合性验证数据向审查组表明符合性的活动，如编写符合性报告；符合性确认类活动是审查代表对申请人表明的符合性进行确认的活动，如审查申请人提交的符合性报告、进行必要的飞行试验等来确定型号设计构型、确认型号设计对审定基础的符合性、判断航空器是否有不安全的状态等。

《民用航空产品和零部件合格审定规定》第21.33条和第21.35条规定了关于试验和检查的过程。对于审定飞行试验，申请人要进行必要的地面试验和检查以及飞行试验，并将飞行试验报告提交给审查组进行审查。审查组通过对申请人飞行试验结果的审查，选择审定飞行试验项目，用以确认申请人整个飞行数据包的有效性（审定飞行试验前需签发型号检查核准书）。对于某些飞行试验，审查组可根据申请人的请求决定是否将审定飞行试验与申请人的这些飞行试验合并进行。若决定合并进行飞行试验则在该试验前必须签发型号检查核准书（TIA）。

对于已批准的审定计划（CP）或已签署的专项合格审定计划（PSCP）中确定的验证试验项目，申请人应在试验前足够长的时间内，向审查组提交试验大纲，以便工程审查代表能在试验开始前完成试验大纲的审查和批准。

5. 证后阶段

证后阶段是在颁发型号合格证或型号设计批准书之后，完成项目的型号合格审定收尾工作，并开展证后管理工作。

主要工作事项：

① 完成型号合格审定总结报告；

② 完成型号检查报告；

③ 持续适航；

④ 设计保证系统、手册及其更改的控制与管理；

⑤ 持续适航文件的修订；

⑥ 证后评定；

⑦ 资料保存；

⑧ 航空器交付时的必要文件。

关于型号合格审定过程模型参见图2-2和图2-3。

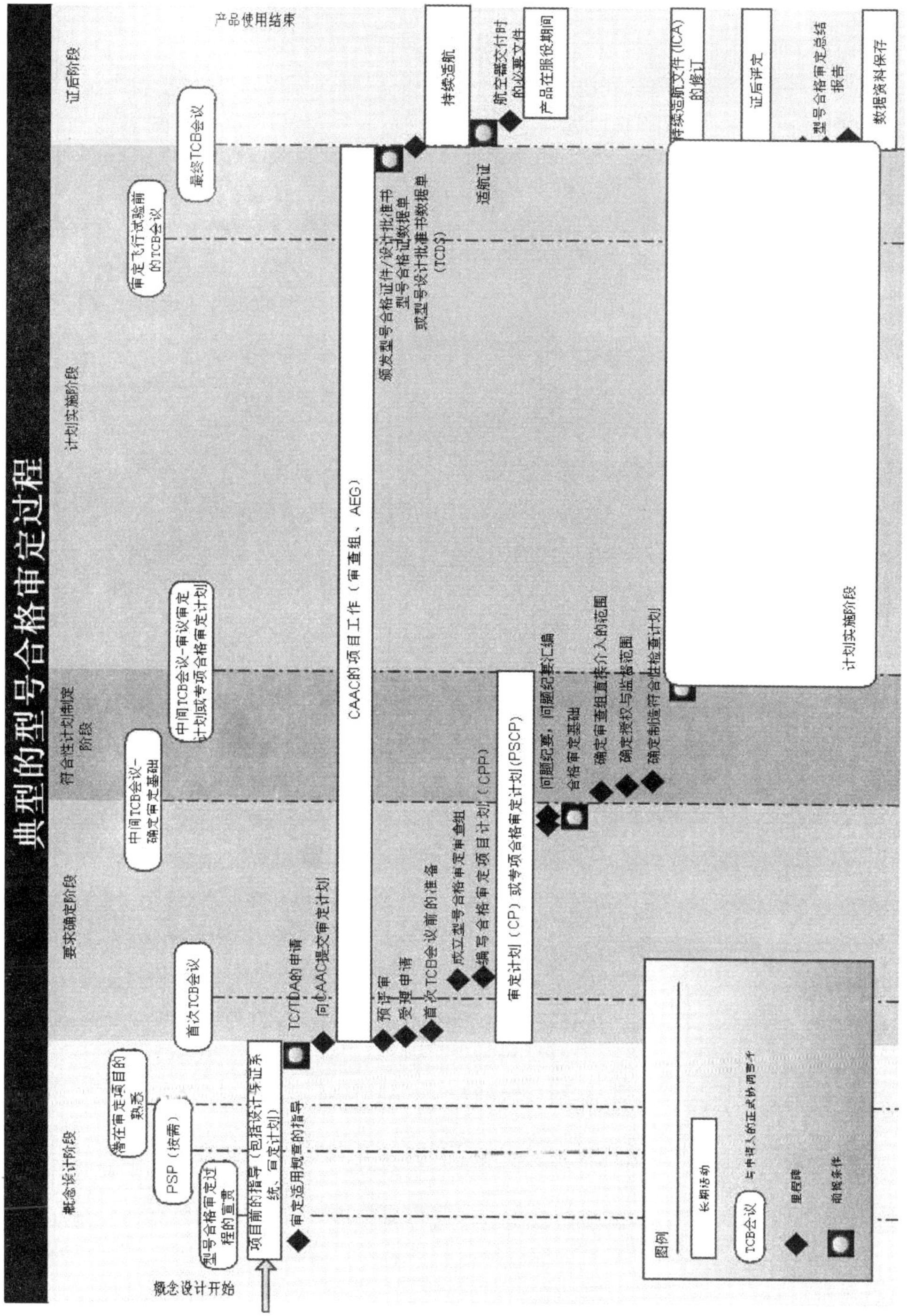

图2-2　型号合格审定过程模型

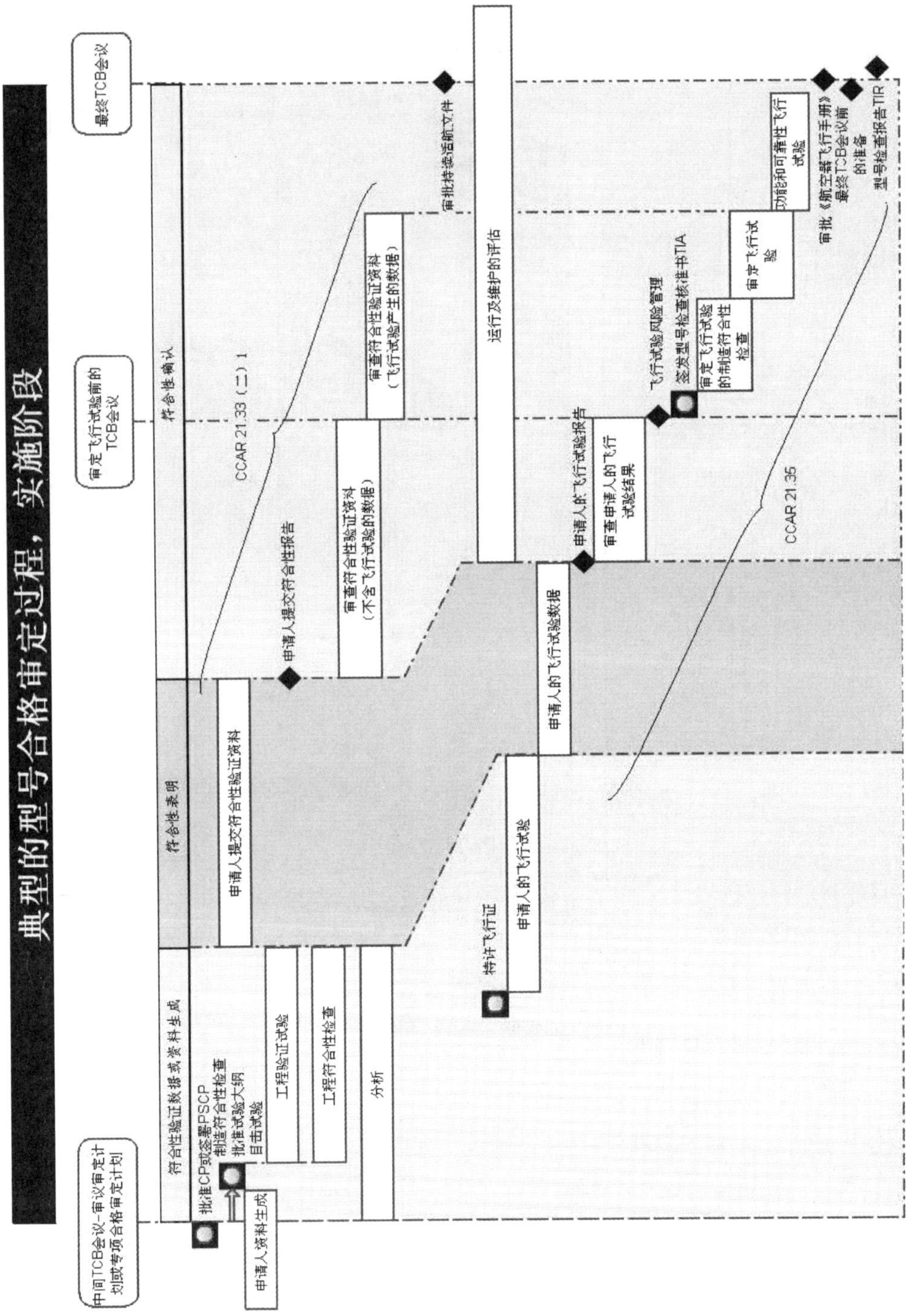

图2-3 计划实施阶段的审定过程模型

2.6.2　各审查方型号合格审定过程的分析

CAAC,FAA 和 EASA(欧洲航空安全局)对于审定过程的定义见表 2－1。通过对比可以发现:

① 由于 CAAC 的 AP－21－AA－2011－03－R4 程序主要参考了 FAA 的 Order 8110.4C,所以在审定过程的阶段划分方面完全一致,在各个阶段需要完成的任务方面基本一致但存在少许不同。例如,在 03R4 规定的第Ⅰ阶段,需要 CAAC 完成的任务中还包括“设计保证系统的初步评估”,在 FAA 的 Order 8110.4C 中是没有该项任务的。

② EASA 当前使用的型号合格审定程序 PR.CERT.00001－002,在审定过程的阶段划分上也分为 5 个阶段:阶段 0 为与申请方工作方法的定义和一致(Phase 0, Definition and Agreement of the Working Methods with the Applicant);阶段Ⅰ为技术熟悉与初步审定基础的建立(PhaseⅠ,Technical Familiarization and Establishment of the Initial Certification Basis);阶段Ⅱ为审定项目一致和介入程度定义(PhaseⅡ,Agreement of the Certification Programme and Level of Involvement);阶段Ⅲ为确定符合性(PhaseⅢ,Compliance Determination);阶段Ⅳ为技术关闭和颁发批准书(PhaseⅣ,Technical Closure and Issue of the Approval)。与 CAAC,FAA 的审定过程相比较,EASA 的 5 个阶段不包括类似于 CAAC,FAA 定义的证后阶段,EASA 的 5 个阶段与 CAAC,FAA 定义的前 4 个阶段,在工作任务方面基本一致,只是在阶段划分方面略有不同。

表 2－1　CAAC,FAA 和 EASA 对审定过程的定义

CAAC AP－21－AA－2011－03－R4	FAA Order 8110.4C	EASA PR.CERT.00001－002
第Ⅰ阶段　概念设计	**Conceptual Design**	**Phase 0. Definition and Agreement of the Working Methods with the Applicant**
概念设计阶段是指意向申请人对潜在的审定项目尚未向中国民用航空局的责任审定单位提出型号合格证或型号设计批准书申请的阶段。 本阶段的目的是使责任审查部门尽早介入潜在的审定项目,对某些重要领域和规章相关要求符合性的问题与意向申请人达成共识,为后续审查活动的顺利开展奠定基础。	TASKS DURING THE CONCEPTUAL DESIGN PHASE (1) Process Orientation; (2) Pre－Project Guidance; (3) Familiarization Briefing; (4) Certification Plan;	The objective of this phase is to check applicant's eligibility and establish team of experts

续表 2-1

CAAC AP-21-AA-2011-03-R4	FAA Order 8110.4C	EASA PR.CERT.00001-002
对于简单的型号合格审定项目或有取证经验的申请人,责任审查部门可根据实际情况将本阶段的任务进行适当删减。 本阶段有以下主要工作事项: (1) 型号合格审定过程的宣贯; (2) 安全保障合作计划的签署或修订(按需); (3) 审定适用规章的指导; (4) 潜在审定项目的熟悉; (5) 审定计划的讨论; (6) 设计保证系统的初步评估		
第Ⅱ阶段　要求确定 要求确定阶段是指意向申请人向责任审定单位提出了型号合格证或型号设计批准书的申请,责任审定单位对申请进行受理并确定适用的审定基础阶段。本阶段的工作旨在明确产品定义和有关的风险,确定需要满足的具体规章要求和符合性方法,识别重大问题,对于审查方和申请人均同意按专项合格审定计划进行管理的型号合格审定项目,双方编制初步的专项合格审定计划。 本阶段有以下主要工作事项: (1) 型号合格证或型号设计批准书的申请; (2) 受理申请; (3) 首次 TCB 会议前的准备; (4) 召开首次 TCB 会议; (5) 编制合格审定项目计划; (6) 按需编制专项合格审定计划草案; (7) 专用条件、等效安全和豁免的审批; (8) 召开中间 TCB 会议确定审定基础	**Requirements Definition** TASKS DURING THE REQUIREMENTS DEFINITION PHASE (1) Application for TC, Amended TC, and PC; (2) Establishment of TC Project; (3) Certification Project Notification (CPN); (4) Form the Certification Team (and TCB); (5) Develop Certification Project Plan (CPP); (6) The Preliminary TCB Meeting; (7) Issue Paper; (8) Issues Book; (9) The Project Specific Certification Plan (PSCP); (10) Certification Basis; (11) Interim TCB Meeting for Certification Basis	**Phase Ⅰ, Technical familiarization and Establishment of the Initial Certification Basis** The objective of this phase is to provide technical information about the project to the Team of experts to enable the definition of and agreement on the initial EASA certification basis

续表 2-1

CAAC AP-21-AA-2011-03-R4	FAA Order 8110.4C	EASA PR. CERT. 00001-002
第Ⅲ阶段　符合性计划制定 本阶段的目的是完成审定计划和审定项目计划，或专项合格审定计划。 本阶段有以下主要工作事项： (1) 确定审查组直接介入的范围； (2) 确定授权与监督范围； (3) 制定制造符合性检查计划； (4) 完成审定计划或专项合格审定计划； (5) TCB 审议审定计划或专项合格审定计划	**Compliance Planning** TASKS DURING THE COMPLIANCE PLANNING PHASE (1) FAA Involvement; (2) Oversight and Delegation; (3) Conformity for Engineering Purposes; (4) Completed [Project Specific] Certification Plan; (5) Interim TCB Meeting for [Project Specific] Certification Plan Agreement	**Phase Ⅱ, Agreement of the Certification Programme and Level of Involvement** The objective of this phase is the definition of and the agreement on the proposed means of compliance for each requirement of the certification basis and the identification of the certification team's level of involvement
第Ⅳ阶段　计划实施 计划实施阶段是审查方和申请人执行经批准的审定计划和审定项目计划或经双方共同签署的专项合格审定计划的阶段。申请人和审查方应密切合作，对已经批准的审定计划或签署的专项合格审定计划进行管理和完善，确保计划中的所有要求得以满足。 本阶段主要工作事项如下： Ⅰ. 符合性验证数据或资料生成类 (1)工程验证试验； (2)工程符合性检查； (3)分析； (4)申请人的飞行试验。 Ⅱ. 符合性表明类 (5)申请人提交符合性验证资料； (6)申请人的飞行试验数据和报告； (7)申请人提交符合性报告。 Ⅲ. 符合性确认类 (8) 审查型号资料； (9) 审查申请人的飞行试验结果；	**Implementation** TASKS DURING THE IMPLEMENTATION PHASE I-Compliance Data Generation Activities (1) Conformity Inspections; (2) Applicant Test Plan and FAA Approval; (3) Before Witnessing Engineering and Flight Tests; (4) Engineering Certification Tests; (5) Engineering Compliance by Inspection; (6) Analysis; (7) Experimental Airworthiness Certificate; (8) Applicant's Flight Tests. Ⅱ-Compliance Substantiation Activities (9) Compliance Substantiation-General; (10) Data Submitted for Approval; (11) Applicant Flight Test Data and Report; (12) Compliance Reports. Ⅲ-Compliance Finding Activities	**Phase Ⅲ, Compliance Determination** The objective of this phase is to demonstrate compliance with the applicable Certification Basis and environmental protection requirements and provide the Agency with the means by which such compliance has been demonstrated and declare that compliance has been demonstrated. **Phase Ⅳ, Technical Closure and Issue of the Approval** The objective of this phase is to technically close the investigation and issue the certificate

续表 2-1

CAAC AP-21-AA-2011-03-R4	FAA Order 8110.4C	EASA PR. CERT. 00001-002
(10) 飞行试验风险管理； (11) 审定飞行试验前的 TCB 会议； (12) 签发型号检查核准书； (13) 审定飞行试验的制造符合性检查； (14) 审定飞行试验； (15) 运行及维护的评估； (16) 审批持续适航文件； (17) 功能和可靠性飞行试验； (18) 审批《航空器飞行手册》； (19) 最终 TCB 会议前的准备； (20) 召开最终 TCB 会议； (21) 颁发型号合格证/型号设计批准书	(13) FAA Review of Compliance Data; (14) Review of Applicant's Flight Test Results; (15) Flight Test Risk Management Process; (16) Pre-Flight TCB Meeting; (17) Type Inspection Authorization (TIA); (18) Flight Test Conformity Inspection; (19) Certification Flight Tests; (20) Operational and Maintenance Evaluations; (21) Instructions for Continued Airworthiness (ICA); (22) Function and Reliability (F&R) Flight Testing; (23) Aircraft Flight Manual; (24) Final TCB Meeting, Issuance of Type Certificate & Data Sheet	
第Ⅴ阶段　证后阶段 本阶段是在颁发型号合格证或型号设计批准书之后，完成项目的型号合格审定收尾工作，并开展证后管理工作。 本阶段主要工作事项有： (1) 完成型号合格审定总结报告； (2) 完成型号检查报告； (3) 持续适航； (4) 设计保证系统、手册及其更改的控制与管理； (5) 持续适航文件的修订； (6) 证后评定； (7) 资料保存； (8) 航空器交付时的必要文件	**Post-Certification Activities** (1) Certification Summary Report; (2) Type Inspection Report (TIR); (3) Continued Airworthiness; (4) Changes to Instructions for Continued Airworthiness (ICA); (5) Post-Certification Evaluations; (6) Data Retention; (7) Required Documents	

注：考虑到本表内容的特殊性，没有将 FAA 和 EASA 对审定过程的定义翻译为中文，而是保留了原文。表中各项的格式也尽量与原文保持一致。

2.6.3　人为因素相关的适航规章要求和审定政策

人为因素作为影响飞行安全的重要因素，需要在航空器设计和适航审定过程中予以重点关注。国内外适航管理当局在相关的适航规章、咨询通告以及审定政策方面纳入了人为因素的要求，构成了对人为因素进行适航审定的法规体系。在飞机设计中必须贯彻适航规章中相关条款的要求，并且表明最终的飞机设计构型对适航条款的符合性。

FAR 适航规章中，需要申请人在表明符合性时仔细考虑人为因素相关问题的典型条款见表 2-2。

表 2-2　与驾驶舱人为因素直接相关条款

FAR23	FAR25	FAR27	FAR29	Subpart and Section Content/Topic
23.143	25.143	27.143	29.143	Controllability and Maneuverability: General
23.671	25.671	27.671	29.671	Control Systems: General
23.771	25.771	27.771	29.771	Pilot Compartment
23.773	25.773	27.773	29.773	Pilot Compartment View
23.777	25.777	27.777	29.777	Cockpit Controls
23.785	25.785	27.785	29.785	Seats, Berths, Litters, Safety Belts, and Harnesses
23.1141	25.1141	27.1141	29.1141	Powerplant Controls: General
23.1301	25.1301	27.1301	29.1301	Equipment: Function and Installation
	25.1302			Installed Systems and Equipment for Use by the Flightcrew
23.1309	25.1309	27.1309	29.1309	Equipment, Systems, and Installations
23.1311				Electronic Display Instrument Systems
23.1321	25.1321	27.1321	29.1321	Instruments: Installation: Arrangement and Visibility
23.1322	25.1322	27.1322	29.1322	Warning, Caution, and Advisory Lights
23.1357	25.1357	27.1357	29.1357	Electrical Systems and Equipment: Circuit Protective Devices
23.1381	25.1381	27.1381	29.1381	Lights: Instrument Lights
23.1523	25.1523	27.1523	29.1523	Operating Limitations: Minimum Flight Crew
23.1543	25.1543	27.1543	29.1543	Instrument Markings: General
23.1555	25.1555	27.1555	29.1555	Control Markings

注：表中直接引用 FAR 条款，为方便读者查阅原文，因而不译为中文。

表 2-3 所列条款规定飞机的设计特征不应要求特殊的飞行员技巧、机敏、体力或者其他能力，在表明对这些条款的符合性时，申请人同样需要考虑相关的人为因素问题。

表 2-3 需要考虑驾驶舱人为因素的相关条款

FAR23	FAR25	FAR27	FAR29	Subpart and Section Content/Topic
		27.33	29.33	Main rotor speed and pitch limits
			29.45	Performance: General
23.55	25.109			Accelerate—stop distance
	25.105	27.51	29.51	Take off
	25.125	27.75	29.75	Landing
23.141		27.141	29.141	Flight characteristics: General
	25.143	27.143	29.143	Controllability and maneuverability: General
	25.145			Longitudinal control
	25.149			Minimum control speed
	25.173			Static longitudinal stability
	25.181			Dynamic stability
	25.233			Directional stability and control
	25.253			High-speed characteristics
	25.671			Control systems: General
23.672	25.672	27.672	29.672	Stability augmentation and automatic and power-operated systems
23.807		27.807		Emergency exits
	25.809		29.809	Emergency exit arrangement
23.745				Nose/tail wheel steering
	25.941			Inlet, engine, and exhaust compatibility
	25.1329			Flight guidance system

注:表中直接引用 FAR 条款,为方便读者查阅原文,因而不译为中文。

对于与人为因素的相关问题的典型条款要求,将在本书的后续章节予以详细介绍。

第3章 与驾驶舱人为因素直接相关条款解析

在本章中将逐条解析与驾驶舱人为因素直接相关的条款，这些条款取自CCAR25部中与表2-2对应的条款。每一条款的解析内容包括：条款原文、条款解析以及可接受的符合性验证方法。

3.1 25.143操纵性和机动性总则

3.1.1 条款原文[①]

CCAR25.143 操纵性和机动性总则

(a) 在下述过程中，飞机必须可以安全地操纵并可以安全地进行机动：

(1) 起飞；

(2) 爬升；

(3) 平飞；

(4) 下降；

(5) 着陆。

(b) 必须能从一种飞行状态平稳地过渡到任何其他飞行状态，而不需要特殊的驾驶技巧、机敏或体力，并且在任何可能的使用条件下都没有超过飞机限制载荷系数的危险，这些使用条件包括：

(1) 临界发动机突然失效；

(2) 对于三发或三发以上的飞机，当飞机处于航路、进场或着陆形态，临界发动机停车并已配平时，第二台临界发动机突然失效；

(3) 形态改变，包括打开或收起减速装置。

(c) 在附录C[②]中规定的飞行各阶段的临界结冰条件下，必须表明飞机在下列条件下有足够的安全操纵性能和机动能力，并且临界发动机不工作且其螺旋桨(如果适用)处于最小阻力位置：

(1) 起飞最小V_2；

(2) 在进场和复飞过程中；和

(3) 进场和着陆过程中。

(d) 在本条(a)～(c)所需的试验中，对于常规盘式操纵，表3-1规定了所允许

---

① 本章及第4章中的条款原文引自CCAR25，为保持与原文一致性，本书保留了原文的排版及文字表达方式。

② 本章及第4章条款原文中出现的附录C特指25部附录C，附录D特指25部附录D。

的最大操纵力。

表 3-1 常规盘式操作所允许的最大操纵力

施加在驾驶盘或方向舵脚蹬上的力	N(kg;lb)俯仰	滚 转	偏 航
短时作用(双手)	333(34;75)	222(23;50)	
短时作用(单手)	222(23;50)	111(11;25)	
短时作用			667(68;150)
持久作用	44(5;10)	22(2;5)	89(9;20)

(e) 当演示本条(d)所规定短时操纵力限制的符合性时,必须遵循经批准的操作程序或常规的操纵方法(包括在前一个定常飞行状态尽可能地接近配平,但起飞时飞机必须按经批准的操纵程序配平)。

(f) 当演示本条(d)所规定持久操纵力限制的符合性时,飞机必须配平,或尽可能地接近配平。

(g) 在恒定空速或马赫数(直至 V_{FC}/M_{FC})机动飞行时,杆力和杆力梯度相对于机动载荷系数必须处于满意的限制条件之内。飞机机动飞行时,杆力必须不得有过度的驾驶员体力要求,也不得太低导致使飞机可能轻易无意地进入超应力状态。随载荷系数变化出现的梯度变化必须不得引起保持飞机操纵的过度困难,以及局部梯度不得太低导致过度操纵的危险。

(h)前重心情况下恒速协调转弯时的机动性(表 3-2),不得出现失速警告或其他可能干扰正常机动的特性:

表 3-2 前重心情况下恒速协调转弯时的机动性

形 态	速 度	协调转弯中的机动飞行坡度角	推力功率设置
起飞	V_2	30°	不对称 WAT 限制①
起飞	(V_2+XX)②	40°	全发工作爬升③
航路	V_{FTO}	40°	不对称 WAT 限制①
着陆	V_{REF}	40°	对于-3°航迹角的对称

注:① 使得推力或功率设置产生在该飞行条件下第 25.121 条规定的最小爬升梯度的重量、高度和温度的组合(WAT)。

② 全发工作最初爬升中的批准空速。

③ 在临界发动机失效以及机组没有采取措施调整其余发动机推力或功率的情况下,该推力或功率设置可能导致为在 V_2 时起飞条件规定的推力或功率,或者被用于全发工作初始爬升程序的较小的推力或功率设置。

(i) 演示结冰条件下第 25.143 条的符合性时:

(1) 必须用附录 C 中规定的特定飞行阶段最临界的冰积聚演示可操纵性;

(2) 必须表明，在推杆使飞机低头到过载为零或由升降舵或飞控系统的其他设计特点限制所能产生的最小过载系数的全过程中需要一定的推杆力。必须表明能够用不超过 23 kg(50 lb)的拉力即可迅速从该机动中恢复过来；和

(3) 除非杆力的变化是逐渐的和易于控制的，并且不需要特别的技巧、机敏或力量，随着侧滑角不断增加驾驶员通过俯仰操纵保持速度时杆力必须是稳定增加的，不出现杆力反逆现象。

(j) 在结冰条件下飞行时，在防冰系统已开启并执行其预定功能之前，采用以下要求：

(1) 如果该防冰系统的开启取决于驾驶员看到参考表面上规定的冰积聚(并不是刚刚开始结冰)，则第 25.143 条的要求适用于附录 C 第Ⅱ部分(e)所定义的冰积聚；

(2) 如果用其他方式启动防冰系统，则必须用附录 C 第Ⅱ部分(e)所定义的冰积聚在飞行中演示：

(Ⅰ) 在直至 1.5***g*** 过载系数的拉起机动中飞机是可操纵的；和

(Ⅱ) 在直至 0.5***g*** 过载系数的推杆机动中不出现俯仰操纵力反逆。

3.1.2　条款解析

3.1.2.1　25.143(a)款

“安全地”是指没有危险倾向，例如，飞机不会出现飞行员不能预期的响应，没有飞行员诱发振荡(PIO)、超出体力和能力的限制、不可控制的飞行姿态等。

3.1.2.2　25.143(b)款

“飞机限制载荷系数”由 CCAR 25.301，CCAR 25.303，CCAR 25.305 规定，限制载荷不会使飞机结构产生有害的永久变形，非永久变形不会妨碍安全运行。

3.1.2.3　25.143(d)款

“短时操纵力”是指飞机形态变化后保持飞机预期的飞行轨迹以及从一种飞行状态过渡到另一种飞行状态，或在故障后恢复操纵所产生的初始稳定的操纵力；“持久操纵力”是指在正常和故障情况下产生的、不易配平或消除的那些操纵力。短时操纵力指作用时间不超过 2 min 的力，但不包括飞机形态变化、飞行状态或在故障后恢复操纵时产生的瞬态力峰值。持久作用的最大操纵力指作用时间超过 10 min 的力，对于短于 10 min 的力，允许在“短时”力和“持久”力之间合理内插。

3.2.2.4　25.143(g)款

“杆力梯度”也称每 ***g*** 杆力，是每一过载点上杆力(通常指纵向杆力)对过载的导数。

本条(a)款中还隐含了对驾驶员诱发振荡(PIO)的要求。驾驶员诱发振荡是一种闭环操纵品质现象，体现在闭环(驾驶员操纵飞机)机动飞行中飞机和驾驶员反常的相互作用而导致的不期望的飞机运动、振荡、发散振荡和不可控制的运动。机动飞

行中，飞行员对与操纵面运动相耦合的驾驶舱操纵器件的操纵以及飞机的动态响应形成这种闭环或反馈系统。PIO 经常会在“高增益”的情况下出现，此时飞行员试图要准确和迅速地完成一种特定任务。

3.1.3 符合性验证方法

通常适航管理当局可接受的符合性验证方法包括但不限于表 3－3 所列。

表 3－3 符合性验证方法

条 款	符合性验证方法
25.143(a)	设计说明，飞行试验
25.143(b)	设计说明，飞行试验
25.143(c)	设计说明，飞行试验
25.143(d)	飞行试验
25.143(e)	飞行试验
25.143(f)	设计说明，飞行试验
25.143(g)	飞行试验
25.143(h)	设计说明，飞行试验
25.143(i)	设计说明，飞行试验
25.143(j)	飞行试验

目前可接受符合性方法的指导性材料为 AC25－7A 运输类飞机飞行试验指南。

3.2 25.671 控制系统总则

3.2.1 条款原文

CCAR25.671 控制系统总则

(a) 每个操纵器件和操纵系统对应其功能必须操作简便、平稳和确切。

(b) 飞行操纵系统的每一元件必须在设计上采取措施，或在元件上制出明显可辨的永久性标记，使由于装配不当而导致系统功能不正常的概率减至最小。

(c) 必须用分析、试验或两者兼用来表明，在正常飞行包线内发生飞行操纵系统和操纵面(包括配平、升力、阻力和感觉系统)的下列任何一种故障或卡阻后，不要特殊的驾驶技巧或体力，飞机仍能继续安全飞行和着陆；可能出现的功能不正常必须对操纵系统的工作只产生微小的影响，而且必须是驾驶员易于采取对策的：

(1) 除卡阻以外的任何单个故障(例如机械元件的脱开或损坏，作动筒、操纵阀套和阀门一类液压组件的结构损坏)。

(2) 除卡阻以外未表明是极不可能的故障的任意组合(例如双重电气系统或液

压系统的故障,或任何单个损坏与任一可能的液压或电气故障的组合)。

(3) 在起飞、爬升、巡航、正常转弯、下降和着陆过程中正常使用的操纵位置上的任何卡阻,除非这种卡阻被表明是极不可能的或是能够缓解的。若飞行操纵器件滑移到不利位置和随后发生卡阻不是极不可能,则须考虑这种滑移和卡阻。

(d) 飞机必须设计成在所有发动机都失效的情况下仍可操纵。如果表明分析方法是可靠的,则可以通过分析来表明满足本要求。

3.2.2 条款解析

3.2.2.1 25.671(a)款

本款是对飞行操纵系统的总的定性要求,即要求操纵系统操作简便、平稳、确切。简便一般是指操纵系统的操纵器件应满足 25.779(a)款的要求,保证驾驶员手、脚的操作动作与人的运动本能反应相一致;平稳一般是指系统无突变、无紧涩感觉、无卡阻、无自振,杆力梯度合适,驾驶员感觉舒适;确切一般是指飞机能正确执行驾驶员指令并且能从一种飞行状态按指令平稳地过渡到任何其他飞行状态。

3.2.2.2 25.671(b)款

本款是确保正确装配、防止误安装的要求。操纵系统的每一元件或组件必须在设计上采取措施,特别是对称元件、相似元件、有相同臂值或臂值相近的那些摇臂,必要时采用明显可辨的永久性标记,以防止在生产或维修中发生误装配。

3.2.2.3 25.671(c)款

"卡阻"定义为某个操纵舵面、飞行员操纵器件或组件停滞在某个位置的失效或事件。

"故障/失效"定义为某个事件的发生,会影响某组件、部件或元件的运行,使其无法完成预定功能(包括功能丧失和功能不正常)。注意:差错可能导致失效,但不能被认为是失效。

本款要求必须用分析、试验或两者兼用来表明,在下述故障情况下,飞机仍能继续安全飞行和着陆。

操纵系统和操纵面在正常飞行包线内可能出现的故障:

① 单个故障(不包括卡阻),例如机械元件的脱开或损坏,或作动筒、操纵阀套和阀门一类液压组件的结构破坏。任何单个故障(不包括卡阻)不能引起灾难性后果,不管其概率如何。

② 故障的组合(不包括卡阻),例如双重液压系统的失效,任何单个故障同电气或液压系统可能出现的故障的组合。还应考虑到单个故障引起的相继失效及对其他系统的影响。

③ 卡阻,在起飞、爬升、巡航、正常转弯、下降和着陆过程中正常使用的操纵位置上的任何卡阻。如飞行操纵器件滑移到不利位置和随后发生卡阻不是极不可能的,则考虑这种滑移和卡阻;来自货物、旅客、松散的物体和水汽结冰等因素造成的卡阻

也应考虑。

针对卡阻,服役机群经验数据表明:操纵面卡阻的总故障率大约为每飞行小时$10^{-7}\sim10^{-6}$。考虑到该统计数据,对于条款中规定的每一飞行阶段,不考虑其他故障,正常使用位置的合理定义是发生在1 000次随机操作飞行中的操纵面偏转范围内(从中立位到最大的偏转位置)。

由于一般不能或很难证明某个舵面卡阻或操纵器件卡阻是极不可能的,因此需要考虑在飞行过程中正常使用位置的任何卡阻。FAA颁布的政策PS-ANM100-1995-00020,对操纵面"正常使用位置"的卡阻给出了指导建议。

由于大部分的卡阻缓解装置需要另一飞行员的动作,或者需要通过拉杆来启动冗余系统,这都需要恢复时间,因此,在即将着陆的极短暴露时间内发生的卡阻,考虑到恢复时间的问题,可能在飞行员未克服卡阻之前已经导致了事故的发生或已经着陆,如果申请人表明在该极短的暴露时间段内发生卡阻是极不可能的,则一般可以被接受。

3.2.2.4 25.671(d)款

本款要求飞机必须设计成在所有发动机都失效的情况下,飞机仍可操纵。全部发动机发生故障后,对于爬升、巡航、下滑、进场和待机状态,飞机仍应是可操纵的,并且有能力从合理的进场速度拉平到接地时的着陆状态。

当飞机全发停车时,对飞机的操纵分为以下3种情况:

① 对于机械操纵系统,系统的功能与发动机无关,因此全发停车时,飞机仍是可操纵的。

② 对于具有带动力的操纵系统且有手动转换的飞机,若动力源是由发动机带动的液压泵、冷气泵或发电电源,则在全发停车时,动力操纵系统全部失效。此时对飞机的操纵采用手工操控,即脱开动力操纵,改为机械操纵。

③ 对于具有带动力的操纵系统且没有手动转换的飞机,利用备用动力源,此动力源相对发动机是独立的。

若飞机具有带动力的操纵系统,且动力源是由发动机带动的,则设计上必须采取措施,即使发动机全部停车,飞机仍可操纵。为此,必须将飞机设计成:

① 有冗余动力源,如冲压空气涡轮、备用电源等;

② 有动力源脱开装置;

③ 有与备用动力源接通的装置;

④ 可以手工操控。

对于如B-737,DC-9及通勤类带液压助力的机械操纵系统的飞机,全发停车时,恢复手动操纵,自动切断液压助力并显示,改为纯手工机械操纵;对于大型运输机,一般采用冲压空气涡轮(RAT)作为冗余动力源。

3.2.3　符合性验证方法

① CS－25AMC25.671(a)提出：对于完成必要功能的操纵系统的设计必须满足，当选定运动到某一位置时，无须等待最初选定运动的完成，就能选定另一不同的位置，并且操纵系统应到达最后选定位置而无须进一步的关注。系统随后的运动和满足选择顺序要求所花的时间不应影响飞机的适航性。

对 25.671(a)款的符合性一般可通过说明性文件、计算/分析、试验室试验、地面试验和飞行试验来表明。通过对控制率的计算，保证操纵平稳和确切。通过飞行试验，试飞员给出整体的评估意见。

② CS－25AMC25.671(b)提出：操纵系统中，对于若不正确安装就会危害飞机的系统，应在设计上采取措施，使得在所有可能的分解点，装配该系统的元件在机械上不可能引起下述后果。

- 超出限制的动作/不协调的动作；
- 装配可能使操纵意图相反；
- 两个系统之间出现非有意地操纵交连。

仅在特殊的情况下允许操纵系统为满足以上要求而采用独特的标记。

对 25.671(b)款的符合性一般可通过说明性文件和机上检查来表明。由于考虑到标记标牌受光线、时间长易老化等环境影响，以及需要维护人员刻意注意等限制，一般应鼓励尽可能采用设计策略，在设计上采取措施来防止误装配，不提倡仅采用标记标牌的方法防止误装配。申请人在设计阶段应采取足够的预防措施，维修手册应详细列出有关防止误装配、误连接等的程序。

③ 对 25.671(c)款的符合性一般可通过安全性分析、试验室试验、机上地面试验、飞行试验和模拟器试验来表明。安全性分析推荐按 AMC25.1309 进行。

④ 对 25.671(d)款的符合性一般可通过说明性文件、安全性分析、飞行试验和模拟器试验来表明。

3.3　25.771 驾驶舱

3.3.1　条款原文

CCAR25.771 驾驶舱

(a) 驾驶舱及其设备必须能使(按第 25.1523 条规定的)最小飞行机组在执行职责时不致过分专注或疲劳。

(b) 第 25.779(a)条所列的主操纵器件(不包括钢索和操纵拉杆)的设置必须根据螺旋桨的位置，使(按第 25.1523 条规定的)最小飞行机组成员和操纵器件的任何部分都不在任一内侧螺旋桨通过其桨毂中心与螺旋桨旋转平面前和后成 5°夹角的锥面之间的区域内。

(c) 如果备有供第二驾驶员使用的设施,则必须能从任一驾驶座上以同等的安全性操纵飞机。

(d) 驾驶舱的构造必须做到在雨或雪中飞行时,不会出现可能使机组人员分心或损害结构的渗漏。

(e) 驾驶舱设备的振动和噪声特性不得影响飞机的安全运行。

3.3.2 条款解析

3.3.2.1 25.771(a)款

“不过分专注”指的是飞机的仪表或者设备的设计分布,如果驾驶员对于某些仪表设备分配了过多的注意力,会减弱对于飞机的情景意识,在某些情况下对飞机的安全运行有潜在的威胁。

3.3.2.2 25.771(b)款

“第25.779(a)条所列的主操纵器件”包括副翼、升降舵和方向舵操纵器件。本款要求很明确,即针对螺旋桨飞机,除钢索和操纵拉杆外,副翼、升降舵和方向舵操纵器件的位置,必须根据螺旋桨的位置进行布置,使25.1523条规定的最小飞行机组成员和操纵器件的任何部分(除钢索和操纵拉杆外)都不在任一内侧螺旋桨通过其桨毂中心与螺旋桨旋转平面前和后成5°夹角的锥面之间的区域内。

3.3.2.3 25.771(c)款

本款对存在第二驾驶员使用的设施的驾驶舱操纵系统安排提出要求,要求必须能从任一驾驶座上以同等的安全性操纵飞机,即当任一驾驶员不能按要求操作飞机时,另一驾驶员能够从任一驾驶座上安全地操纵飞机。这实际上对双驾驶员操纵的飞机,设置与安全操纵飞机相关的驾驶舱设施(如操纵器件等)提出了双套的要求。此外,对于与安全相关的关键设施,如果设计可同时供正副驾驶员使用的单个设施,如,某些机型上设计有起落架应急收放按钮,其布置应满足正副驾驶都可达,且操作安全。

3.3.2.4 25.771(d)款

本款对雨水或雪渗漏进入驾驶舱提出了要求。飞机在雨或雪中飞行时,如果雨水或雪渗漏进入驾驶舱达到可能使机组人员分心或损害结构的程度,则对飞机的安全飞行有不利的影响,因此要求驾驶舱的构造应具有防止可能使机组人员分心或损害结构的雨水或雪的渗漏。

3.3.3 符合性验证方法

通常适航管理当局可接受的符合性验证方法包括但不限于:简述、飞行试验、模拟器试验、设备鉴定等。

3.3.3.1　25.771 (a)款

需要进行机组工作负荷分析。工作负荷包括身体和精神上的负荷。工作负荷的大小对任务的绩效是有影响的。如果超出可接受的范围，则工作无法继续。但是，过低的工作负荷则会造成无聊厌倦，注意力不集中的情况。以往的研究表明，操作人员在中等工作负荷时最可靠，而持续稳定的工作负荷很重要。

3.3.3.2　25.771 (b)款

一般可以提供图纸和论证报告，以说明25.1523条规定的最小飞行机组成员和操纵器件的任何部分(除钢索和操纵拉杆外)都不在任一内侧螺旋桨通过其桨毂中心与螺旋桨旋转平面前和后成5°夹角的锥面之间的区域内。

3.3.3.3　25.771(c)款

一般可通过驾驶舱设计说明、布置图、机上检查和飞行试验进行评估，以表明对该条款的符合性。针对该条款，驾驶舱设计说明应至少说明供第二驾驶员使用的设施的物理特征、功能及与第一驾驶员使用的设施之间的关系和差异；布置图应至少展示供第一驾驶员和第二驾驶员使用的设施的驾驶舱布局；机上检查应至少包括对双套操纵系统的检查，以及与安全相关的单个关键设施的布置正副驾驶员都必须可达的检查；飞行试验应验证装有供第二驾驶员使用的设施时，驾驶员从任一驾驶座上都可同等安全地操纵飞机。

3.3.3.4　25.771(d)款

本条款的符合性验证主要采用符合性说明和试验的方法。

① 符合性说明：用驾驶舱的设计图纸来说明驾驶舱的构造特点，采取了什么措施防雨或雪的渗漏。

② 试验：采用地面淋雨试验，来验证驾驶舱防雨或雪的渗漏能力。

3.4　25.773 驾驶舱视界

3.4.1　条款原文

CCAR25.773 驾驶舱视界

(a) 无降水情况。

对于无降水情况，采用下列规定：

(1) 驾驶舱的布局必须给驾驶员以足够宽阔、清晰和不失真的视界，使其能在飞机使用限制内安全地完成任何机动动作，包括滑行、起飞、进场和着陆。

(2) 驾驶舱不得有影响(按第25.1523条规定的)最小飞行机组完成正常职责的眩光和反射，必须在无降水情况下通过昼和夜间飞行试验表明满足上述要求。

(b) 降水情况。

对于降水情况，采用下列规定：

(1) 飞机必须具有措施使风挡在降水过程中保持有一个清晰的部分，足以使两名驾驶员在飞机各种正常姿态下沿飞行航迹均有充分宽阔的视界。此措施必须设计成在下列情况中均有效，而无须机组成员不断关注。

(i) 大雨，速度直至 1.5 V_{SR1}，升力和阻力装置都收上；

(ii) 第 25.1419 条规定的结冰条件下，如果要求按结冰条件下的飞行进行审定。

(2) 正驾驶员必须有

(i) 当座舱不增压时，在本条(b)(1)规定条件下能打开的窗户，提供该项所规定的视界，又能给予驾驶员足够的保护，防止风雨影响其观察能力；

(ii) 在本条(b)(1)规定条件下考虑遭到严重冰雹可能造成的损伤，保持清晰视界的其他手段。

(c) 风挡和窗户内侧的起雾。

飞机必须具有在其预定运行的所有内外环境条件(包括降水)下，防止风挡和窗户玻璃内侧在提供本条(a)规定的视界的范围上起雾的措施。

(d) 在每一驾驶员位置必须装有固定标记或其他导标，使驾驶员能把座椅定位于可获得外部视界和仪表扫视最佳组合的位置。如使用有照明的标记或导标，它们必须满足第 25.1381 条规定的要求。

3.4.2 条款解析

3.4.2.1 25.773(a)款

"足够宽阔、清晰的视界"(角度从设计眼位量起)是指：

① 从垂直基准面向左 40°处，向前上方与水平基准面夹角 35°，在向右 20°处按线性关系减小到 15°。

② 从垂直基准面向左 30°到向右 10°，向前下方与水平基准面夹角 17°，在向右 20°处按线性关系减小到 10°。

③ 从垂直基准面向左 40°到向左 80°之间，向前上方与水平基准面夹角 35°，在向左 120°处按线性关系减小到 15°。

④ 从垂直基准面向左 30°处，向前下方与水平基准面夹角 17°，在向左 70°处按线性关系增加到 27°。

⑤ 从垂直基准面向左 70°到向左 95°之间，向前下方与水平基准面夹角 27°，在向左 120°处按线性关系减小到 15°。

视界关系如图 3-1 所示。图中定义的视界范围仅适用于左驾驶员，对于右驾驶员，图中的左右尺寸相反。

3.4.2.2 25.773(c)款

本款说明由于玻璃起雾比干玻璃的能见度降低很多，特别是雨天影响更大，所以必须有防止风挡和窗户玻璃起雾的措施。可以采取对风挡和窗户玻璃加温的方法进

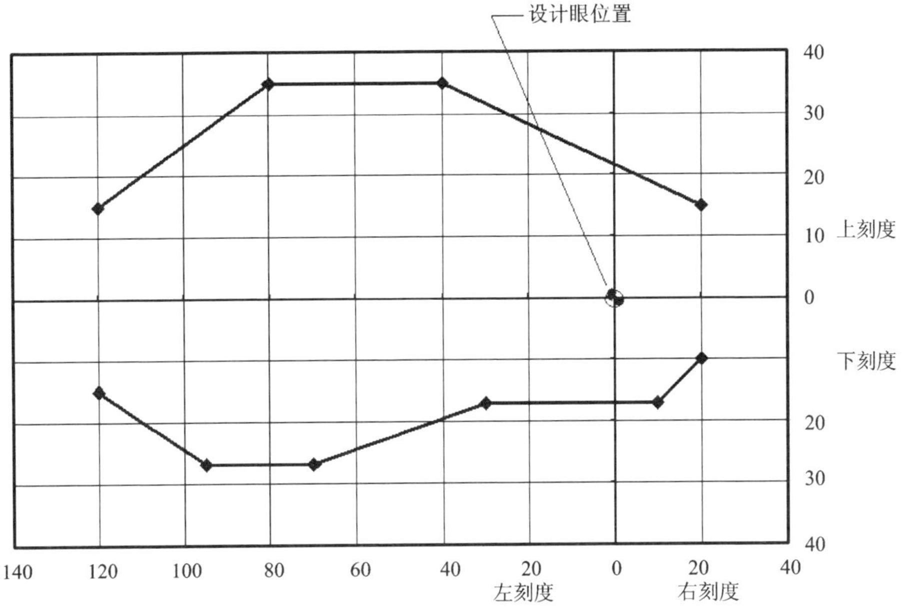

图 3-1　驾驶舱视界

行除雾，加温的措施包括电加温和干燥热空气加温。目前大部分民航飞机采用的是透明导电薄膜加温玻璃，表面可加热到超过可能的露点温度，达到防止起雾的目的。

“本条(a)规定的视界的范围”指的是“足够宽阔、清晰和不失真的视界”的范围，具体要求应参见(a)款的解析，或参考 AC25-773-1 的相关解释。“预定运行的所有内外环境条件(包括降水)”，需要制造商根据飞机的运行条件，如结冰环境、雨水环境等，对预定运行的所有外环境条件进行定义；根据相关规章，如 25.831(g)款，设计规范等要求及环控系统的性能指标，对预定运行的驾驶舱所有内环境条件进行定义，与起雾密切相关的内环境条件主要是温度和湿度。

3.4.2.3　25.773(d)款

本款要求必须有调节措施，以便使不同身高的驾驶员都能获得外部视界同仪表扫视最佳组合的位置，并必须有标记或导标。驾驶舱的布局是以人体数据为依据的，一般应满足从 158～190 cm 身高的驾驶员。为了使身高在这个范围内的驾驶员都能获得最佳的内外组合视界，就要求驾驶员座椅具有调节装置，并具有固定标记和其他标识，以便不同身高的驾驶员很快找到他们的合适位置并加以固定。当采用灯光照明标记时，要符合 25.1381 条要求。“最佳组合位置”是使飞行员可以找到最有利的合适位置以获得外部视界与仪表扫视的平衡，因此设计上需设计有固定的标记或标识，使得飞行员在调整座位时可以判断调整到哪个位置是最佳位。例如，A380 在两扇风挡的中间垂直梁上安有固定的 3 个小球以便飞行员在调整座位时可以找到最佳的理论参考眼位。

3.4.3 符合性验证方法

25.773(a)款和25.773(b)款的符合性验证：进行地面试验，在真实和模拟阵雨条件下，检查风挡雨刷和驾驶员视界；进行无降水和降水条件下的飞行试验，验证驾驶员视界。

25.773(c)款一般可通过说明除雾措施及其有效性和飞行试验来表明对该条的符合性，一般可通过合格测试确认设备与预定功能相适应。

25.773(d)款一般可通过说明性文件和机上检查来表明对该条的符合性。说明性文件至少说明驾驶员座椅设计有调节装置，以及为获得最佳组合视野所采取措施的设计原则，在驾驶舱的安装位置和布局；机上检查主要是为确认该设计措施，如固定标记或导标的设计，是否能切实指导驾驶员找到外部视界和内部仪表扫描的最佳组合视野的座椅位置。

3.5 25.777 驾驶舱操纵器件

3.5.1 条款原文

CCAR25.777 驾驶舱操纵器件

(a)驾驶舱每个操纵器件的位置必须保证操作方便并防止混淆和误动。

(b)驾驶舱操纵器件的运动方向必须符合第25.779条的规定。凡可行处，其他操纵器件操作动作的直感必须与此种操作对飞机或对被操作部分的效果直感一致。用旋转运动调节大小的操纵器件，必须从断开位置顺时针转起，经过逐渐增大的行程达到全开位置。

(c) 操纵器件相对于驾驶员座椅的位置和布局，必须使任何身高158 cm(5 ft 2 in)至190 cm(6 ft 3 in)的(按第25.1523条规定的)最小飞行机组成员就座并系紧安全带和肩带(如果装有)时，每个操纵器件可无阻挡地作全行程运动，而不受驾驶舱结构或最小飞行机组成员衣着的干扰。

(d) 各台发动机使用同样的动力装置操纵器件时，操纵器件的位置安排必须能防止混淆各自控制的发动机。

(e) 襟翼和其他辅助升力装置的操纵器件必须设在操纵台的上部，油门杆之后，对准或右偏于操纵台中心线并在起落架操纵器件之后至少254 mm(10 in)。

(f) 起落架操纵器件必须设在油门杆之前，并且必须使每个驾驶员在就座并系紧安全带和肩带(如果装有)后可以操作。

(g) 操纵手柄必须设计成第25.781条规定的形状。此外，这些手柄必须是同色的，而且颜色与其他用途的操纵手柄和周围驾驶舱的颜色有鲜明的对比。

(h) 如要求有飞行工程师作为(按第25.1523条规定的)最小飞行机组成员，则飞机上必须设有飞行工程师工作位置，其部位和安排能使飞行机组成员有效地各行其职而互不干扰。

3.5.2　条款解析

3.5.2.1　25.777(a)款

本款说明驾驶舱操纵器件布局的总要求，应保证操作方便、防止混淆和误动作。发动机操纵器件、襟翼和其他辅助升力装置的操纵器件及起落架操纵器件，应满足本条(d)、(e)、(f)款的布置要求；操纵手柄的设计应满足本条(g)款要求；可设计有止动块、卡槽和制动件，防止误操作；设计的操纵器件，无论在白天或夜晚工作时，都应容易识别并能提供清晰的状态显示。

如果在起飞、加速、停止、中断着陆和着陆期间是由一个驾驶员来操作操纵器件，而这些操作动作的顺序的安排又要求驾驶员在上述机动飞行期间改换握持操纵杆的手，则这些顺序不能要求过快的换手，以免使飞机的操纵性受到不利的影响。

3.5.2.2　25.777(b)款

本款说明驾驶舱操纵器件的运动方向。操纵器件的运动方向必须符合25.779条要求。凡可行之处，其他操纵器件也应具有运动的直感，如配平操纵器件等。用旋转手柄调节运动大小的操纵器件，必须是从断开位置顺时针逐渐加大到全开位置。

3.5.2.3　25.777(c)款

本款指出发动机操纵器件、襟翼和其他辅助升力装置的操纵器件及起落架操纵器件可以无阻挡地做全行程移动。无阻挡做全程运动是指在滑行、起飞、落地各种姿态下，能够正常开关各按键或调整各手柄到各个设定位置。

3.5.2.4　25.777(d)款

本款说明动力装置操纵器件的布置要求。

3.5.2.5　25.777(e)款

本款说明襟翼和其他辅助升力装置的操纵器件的布置要求。除非证明更小的距离是合适的，否则位于起落架操纵器件之后的距离不应小于254 mm。

3.5.2.6　25.777(f)款

本款说明起落架操纵器件的布置要求。

3.5.2.7　25.777(g)款

本款说明操纵手柄的设计要求。驾驶舱操纵手柄应当符合第25.781条规定的形状(但无须按其精确大小和特定比例)。如果设计中采取其他形状，必须经适航管理当局批准。

3.5.2.8　25.777(h)款

本款说明如要求有飞行工程师作为最小飞行机组成员，则飞机上必须设有飞行工程师工作位置。

3.5.3 符合性验证方法

3.5.3.1 25.777(c)款

验证方法是进行地面和飞行试验评估，主要考虑飞机操控中的人为因素和操纵系统之间的交互影响。飞机驾驶舱或者模拟舱初步调查，包括熟悉驾驶舱时，应穿着较厚的飞行服装、靴子，就座时需要系好肩带和安全带。审查过程中，按系统分类或驾驶舱方位顺序，将其设计逻辑合理性进行系统性的评价；执行相应的检查单，观察运行中对驾驶舱操纵部件的可达性与方便性。如果控制手柄有误操作的可能性，则要看是否加上保护装置。在任何时候对飞机和飞机系统能有足够的操作能力，以保证安全有效的飞机运行。评审人员应满足目标操作人员数据库中所能代表的百分位数(percentile)。常用的方法是：进行人体丈量后利用 Gaussian 分布(Gaussiandistribution)得到相应评审人员在此分布中的百分位数，以便了解驾驶舱评审人员在相应目标数据库中的代表性，需要考虑的其他因素还有体重、坐高、手臂可达距离、大腿长度、腿长等。

评审过程中，观察、记录飞机在与其运行任务相关的范畴内，控制组件是否能完成任务，系统的显示信息是否足够，机组环境是否适宜。收集以上数据和事实后，进行评估和讨论，包括背景分析和法规的要求，决定是否需要可能的实际飞行测试，最后提出建议、提交结论报告。应尽量在飞机设计的早期阶段进行驾驶舱审查。

3.5.3.2 其他条款

申请人一般需提供主飞控系统操纵件描述文件、次飞控系统操纵件描述文件、座舱控制件相关数据单(CDS)、驾驶舱图纸以及驾驶舱操纵器件的试飞验证大纲和试验结论；应表明各驾驶舱操纵器件的布局，包括任何要求设有飞行工程师的位置布局，可提供方便的操纵并且防止混淆和误动。一般可通过引用图纸和技术条件，说明驾驶舱操纵器件的布局、运动方向等对条款的符合性，由适航管理当局进行机上检查并认可，并且通过飞行试验，由试飞员对驾驶舱操纵器件的使用，对驾驶舱操纵器件是否方便操作，是否容易混淆和误动给出评定。

3.6 25.785 座椅、卧铺、安全带

3.6.1 条款原文

CCAR25.785 座椅、卧铺、安全带

(a) 对每一位 2 周岁以上的乘员都必须提供一个座椅(或卧铺，对必须卧床者)。

(b) 指定供人在起飞和着陆时占用的每一位置处的座椅、卧铺、安全带、肩带以及附近的飞机部分，必须设计成使正确使用这些设施的人在应急着陆中不会因第 25.561 条和第 25.562 条中规定的惯性力而受到严重伤害。

(c)座椅和卧铺必须经批准。

(d)与通过飞机中心线的垂直平面成夹角大于18°的座椅上的乘员必须用安全带和承托臂、肩、头和背脊的缓冲靠垫来保护头部免受伤害，或用安全带和肩带防止头部触及任何致伤物体。任何其他座椅上的乘员必须用安全带以及根据座椅形式、位置和面向的角度采用以下一种或几种措施来保护头部免受伤害：

(1)防止头部触及任何致伤物体的肩带；

(2)去除头部能撞到的半径范围内的任何致伤物体；

(3)承托臂、肩、头和背脊的缓冲靠垫。

(e)卧铺必须设计成前部具有带包垫的端板、帆布隔挡或等效设施，它们可承受按第25.561条规定的乘员向前惯性力。卧铺不得有在应急情况下可能使睡卧者严重受伤的棱角和突出部。

(f)每个座椅、卧铺及其支承结构，每根安全带或肩带及其锚固接头，必须按体重77 kg(170 lb)的使用者设计，按每种有关的飞行和地面载荷情况(包括第25.561条规定的应急着陆情况)考虑最大载荷系数、惯性力以及乘员、座椅、安全带和肩带之间的反作用力，此外，还必须符合下列规定：

(1)进行座椅、卧铺及其支承结构的结构分析和试验时，可以假定向前、侧向、向下、向上和向后的临界载荷(按规定的飞行、地面和应急着陆情况确定)分别作用，或者当各特定方向所要求的强度得到证实时，也可采用选定的载荷组合。卧铺安全带不必承受向前的载荷系数。

(2)每个驾驶员座椅的设计必须考虑第25.395条规定的驾驶员作用力引起的反作用力。

(3)在确定每个座椅与机体结构，或每根安全带或肩带与座椅或机体结构的连接强度时，第25.561条规定的惯性力必须乘以系数1.33(而不是第25.625条规定的接头系数)。

(g)驾驶舱工作位置的每个座椅必须设有带单点脱扣装置的安全带和肩带组合式约束系统，使驾驶舱内的乘员就座并系紧安全带—肩带后能执行该乘员在驾驶舱内所有必要的职责。必须有措施在每个组合式约束系统不使用时将其固定，以免妨碍对飞机的操作和在应急情况下的迅速撤离。

(h) 按中国民用航空局有关营运规定要求在客舱内设置的、在起飞和着陆时指定供空中服务员使用的座椅必须满足下列要求：

(1) 必须靠近所要求的与地板齐平的应急出口。但如果设置在其他位置能提高旅客应急撤离效率时，则也是可以接受的。每个A型或B型应急出口旁边必须有一个空中服务员座椅。而且在所要求的与地板齐平的应急出口之间，必须根据可行情况均匀设置其他空中服务员座椅。

(2) 在不影响接近所要求的与地板齐平应急出口的条件下，空中服务员座椅应尽量设置在能直接观察到其所负责客舱区域的位置。

(3) 布置在当其不使用时不会妨碍通道或出口使用的位置。

(4) 必须布置在能使其乘员被从服务区,储藏间或服务设备掉出的物体撞伤的概率最小的位置。

(5) 面向前或面向后,并装有用于承托臂、肩、头和背脊的缓冲靠垫。

(6) 装有单点脱扣装置的安全带和肩带组合式约束系统。必须有措施在每个组合式约束系统不工作时将其固定,以免妨碍应急情况下的迅速撤离。

(i) 每根安全带必须装有金属对金属的锁紧装置。

(j) 如果椅背上没有牢固的扶手处,则沿每条过道必须装有把手或扶杆,使乘员在中等颠簸气流情况下使用过道时能够稳住。

(k) 在正常飞行中可能伤害机内坐着或走动的人员的每个凸出物都必须包垫。

(l) 必须表明由中国民用航空局有关营运规定要求的每个向前观察员座椅适用于进行必要的航路检查。

3.6.2 条款解析

3.6.2.1 25.785(b)款

本款规定座椅、卧铺以及乘员约束装置(如安全带、肩带等)应具有足够的强度、刚度和吸能特性,以便在应急着陆时,保证乘员能安全地约束在位置上,不会因座椅及其约束装置的原因受到严重伤害,或影响及时撤离。

3.6.2.2 25.785(c)款

本款要求座椅和卧铺必须经适航管理当局批准,其含义是指设备具有符合适航标准的合格证明文件:座椅和卧铺及其约束装置一般都有 TSO 标准,如动态座椅的 TSO - C127、卧铺的 TSO - C39、安全带的 TSO - C22、肩带的 TSO - C114 等,在装机前这些设备的性能应满足 TSO 规定的最低性能标准,经适航管理当局批准,取得 TSOA。

3.6.2.3 25.785(d)款

本款中“与通过飞机中心线的垂直平面成夹角大于 18°的座椅”通常是指与前后向朝向的座椅相区别的侧向座椅,目前 CCAR25.562 关于应急着陆乘员的损伤判据不适用于侧向座椅。

3.6.2.4 25.785(f)款

本款主要阐述座椅及其支承结构必须满足强度要求,包括考核部位载荷的选取,接头系数的考虑。相关资料表明,驾驶员座椅设计在考虑 25.395 条规定的驾驶员作用力引起的反作用力时,通常此反作用力可认为是作用在座椅背和座椅底部交汇处以上 203 mm,向后 2 002 N 的载荷。

3.6.2.5 25.785(h)款

本款规定了空中服务员的座椅位置和要求。机上服务员座椅具有与一般座椅不同的特殊要求,既要保证空中服务员的安全,又要满足能使空中服务员完成自己职责所必须的条件，其位置又不能妨碍乘员的通行。根据 AC25.785 - 1A：

- 空中服务员的座椅应充分靠近出口，以便能使机上服务员及时到达所要求的与地板齐平的应急出口处，执行紧急任务。一般可接受的距离是每个座椅离相关出口的向前或向后的纵向距离不大于 3 排座椅的间距。
- 当机上服务员坐在其座椅上并系好安全带和肩带时，其视力能直接看到需要他或她去为之服务的那些旅客。
- 肩带和安全带不使用时应有将其收藏的方法，在快速解开安全带后，在应急情况下不妨碍快速离机。

3.6.2.6　25.785(l)款

本款所指的"航路检查"，可查阅中国民航的运行规章的相关规定，或者参考 FAA Order 8000.75B 有关航空安全检查员的航路检查程序的规定，其中包括检查活动的内容。

3.6.3　符合性验证方法

3.6.3.1　25.785(b)款

一般通过客舱和驾驶舱的布局来说明驾驶员和其他乘员受到的保护措施，并用试验或座椅的合格证明文件表明座椅的强度和动态吸能性能满足要求。应当注意的是，根据 AC25 - 17A，仅用 25.562(b)款要求的试验来符合 25.785(b)款和损伤判据有一定的局限，因为试验本身限制在某些条件下，这些条件不能完全反映乘员可能受伤的所有状况，所以简单用 25.562 条的动态试验不能充分表明对 25.785(b)款的符合性，尽管潜在的伤害物体在头部碰撞包线之外，物体仍需要加包垫并进行圆润化处理。

3.6.3.2　25.785(c)款

座椅和卧铺一般先取得 TSOA，提供合格证明文件，再进行装机批准。

3.6.3.3　25.785(d)款

根据 AMC25.785(d)，用说明性文件、设备的合格证明或试验、通过机上地面检查确认座椅设计和客舱驾驶舱布局已考虑了：

① 避免在座椅或旅客服务设施各部分上出现锐边或凸出物，因为这不仅对座椅上的乘员，而且特别是对坐在椅背后面的乘员形成一种伤害源。在靠近坐在椅背后边并系紧安全带的乘员的头部移动圆弧范围内，所有旅客服务设施和椅背区域应当平滑并具有大的圆角。

② 乘员头部最外点的移动圆弧半径当取 710 mm，这一尺寸考虑了身材高的乘员和安全带的拉伸。椅背和底部交汇点朝前上方并与底部成 35°的角，距交汇点 460 mm的一点作为移动圆弧的圆心。

③ 如果椅背的顶部处于头部移动圆弧范围内，则当用至少 12.5 mm 厚的牢固衬垫垫于顶部，衬垫的圆角半径至少 25 mm。

④ 处于由第(2)条规定区域内的任何其他大体上水平的构件也应加一衬垫，或者在布置上能使头部躲过它们，而不会直接撞上。上述区域垂直构件顶部，应当至少像水平构件一样加以保护，在头部运动区域不应有构件。

3.6.3.4　25.785(e)款

一般卧铺应在靠近乘员骨盆处附带安装安全带，当卧铺安装脚部向前，用袋子包裹双腿可克服 9***g*** 向前的过载；当卧铺安装头部向前，用肩部的皮带可克服 9***g*** 向前的过载；卧铺侧向安装，用侧向挡板或腿部和胸部的两条安全带可克服 9***g*** 向前的过载。

3.6.3.5　25.785(f)款

本款一般通过分析计算和静力试验来校核座椅及其约束和支撑结构在规定的受载情况下有足够的强度。一般来说，为了吸收冲击能量，座椅的椅腿可以在应急着陆冲击载荷作用下通过变形来吸收能量，避免乘员受到大的冲击过载，但是座椅与支撑结构、座椅约束系统与座椅的连接部位必须有足够的强度，承受 25.561 条规定的静载，同时在承受应急着陆冲击时不应损坏或变形到妨碍乘员快速撤离的程度。

3.6.3.6　25.785(g)款

一般通过机上地面检查、通过驾驶舱机组的评定来说明机组座椅满足要求。

3.6.3.7　25.785(h)款

一般通过客舱布局说明和机上地面检查表明客舱机组座椅布置及其约束系统满足规章要求。

3.6.3.8　25.785(j)款

如果过道没有把手或扶杆，椅背可能会作为扶手，使乘员在中等颠簸气流情况下使用过道时能够稳住。而大部分座椅都有折弯功能，这就要求椅背有足够的折弯强度，至少能承受在椅背顶部中间施加的 110 N 水平方向的力。如果座椅间距超过 1.65 m(65 in)，就不能使用椅背作为扶手，在这种情况下需要安装辅助装置作为扶手。

3.6.3.9　25.785(k)款

客舱布局时，在细节上要考虑凸出物的加垫保护，并经过机上地面检查确认。

3.7　25.1141 动力装置的操纵器件总则

3.7.1　条款原文

CCAR25.1141 动力装置的操纵器件总则

动力装置操纵器件的位置、排列和设计，必须符合第 25.777 条至第 25.781 条的规定，并按第 25.1555 条的要求作标记。此外，还必须满足下列要求。

(a) 操纵器件的位置必须保证不会由于人员进出驾驶舱或在驾驶舱内正常活动而使其误动；

(b) 柔性操纵器件必须经过批准，或必须表明适合于特定用途；

(c) 操纵器件必须具有足够的强度和刚度，能承受工作载荷而不失效和没有过度的变形；

(d) 操纵器件必须能保持在任何给定的位置而不需飞行机组成员经常注意，并且不会由于操纵载荷或振动而滑移；

(e) 位于指定火区内要求在着火情况下能够工作的每个动力装置操纵器件，必须至少是耐火的。

(f) 位于驾驶舱内的动力装置阀门操纵器件必须具有下列措施：

(1) 飞行机组可以选择阀门的每个预定位置或者功能；和

(2) 向飞行机组指示下列情况：

(ⅰ) 阀门的所选位置或功能；和

(ⅱ) 阀门没有处于预定选择的位置或功能。

3.7.2　条款解析

动力装置的操纵器件包括发动机操纵器件、辅助动力装置的操纵器件、螺旋桨操纵器件、反推力和低于飞行状态的桨距调定操纵器件、应急放油操纵器件，以及操纵所必需的零组件等。对于每台允许随意的同时或单独工作的动力装置，可按其操纵器件的功能加以分组。每个操纵器件的位置安排必须保证操作方便并防止混淆和误动。操纵手柄必须设计成 25.781 条规定的形状。每个操纵器件应有其功能操纵位置的清楚的标记。动力装置操纵器件的布置、排列和设计的具体要求详见 25.777 条到 25.781 条和 25.1555 条的规定。

3.7.2.1　25.1141(a)款

动力装置操纵器件的设计和布置应能防止其位置意外地被移动，其防护措施一般设有卡锁、挡块，其次还有限动槽等结构形式，保证操纵器件的位置不会因人员进出驾驶舱或在驾驶舱内正常活动而使其误动。

3.7.2.2　25.1141(b)款

动力装置操纵用的柔性操纵器件，如钢索、钢索接头、松紧螺套和滑轮等，必须符合经适航管理部门批准的技术要求或必须表明适合特殊用途。滑轮的结构形式和尺寸必须与配用的钢索适应。

3.7.2.3　25.1141(c)款

动力装置操纵器件应设计成在最大工作载荷下有足够的强度和刚度，以防因操纵力过大在工作中受损或变形等。

3.7.2.4　25.1141(d)款

操纵器件的任一给定位置，要有操纵系统的制动装置保证，以避免操纵载荷或振动发生滑移，同时减轻驾驶员的操作负担。

3.7.2.5　25.1141(f)款

对燃油阀门和动力作动的阀门，如进气风门、反推力转换套筒等，无论其位置是否与预定位置一致，由于其直接影响到飞机安全，应提供适当的信号指示其位置。

3.7.3 符合性验证方法

为了符合本条款，建议的符合性验证方法如下。

设计说明：通过动力装置操纵器件的原理和技术说明，说明其设计能实现正常的功能并且符合条款要求。

分析、计算：通过提供有关动力装置操纵器件的分析和计算，来表明其设计符合条款要求。

试验室试验：通过试验室试验，验证动力装置操纵器件设计符合条款的要求。

试飞：通过飞行试验，验证动力装置操纵器件设计符合条款的要求。

航空器检查：通过航空器检查，验证动力装置操纵器件设计符合条款的要求。

3.8 25.1301 设备功能和安装

3.8.1 条款原文

CCAR25.1301 设备功能和安装

(a) 所安装的每项设备必须符合下列要求：

(1) 其种类和设计与预定功能相适应；

(2) 用标牌标明其名称、功能或使用限制，或这些要素的适用的组合；

(3) 按对该设备规定的限制进行安装；

(4) 在安装后功能正常。

(b) 电气线路互联系统(EWIS)必须符合本部 H 分部的要求。

3.8.2 条款解析

3.8.2.1 25.1301(a)(1)款

“种类和设计与预定功能相适应”实际上是要求机上所有安装的设备必须经过批准，并且这类批准的依据必须是设备的功能、设计和相应的类别。

3.8.2.2 25.1301(a)(2)款

装于机上的各设备和组件上应有标牌，标牌上应标有下述内容，或这些内容适用的组合：

- 正确反映其功能的设备名称；
- 与设计图纸一致的设备型号(部件号)；
- 适用的环境条件类别(使用限制)；
- 制造商；
- 设备合格审定依据(如 TSO 号)；

● 设备序号。

设备安装后，其标牌应清晰可见，以便于日常维护工作。

在配有相应的机上构型管理系统的情况下，可以接受不易丢失的电子介质保存此类标签。

为区别各个导管的功能而作标记时，所作标记应当使维护人员发生混淆的可能性减至最小，仅仅采用颜色标记是不可接受的。如果能采用字母和/或数字符号标记并配有相应的参照标准图样，且能避免符号与功能之间的任何联系，那么这种标记方法就可以接受。1987 年颁布的 ISO12 标准中的方法可以作为一种可接受的标记方法。

3.8.2.3　25.1301(a)(3)款

设计批准时可能根据设计的某些技术因素提出了安装限制要求，如安装位置的要求、温度和环境的要求等。这类要求通常来自于两类假设：

● 设备设计过程中假定的运行环境，并且根据这类假定的运行环境所进行的环境实验；

● 设备设计过程中设定的供电、信号等与其他设备和接口的匹配情况。

3.8.2.4　25.1301(a)(4)款

要求系统在机上安装后功能正常，这不仅与系统本身有关，还与系统的安装设计、安装施工等密切相关，并且还与机上和该系统交联的系统和设备有关，因此必须确保和验证系统安装后的功能正常。

3.8.2.5　25.1301(b)款

进一步强调和明确了本条规定的线路系统的设计和安装必须符合 H 分部的要求。在第 25.1703 条中对线路系统的功能和安装提出了一些新的要求。

3.8.3　符合性验证方法

本条款是 CCAR－25 部 F 分部的通用性条款，原则上只适用于本分部所属各系统。对于其他分部所属系统，凡没有其他可适用条款对其提出类似要求，本条款也可适用。本条款不适用于 B、C 分部的性能、飞行特性、结构载荷和强度等要求，但却适用于此两分部内要求符合第 25.1301 条为基础的任何系统，如：应当适用于符合第 25.207 条要求的失速警告装置。

3.8.3.1　合格证明文件

申请人应该提供适用的设备合格鉴定文件，表明机上所装的每个系统、设备符合本条(a)(1)，(a)(2)，(a)(3)款。

① 合格审定的方式。文件必须能够表明这些系统、设备是经过合格鉴定的，合格审定的方式和程序可为下列 4 种方式之一，具体视情况而定：

- TSOA 的审定方式和程序；
- 随航空器 TC 或 STC 审定的方式和程序；
- 按 PMA 批准的方式和程序；
- 其他的方式和程序。

② 证明文件的内容。证明文件应能表明这些系统、设备的种类、性能和适用范围已经满足所装备飞机的要求：

- 设备种类应能满足飞机的功能要求；
- 系统、设备应能满足飞机对其性能的要求；
- 系统、设备的适用范围应能满足飞机整个适用范围。

3.8.3.2 地面试验

地面试验是系统装机后，功能正常性验证试验的第一步，用于表明系统符合(a)(4)款的要求。试验应按照适航管理当局批准的试验大纲和程序进行，试验结果应能表明系统功能正常。

3.8.3.3 飞行试验

飞行试验是表明系统功能正常的最后步骤，也是用于表明系统符合(a)(4)款的要求。试验应按照适航管理当局批准的飞行试验大纲和程序进行，各系统通常可以参考 FAA 咨询通告 AC25－7A 并结合飞机的自身特性制定飞行试验大纲和程序。由于本条款涉及所有装机的系统和设备，覆盖面广，因此申请人也可以根据各系统的实际适用情况，分别采用设计符合性说明、分析和计算、系统安全分析、实验室试验、机上检查、模拟器试验等验证方法来表明符合性。

3.9 25.1302 供飞行机组使用安装的系统和设备

目前，CCAR25 中没有引入 25.1302 条款，但是 FAR25.1302 已经存在。关于 25.1302 供飞行机组使用安装的系统和设备的相关内容请参考附录 1。

3.10 25.1309 设备、系统及安装

3.10.1 条款原文

CCAR25.1309 设备、系统及安装

(a) 凡航空器适航标准对其功能有要求的设备、系统及安装，其设计必须保证在各种可预期的运行条件下能完成预定功能。

(b) 飞机系统与有关部件的设计，在单独考虑以及与其他系统一同考虑的情况下，必须符合下列规定：

(1) 发生任何妨碍飞机继续安全飞行与着陆的失效情况为极不可能。

(2) 发生任何降低飞机能力或机组处理不利运行条件能力的其他失效情况的概率为不可能。

(c) 必须提供警告信息，向机组指出系统的不安全工作情况并能使机组采取适当的纠正动作。系统、控制器件和有关的监控与警告装置的设计必须尽量减少可能增加危险的机组失误。

(d) 必须通过分析，必要时通过适当的地面、飞行或模拟器试验，来表明符合本条(b)的规定。这种分析必须考虑下列情况：

(1) 可能的失效模式，包括外界原因造成的故障和损坏；

(2) 多重失效和失效未被检测出的概率；

(3) 在各个飞行阶段和各种运行条件下，对飞机和乘员造成的后果；

(4) 对机组的警告信号，所需的纠正动作，以及对故障的检测能力。

(e) 在表明电气系统和设备的设计与安装符合本条(a)和(b)的规定时，必须考虑临界的环境条件。中国民用航空规章规定具备的或要求使用的发电、配电和用电设备，在可预期的环境条件下能否连续安全使用，可由环境试验、设计分析或参考其他飞机已有的类似使用经验来表明，但适航当局认可的技术标准中含有环境试验程序的设备除外。

(f) 必须按照25.1709条的要求对电气线路互联系统(EWIS)进行评估。

3.10.2　条款解析

3.10.2.1　综　述

25.1309条款作为一个通用要求，应适用于任何安装的设备或系统，是对特定系统要求的补充要求。

3.10.2.2　25.1309(a)款

“航空器适航标准”对应FAR的“this subchapter”，指的是“CFR-Title14Aeronautics and Space-Volume 1-Chapter I-Subchapter C：Aircraft”的所有航空器适航标准，主要有：

CFR 21，Certification Procedures for Products and Parts；

CFR 23，Airworthiness Standards：Normal，Utility，Acrobatic，and Commuter Category Airplanes；

CFR 25，Airworthiness Standards：Transport Category Airplanes；

CFR 26，Continued Airworthiness and Safety Improvements for Transport Category Airplanes；

CFR 27，Airworthiness Standards：Normal Category Rotorcraft；

CFR 29，Airworthiness Standards：Transport Category Rotorcraft；

CFR 31，Airworthiness Standards：Manned Free Balloons；

CFR 33，Airworthiness Standards：Aircraft Engines；

CFR 34, Fuel Venting and Exhaust Emission Requirements for Turbine Engine Powered Airplanes;

CFR 35, Airworthiness Standards: Propellers;

CFR 36, Noise Standards: Aircraft Type and Airworthiness Certification;

CFR 39, Airworthiness Directives;

CFR 43, Maintenance, Preventive Maintenance, Rebuilding, and Alteration;

CFR 45, Identification and Registration Marking;

CFR 47, Aircraft Registration;

CFR 49, Recording of Aircraft Titles and Security Documents。

"各种可预期的运行条件"指的是飞机预计可能的所有运行条件,包括环境温度条件、高度条件、各种气象条件、飞行包线等。

3.10.2.3 25.1309(b)款

(b)款对每种失效状态的概率及其严重性之间合理而可接受的反比关系提出一般要求。"Extremely Improbable(概率极小)"指的是如此的不大可能,以致它们在同一类型的所有飞机的总的使用寿命期间预期都不会发生。

概率和数理统计的历史和角色:自从早期规定和评估适航性,判断"概率"已变得十分必要。要求的容量、能力、裕度、环境质量合格认证、容错水平等,所有的都反映了什么样的条件和事件是"预期"发生的和"注定实际的"来实现安全地装配。例如,在双翼飞机中要求双套飞控钢索,这是因为考虑到单套钢索的失效概率太高了,提供双套更为实际。随着这些"失效-安全"要求不断发展,使得这类适航性的确定极大地依赖于(并将继续依赖于)"工程判断"和定性的方法。但是,由于飞机系统的数量、严重程度、复杂性、集成度以及部件数量都在增加,设计必须安全装配的条件和事件的组合,仅通过定性的手段、难以有效地进行判断。用于凭主观来规定组件双套或三套备份以限制可能的失效变得不再充分了。可以通过增加系统中独立"通道"的数目,无限降低整个系统的失效概率。但是,冗余的每一层次都存在成本、复杂性以及与之相关不可预见失效状态的内在风险的问题。航空工业界早在20世纪50年代已经认识到有必要建立合理的可接受的定量概率值,在20世纪60年代,定量概率值被接受为具体化工程判断的工具(如适航管理当局有关自动着陆系统的准则)。

英国民用适航规章(BCAR)是首个为运输类飞机系统建立可接受的定量概率值的规章。建立这些指导纲要的主要目标是为了保证关键系统的激增不会增加某个严重事故的概率。当时的历史数据表明,由于运行及机体相关原因导致某个严重事故发生的概率约为百万飞行小时发生一次事故。进一步分析发现,所有事故中约10%被认为是飞机系统失效状态所引起的。因此,对于一架新设计的飞机,由所有这样的失效状态引起严重事故的概率不能大于10个百万飞行小时一次。相应地,对于较为不那么严重的输出状态可以对应更高的可接受概率指标。

对于严重事故对应发生概率为10^{-7}每飞行小时的难处在于,根据BCAR指导纲要规定，在有可能确定目标是否达到前，必须对飞机上的所有系统完成数值分析。出于这个原因，（有一些极端的）假设是，在任何给定的运输类飞机型号设计中，有不超过 100 个失效状态对某个灾难性后果有贡献，同样也做了如下的假设，对不那么严重输出的概率进行规定，即：

- 只有“灾难性的失效状态”会对灾难后果概率有显著的贡献，和
- 所有可能的失效状态是可以预见的。

因此，目标允许的 10^{-7} 每飞行小时的平均概率值分摊到 100 个灾难性的失效状态上，导致每个失效状态分配得到的值不超过 10^{-9}。因此，对于灾难性失效状态每飞行小时的平均概率的上限即成为大众所熟悉的“1×10^{-9}”。对于没有那么严重影响的失效状态可以相对较多可能的发生。

FAA 将这些 BCAR 指导纲要纳入 AC25.1309-1 系统设计分析（1982 年 9 月 7 日公布），该 AC 建立了在 25.1309(b)款中使用的术语“极不可能的”近似概率值，以及其他相关的概率术语。

由于 FAA 接受了这些信息，这些概率指导纲要以及它们在对 25.1309(b)款证明和发现符合性中的角色，成为误解、混淆以及争论的源头。FAA 认为在 AC 25.1309 中，这些与 25.1309(b)款中概率术语相关的数量值在某些适用情况下作为可接受的风险指导来使用，这里的适用情况指的是系统失效影响可通过定量的概率分析方法进行检验的情况。数字化概率分析和这些指导纲要的使用仅仅是为了补充，而不是替代基于工程和工作判断的定性方法。设计是否满足这些纲要仅仅提供了一些证据以支持已由 FAA 做出的有根据的符合性判断，来确认设计是否符合规章的旨意。

简而言之，无论 25 部在哪一条款要求某个状态是“极不可能的”，符合性方法（定性的、定量的，或者是两者的组合）必须结合工程判断，提供令人信服的证据，以表明该状态不应在服役期间出现。

3.10.2.4　25.1309(c)款

本款对系统监控、失效警告和机组人员的恰当纠正动作的能力提出一般要求。

25.1309(c)款要求提供警告信息，向飞行机组告诫系统的不安全的工作情况，对于下述事件要求有警告：

- 该事件是它们的任何潜在灾难性后果的一部分；
- 该事件与其他任何潜在继发失效事件与先前事件结合会导致灾难性失效状态且在飞行机组差错之前发生的失效事件。

警告的目的是为飞行机组提供时间或机会去采取合适的纠正动作，在时间上或影响程度上减少发生其他潜在继发的灾难性失效事件或机组差错的可能性。

系统、控制器件和有关的监控警告装置的设计必须尽量减少可能产生附加危险的飞行机组人员的差错，设计应该定性地表明这一符合性。

通常，由一个装置的单一失效模式产生的失效状态不能认为是极不可能发生的。

做出这种评估时，应该考虑到所有可能的和有关的情况，包括该装置的所有有关属性。潜在的失效是其发生时固有、未检测出来的一种失效，重大的潜在失效是当它和一个或多个其他失效或事件组合时将会产生一个危险失效状态。经验表明，尚未产生过的失效模式可能很广泛，但决不会充分表现出来，因而，如果一个灾难性失效模式会在没有任何预先提示的情况下失效，使用监控和警告系统是一种在目前技术水平条件下切实可行的措施。一个可靠的失效监控和警告系统既不会在应当告警时未发生警告，也不会在不应有告警时发出误告警(误告警有时可能比没有警告装置或极少发生的漏警告更危险)。

3.10.2.5　25.1309(d)款

本款要求用分析的方法，必要时采用适当的地面、飞行或模拟器试验，来验证在每个失效状态的概率和严重性之间存在合理而可接受的反比关系。但是，对假设是灾难性的失效状态并不需要用试验来证实。本款的目的是保证有秩序地和充分地对可预见的失效或其他事件对安全性的影响进行评估。

评估失效状态的严重性时，可以考虑下述方面：

① 对飞机的影响，例如安全性裕度减小、性能降低、执行某些飞行操作能力的丧失或对结构完整性有潜在的或继发的影响。

② 对机组成员的影响，例如工作负荷增加到超过他们正常的工作负荷，从而影响他们应付不利的操作或环境情况或继发失效的能力。

③ 对乘员的影响，即对旅客和机组成员的影响。

失效状态的分类并不取决于一个系统或功能是否是某个具体条款所要求的。有的条款所要求的某些系统，例如应答器、航行灯和扩音器系统可能只会有轻微的失效状态。相反，具体条款未作要求的其他系统，例如飞行管理系统和自动着陆系统倒可能会有严重的或灾难性的失效状态。

实际上，有些系统的失效影响不是固定不变的，而与其在各个飞行阶段的功能有关。例如，自动飞行控制系统在航路上的失效影响是重大的，但是在Ⅲa级以上自动着陆状态失效，影响会是灾难性的。另外，系统失效后影响的程度与设计密切相关，因此很难对系统简单地分类。一般来说，飞机动力的丧失、起落架不能放下均为灾难性失效；大部分系统失效状态都是严重的失效。

25.1309(d)款描述了针对25.1309(b)款要求，有关飞机系统和组件相关的专门的符合性方法。其要求表明对25.1309(b)款的符合性必须是，在必要时通过分析、地面、飞行或者是模拟器试验来表明符合性。此外，还描述了这样的分析必须考虑的特征，如：

- 可能的失效模式；
- 多重的或未探测的失效概率；
- 引起对飞机和乘员的影响；
- 所需的机组告警提示和纠正动作。

3.10.3　符合性验证方法

3.10.3.1　25.1309(a)款的符合性

① 25.1309(a)款覆盖的设备必须表明，在安装后功能正常。设备、系统和安装所处的飞机运行和环境条件必须包括：飞机飞行手册所定义的全正常运行包线，以及与非正常或应急程序相关所做的修正。其他外部环境条件例如大气紊流、HIRF、闪电降水以及飞机可能合理预见的都应考虑。应考虑的外部环境条件的严重程度限制在审定规章和程序规定的范围内。

② 除外部运行和环境条件外，还应考虑飞机内部的环境效应。这些效应应当包括振荡和加速载荷，液压和电源的变化，液体或水蒸汽污染，这些效应或者可能是正常环境如此，或者是事故性泄漏或人员操作时溅出导致。

③ 在批准的飞机运行和环境下，设备、系统和安装的正常功能所需的实证可以通过试验和/或分析或参考其他飞机可比的服役经验。对于 25.1309(a)款所覆盖的设备、系统和安装，其符合性证明还应证实这样的设备、系统和安装的正常功能不会与 25.1309(a)款覆盖的其他设备、系统或安装的正常功能相互干扰。

④ 25.1309(a)款所覆盖的设备、系统和安装一般是指旅客生活便利设施，如旅客娱乐系统、空中电话等，他们本身的失效或不正常功能不会影响飞机的安全性。这些设备、系统和安装的运行和环境质量合格认证要求可以降低至进行必要的试验，以表明他们的正常、非正常功能不会对 25.1309(a)款所覆盖的设备、系统或安装的正常功能造成不利影响，也不会对飞机或其乘员的安全产生不利影响。这些不利影响的例子有：起火、爆炸、将乘客暴露在高电压下，等等。

3.10.3.2　25.1309(b)款的符合性

25.1309(b)款要求飞机系统及相关的组件，在单独考虑以及与其他系统一起考虑时必须设计成，任何灾难性的失效状态是极不可能的，并且不会因某个单个失效引起。

① 总则。对 25.1309(b)款要求的符合性应通过分析以及必要时通过适当的地面、飞行或模拟器试验来表明。失效状态应得到识别，它们的影响应被评估。各个失效状态的最大允许发生概率值是通过失效状态的影响来确定，并且在评估失效状态概率值时，应解释所做的适当分析考虑。任何分析必须考虑：

- 可能的失效状态及它们的原因、失效模式以及从系统外部源引起的损伤；
- 多重失效以及未检测到的失效的可能性；
- 需求、设计以及执行差错的可能性；
- 在某个失效或失效状态发生后合理预见机组差错的影响；
- 当执行维修动作时合理预见差错的影响；
- 机组提示信息所需的纠正动作，以及检测差错的能力；

● 对飞机及其乘员的结果影响，考虑飞行阶段以及运行和环境条件。

② 计划。为达到该安全目标所需的方法论细节有赖于很多因素，特别是系统的复杂和集成程度。对于含有大量复杂或集成系统的飞机，有可能需要制定一个计划来描述预期的过程。该计划应包括以下方面的考虑：

● 系统的功能和物理的内部联系；

● 详细的符合性方法的确定，可能包含研制保证技术的使用；

● 制定完成计划的方法。

③ 工业标准和指导材料的可用性。目前在工业界已使用了多种可接受的技术。

④ 可接受的研制保证方法的应用。在设计和系统研发中所犯差错，传统上是通过在系统及其组件上执行彻底的试验，通过直接的监察，以及其他有能力完全刻画系统性能的直接验证方法来进行检测和纠正的。这些直接的技术对于那些执行有限数目的功能和没有与其他飞机系统高度集成的简单系统，仍然是适用的。对于更为复杂或集成的系统，由于所有系统状态不能被确定，因而彻底的试验可能是无法进行的；由于需完成的试验数目过多，彻底的试验也是不切实际的。对于这类系统的符合性可通过使用研制保证来表明。研制保证等级应该根据系统发生故障或丧失功能后，对飞机的潜在影响的严重程度来确定。

⑤ 机组和维修动作。若某个分析识别出一些提示是提供给飞行机组、客舱机组、维修机组和/或需其采取行动的，则必须完成以下活动：

● 验证任一确认的指示确实是由系统提供的；

● 验证任一确认的指示将确实被识别出来；

● 验证任一动作具有可以成功地和及时地完成这样一个合理的期望。

3.10.3.3　25.1309(c)款的符合性

25.1309(c)款要求有关不安全系统运行条件的信息必须提供给机组，使得他们可以采取合适的纠正动作。25.1309(c)款要求如果需要紧急的纠正动作，则必须提供告警指示。25.1309(c)款还要求系统和操纵器件，包括指示和告警，必须设计成将可以造成附加危险的机组差错降至最小。

① 所需信息将依赖于识别的紧急程度以及机组采取的纠正动作。信息应有如下形式：

● 告警，需要飞行员立即识别，并采取纠正或补偿动作。

● 戒备，需要机组立即感知并需采取后续的机组动作。

● 提示，需要机组感知，并可能需要采取后续的机组动作。

● 其他情况下提供信息。

② 当由系统提供失效监控和提示时，其可靠性应与提供指示的系统功能相关的安全目标相兼容。例如，如果发生某个失效的影响加上不对该失效进行告警是灾难性的，则该失效及告警失效的组合必须是极不可能的。另外，不期望的工作（如误告

警)也应得到评估。失效监控和指示应是可靠的、技术可行的、并且是经济的。可靠的失效监控和指示应使用与当前技术发展水平相当的技术来最大化检测和指示真实失效的概率,同时,最小化错误检测和指示不存在失效的概率。任一指示应是及时的、明显的、清楚的和不被混淆的。

③ 在飞行条件要求机组紧急动作的情况下,如果不能通过内在飞机特性来提供告警,则应提供给机组合适的告警指示。这两种情况的任一种情况下,告警应在潜在灾难序列中的某一点被触发和发生,该点应使得飞机能力和机组能力仍然能够足以支持有效的机组动作。

④ 除非被接受是正常的飞行技术,在发生任何失效告警后的机组程序都应在批准的飞机飞行手册(AFM)或 AFM 修订版或增补页中进行描述。

⑤ 即使在失效发生时运行和性能没有受到影响或没有受到显著的影响,如果认为有必要让机组采取任何动作或采取预防措施时,则要求提供信息给机组。如重构系统,对安全裕度减少的感知,改变飞行计划或状态,或无计划的着陆来减少暴露在更为严酷的失效状态中,这些更为严酷的失效状态可能由后续的失效或运行的环境条件所导致。如果在下一次飞行前失效必须被纠正,则同样要求提供信息。如果运行或性能没有受影响或没有受到显著的影响,且如果认为机组采取纠正动作比无动作更为危险时,信息和告警指示可以在飞行的某些特殊阶段得到抑制。

⑥ 定期维修或飞行机组检查以探测不期望发生的重大潜在失效,不应替代实际的和可靠的失效监控和指示。

⑦ 需特别关注开关或其他互相关联的控制装置,目的是为了最小化不利的错误机组动作的发生可能,尤其在紧急情况下或高工作负荷的阶段。额外的防护,例如使用防护开关,有时可能是需要的。

3.11　25.1321 仪表安装布局和可见度

3.11.1　条款原文

CCAR25.1321 仪表安装布局和可见度

(a) 必须使任一驾驶员在其工作位置沿飞行航迹向前观察时,尽可能少偏移正常姿势和视线,即可看清供他使用的每个飞行、导航和动力装置仪表。

(b) 第 25.1303 条所要求的飞行仪表必须在仪表板上构成组列,并尽可能集中在驾驶员向前视线所在的垂直平面附近。此外,必须符合下列规定:

(1) 最有效地指示姿态的仪表必须装在仪表板上部中心位置;

(2) 最有效地指示空速的仪表必须直接装在本条(b)(1)所述仪表的左边;

(3) 最有效地指示高度的仪表必须直接装在本条(b)(1)所述仪表的右边;

(4) 最有效地指示航向的仪表必须直接装在本条(b)(1)所述仪表的下边。

(c) 所要求的动力装置仪表,必须在仪表板上紧凑地构成组列。此外,必须符合下列规定:

(1) 各发动机使用同样的动力装置仪表时,其位置的安排必须避免混淆每个仪表所对应的发动机;

(2) 对飞机安全运行极端重要的动力装置仪表,必须能被有关机组成员看清。

(d) 仪表板的振动不得破坏或降低任何仪表的精度。

(e) 如果装有指出仪表失灵的目视指示器,则该指示器必须在驾驶舱所有可能的照明条件下都有效。

3.11.2 条款解析

本条规定了驾驶舱内仪表布局和可见度方面的要求。

条款中规定驾驶舱仪表布局需满足“基本 T 布局”。无论是用传统的机电式仪表,还是用电子显示器,都需满足基本 T 布局的要求。

25.1333 条要求需要有单独的备用姿态、大气数据和航向显示。因为这些显示仪在相应的主仪表失效时采用,故 25.1321 条所要求的 T 形布局的要求并不适用,但是,所有的备用仪表应布置成便于其中一个驾驶员使用。

根据 AC25-11A 的内容,有关电子显示器方面的设计和合格审定要考虑如下内容:

① 显示信息的要素和特征。一般而言,任一驾驶员在其工作位置沿飞行航迹向前观察时,应尽可能少偏移正常姿势和视线,即可看清供他使用的每个飞行、导航和动力装置仪表。

对于所有的显示构型,要考虑所有可预期的照明条件。可预期的照明条件包括照明和电源系统失效下的各种故障模式、驾驶舱照明和显示系统照明选择的全部范围以及运行环境(如白天和夜间照明)。如果提供了目视指示器指示仪表故障,那么该指示器必须在驾驶舱所有可能的照明条件下都有效。

② 信息文本。无论所显示的信息是何种字体、颜色和背景,在所有预期的照明和运行条件下,从飞行机组位置处都应能看清信息文本。

③ 基本 T 布局。基本 T 布局内的信息在正常条件(即显示系统无故障时)下应能持续地、直接显示在飞行机组面前。基本 T 布局适用于姿态、空速、高度和航向的主显示。根据驾驶舱设计的不同,可能有多于一个的基本 T 布局的信息显示。

主要姿态指示位于驾驶员向前视线所在的垂直平面附近的中心位置处,这应从驾驶员就座位置处的设计眼位点进行测量。如果显示器安装在仪表板上,那么姿态的仪表必须装在仪表板上部中心位置。姿态仪表的安装还应保证在所有的飞行条件下不被阻挡，主要的空速、高度和航向仪表应邻近主姿态仪表安装。

④ 动力装置信息的布局。动力装置信息的布局应紧凑排列、容易辨识且具有逻辑性，可使飞行机组明显迅速地识别显示的信息并能将其与对应的发动机联系。通常，同一个发动机的参数都垂直排列，不同发动机的同一参数根据发动机位置水平排列对齐。参数的排列一般是按重要程度来区分的，最重要的参数排在最上面，最上面的参数一般是主要的推力设置参数。

3.11.3　符合性验证方法

建议申请人采用设计符合性说明、机上地面试验、飞行试验和机上检查等符合性方法。

设计符合性说明：系统原理（方案）说明、设计图纸。

机上地面试验：进行仪表板的振动特性试验和指出仪表失灵的目视指示器在驾驶舱所有可能的照明条件下都有效的试验（也可在地面试验中验证仪表板的布局及可见度，但也可用其他方法验证此内容）。

飞行试验：进行仪表板的振动特性试验和指出仪表失灵的目视指示器在驾驶舱所有可能的照明条件下都有效的试验（也可在飞行试验中验证仪表板的布局及可见度，但也可用其他方法验证此内容）。

机上检查：检查仪表板的布局是否符合 T 形排列（或综合电子显示器显示内容是否符合 T 形排列要求），以及在驾驶员位置处能否看清他使用的每个飞行、导航和动力装置仪表。

在进行本条款的符合性验证时，还要考虑人为因素方面的要求是否满足，最终可通过飞行员的评定去验证。

3.12　25.1322 警告灯、戒备灯和提示灯

3.12.1　条款原文

CCAR25.1322 警告灯、戒备灯和提示灯

如果在驾驶舱内装有警告灯、戒备灯和提示灯，则除适航管理当局另行批准外，灯的颜色必须按照下列规定：

（a）红色，用于警告灯（指示危险情况，可能要求立即采取纠正动作的指示灯）；

（b）琥珀色，用于戒备灯（指示将可能需要采取纠正动作的指示灯）；

（c）绿色，用于安全工作灯；

（d）任何其他颜色，包括白色，用于本条（a）至（c）未作规定的灯，该颜色要足以同本条（a）至（c）规定的颜色相区别，以避免可能的混淆。

3.12.2 条款解析

本条款对驾驶舱内安装的不同级别的告警灯提出了颜色上的要求。

3.12.3 符合性验证方法

建议申请人采用设计符合性说明、安全性评估、飞行试验和机上检查等验证方法表明符合性。

设计符合性说明：系统原理（方案）说明、设计图纸，主要对各种告警灯及信息的等级及颜色规定等进行评估。

安全性评估：从 FHA，FTA，SSA 等出发，考虑各种警告信息的等级是否正确，以及是否考虑到虚假警告和丧失警告的情况，主要考虑丧失警告和虚假警告情况。

飞行试验：主要是对告警系统所进行的飞行试验，经机组评审后确定各种灯光颜色是否符合要求。

机上检查：主要是针对灯的颜色及能否正常显示进行检查。

3.13 25.1357 电路保护装置

3.13.1 条款原文

CCAR25.1357 电路保护装置

(a) 必须采用自动保护装置，在线路发生故障或在系统或所连接的设备发生严重失灵时，最大限度地减小对电气系统的损坏和对飞机的危害。

(b) 发电系统中的保护和控制装置的设计，必须能足够迅速地断电，并将故障电源和输电设备与其相关联的汇流条断开，防止出现危险的过压或其他故障。

(c) 每一可复位型电路保护装置的设计，必须在发生过载或电路故障时，不论其操作位置如何，均能断开电路。

(d) 如果飞行安全要求必须有使某一断路器复位或更换某一熔断器的能力，则这种断路器或熔断器的位置和标识必须使其在飞行中易被复位或更换。在使用熔断器的地方，必须有备用熔断器供飞行中使用，其数量至少应为保护整个电路所需的每种额定熔断断器数量的 50%。

(e) 每一重要负载电路必须具有单独的电路保护。但不要求重要负载系统中的每一电路（如系统中的每个航行灯电路）都有单独的保护。

(f) 对于正常工作中有必要进行断电或电源复位的飞机系统，该系统必须设计为：其断路器不得作为断电或电源复位的主要手段，除非将断路器设计作为开关使用。

(g) 如果对于接至某设备的电缆已有电路保护，则可采用自动复位断路器（如热断路器）作为该电气设备自身装有的保护器。

3.13.2　条款解析

3.13.2.1　25.1357(a)款

电路保护装置是用于发电系统的电路保护，即控制主电源接触器(或主电路断路器)通断的设备，通常称为发电机控制保护器；或用于对设备或系统输电线路的保护，通常用熔断器、断路器等。每个设备或系统的输电线路都应采用电路保护装置。电路保护装置的参数选择应能达到这样的目的：即线路或用电的设备(或系统)发生故障时，该电路保护装置应起到保护作用，把故障源与电气系统隔离，使故障的危害限制在最小限度，不影响其他电气系统或其他设备的正常工作。为此，在选择配电系统中的电路保护装置时，应按分级选择的原则。在电路保护装置参数选择时，应使前级电路保护装置的安秒特性高于后级的安秒特性。

根据 AC25.1357-1A，当选择和设计(a)款要求的自动保护装置的安装时，应该表明，在电路保护装置或其保护的设备上周围环境温度变化的影响不会造成危害。

3.13.2.2　25.1357(b)款

发电系统的电路保护装置(发电机控制保护器)应对发电系统的基本故障进行保护。基本故障对交流主电源系统是指过电压、低电压、过频、低频、短路故障。对这些不同的故障，发电机控制保护器应具有不同的延时断电功能，其最终目的应达到切断主接触器(或主电路断路器)，将故障电源与用电设备及相关联的汇流条断开，防止过压、过频或其他故障危害设备或系统，并将故障隔离。此外，发电机馈电线短路时，差动保护功能应切断发电机的励磁。发电系统电路保护装置的保护性能应在发电系统采购规范或技术条件中规定。

3.13.2.3　25.1357(c)款

飞机上常用的可复位型的电路保护装置为断路器，在选择使用断路器时，必须注意其保护特性(即安秒特性)和分断能力，即当被保护的设备或线路发生故障时，其故障电流应大于断路器的动作(断开)电流。另外，该断路器能够分断可能产生的最大故障电流，这样，可复位型的电路保护装置才能可靠地对故障的设备或电路起保护作用。

3.13.2.4　25.1357(d)款

为飞行安全而需复位的断路器或可更换的熔断器，应当有明显的位置标志或指示，即断路器应能立即识别是处于断开位置还是接通位置，而熔断器应采用带有断开指示灯或其他易于识别其通、断状态的熔断器，使其在飞行中能易于复位或更换。

如采用熔断器，则必须有备用熔断器供飞行中使用，其每种规格备用数量至少为所需量的 50%。在飞机设计时，要考虑到备用熔断器安放的位置应取用方便，便于飞行时更换断开的熔断器。

根据 AC25.1357-1A，如果在飞行中具有重置或替换电路保护装置的能力对飞行安全是重要的，那么电路保护装置必须容易被接近。在定义一个安全设计时，必须考虑到单个失效或组合失效，包括自动电路保护装置断开。需借助其才能使得电源持续供应的任何单个电路保护装置，包括那些用于保护汇流条或电源的电路保护装置，也就是那些在飞行中对安全起重要作用的元件，必须是机组人员在不需离开其座位的情况下容易接近的。

3.13.2.5 25.1357(e)款

每一个重要用电设备电路必须具有单独的电路保护装置(熔断器或断路器)。一个电路保护装置只能接一个重要用电设备，但不要求重要负载系统中的每一个电路都有一个电路保护装置。当某一电路发生故障时，该电路保护装置起作用，而不会影响其他设备或线路的正常工作。

根据 AC 25.1357-1A，本款要求“每一重要负载电路必须具有单独的电路保护”，传统上这意味着每一架飞机的重要系统电路都将有自己的专用电路保护装置，因为每一个重要的飞机系统都将有自己的电源、设备和导线，然而，现代飞机还在持续增加对高集成度的系统架构的利用，那意味着，单个模块的航电设备可能提供对安全飞行起重要作用的多个飞机系统的控制。一般来说，这些航电模块是冗余的，由 2 件或 3 件设备用来提供功能冗余。“电路”的传统定义在这些情形下不适用，由集成电路控制的每个飞机系统不存在电源、控制设备和导线的一对一通信，因此，在本款的范畴内，一个电路被定义为电路保护装置、执行综合功能的设备及其相关联的导线。当一个集成了多个功能模块的设备表明符合第 25.1357 条(e)款的要求时，申请者必须表明整个电路具有单独的电路保护，注意其他款，比如(a)款，可能要求电路中的子系统同样要求提供电路保护。

3.13.2.6 25.1357(f)款

根据 AMC25.1357(f)：

- 对于那些有必要在正常操作期间具备断电或复位电源能力的飞机系统，断路器不被用作断电或复位系统电源的主要方式。
- 飞机上的每个电动系统都有一种采用非断路器的方式断电，这并不是该要求的目的。术语“正常地需要断电”是用于区分在正常运行期间正常地开启和关闭的飞机系统，和那些一直都保持正常供电的飞机系统，诸如驾驶舱多功能显示器或飞行管理计算机。但是，如果飞行管理计算机确实需要定期功率循环，不管是什么原因，这个系统都将需要有一种非采用断路器的方法来处理此种情形。
- 在正常运行期间需要断电的系统应该被设计成当电源从系统中断开时应尽可能从接近实际可行的电源源头处断开，而不是简单地停用供电系统的输出。
- 一个单独的或集成的电源开关可用来表明符合(f)款，如果应用了一个集成的开关(即一个控制功率流向多个飞机系统的开关)，那么它必须被表明对那些多个系统执行断电或电源复位操作时将不会对安全飞行产生有害影响。

- 如果一个开关额定断路器能够被证明在系统或其服役寿命期内符合所需操作的开关次数,则可以被选择作为一个开关额定断路器使用。

3.13.2.7　25.1357(g)款

自动复位断路器作为设备自身的保护装置时,一般设置在设备内部,作为设备的一部分,不能替代电路保护。为此,在设备自身带有自动复位断路器时,设备电路还需设有电路保护装置,即断路器或熔断器。

3.13.3　符合性验证方法

满足该条款一般可综合采用设计符合性说明、分析计算、安全性分析、试验室试验、飞行试验、机上检查和合格证明文件等验证方法来表明符合性。

设计符合性说明:通过配电系统原理图、接线图及熔断器、断路器数目表,查证每个设备或系统的输电线路是否采用了熔断器或断路器等电路保护装置,以验证对(a)款的符合性。所选择的可复位型电路保护装置(如断路器)的性能应符合产品技术条件要求,以验证对(c)款的符合性。对(d)款的验证要确定飞行安全需要复位的断路器和熔断器,查证断路器板和熔断器板安装图,验证这些电路保护装置是否安装在空勤人员易于观察和易于复位更换的位置。此外,需证实这些电路保护装置在接通和断开位置时,具有明显不同的标志。对(e)款的验证要查证重要设备或系统的接线图,及断路器和熔断器明细表,所有设备或系统都应有单独的断路器或熔断器作为电路保护装置。对(f)款的验证要根据熔断器明细表和备用熔断器明细表,查证备用熔断器数量是否符合本条款要求。对(g)款的验证要查证用电设备接线图,对可以安装电路保护装置的设备或系统均应设置有电路保护装置。

分析计算:主要进行电源系统的电气负载分析。

安全性分析:对发电系统进行故障分析,并提供 FMEA 报告。

试验室试验:对(b)款的验证可通过发电系统采购规范或技术条件及 25.1363 条规定的电气系统试验,验证发电系统具有对过压等故障的保护能力。在电气系统试验中将列入发电系统故障试验项目,对飞机中可能出现的过压、低压、过频、欠频和短路故障进行故障模拟试验,发电系统对这些故障均应进行保护。电网各设备电路产生短路故障时,可复位型电路保护装置应具有对该短路电流的分断能力,通过电气系统试验,对设备电路模拟造成短路故障,可复位型电路保护装置应能可靠地分断电路,实现对(c)款的验证。

飞行试验(A380):在 FADEC 中,交流电路中的电路断路器和过电流保护装置用来减少对电气系统的损坏。这用飞行试验来验证。

机上检查:检查断路器或熔断器的位置和标识。

合格证明文件:对断路器本身性能进行验证。

3.14 25.1381 仪表灯

3.14.1 条款原文

CAAR25.1381 仪表灯

(a) 仪表灯必须满足下列条件：

(1) 提供足够的照明，使安全运行所必需的每个仪表、开关或其他装置易于判读，除非有其他光源提供的充足照明。

(2) 灯的安装应做到：

(ⅰ) 遮蔽直射驾驶员眼睛的光线。

(ⅱ) 使驾驶员看不到有害的反光。

(b) 除非在每一预期的飞行条件下，不可调节亮度的仪表灯已令人满意，否则必须有措施控制照明强度。

3.14.2 条款解析

仪表灯的用途是对驾驶舱仪表板上的各种仪表、开关或其他装置提供照明，使机组人员能在各种飞行条件下清晰判读需要观察的仪表显示信息。本条是从满足适航的最低安全标准出发，对运输类飞机驾驶舱仪表灯照明的总体效果所做的规定。

(a)款中的“易于判读”是对仪表灯照明功能综合效果的最低要求。“易于判读”的要求包含客观照明条件和主观视觉两方面的内容。机组要能容易地判读仪表的显示，与下列因素有关：机组人员的视觉敏锐度和对比敏感度、仪表显示的清晰程度、照明环境(由驾驶舱观察窗的自然采光、仪表照明和其他灯的照明共同形成)。

眩光：眩光是指视野范围内由于亮度分布和范围不适宜，或者在空间或时间上存在着极端的亮度对比引起的一种不适的、降低观察能力的视觉状态或条件。一般是由灯、玻璃等透射或反射的光造成。眩光刺激眼睛，影响正常的视觉，并加速视觉疲劳，是影响照明质量的最重要因素之一。

反射眩光：由物体镜面反射引起，产生不舒适感，严重的会产生视觉丧失。

光幕反射：由于仪表板表面的反光，减弱了仪表刻度、指针、字符和底面间的黑白对比，降低了反差，从而增加了辨识的困难。这除了与灯光照射的方向有关外，还与驾驶员视线与仪表板的角度、仪表板表面的光滑程度以及刻度、指针和字符的发射率等因素有关。

3.14.3 符合性验证方法

申请人应采用设计符合性声明、设计说明文件、机上地面试验、飞行试验和机上检查等验证方法表明符合性。

设计符合性声明：对本条符合性的总体描述。

设计说明文件：系统原理（方案）说明和设计图纸等设计说明文件对本条符合性的具体描述。

机上地面试验：由飞行员在地面对驾驶舱仪表灯的照明效果进行整体评估，并提出适航符合性意见，由适航管理当局审定。

飞行试验：通过飞行试验对驾驶舱仪表灯的适航符合性进行评定。飞行试验中应考虑下列情况：

- 夜航时，着重验证仪表灯在低照度条件下各种信息的易读性；
- 在日出或黄昏飞行时（或模拟飞机在遇到雷暴雨状态时），着重验证仪表灯在高亮度条件下的各种信息的可读性；
- 在各种飞行条件下，注意验证是否有直射驾驶员视线的光线，是否有漏泄光，以及是否能感觉到有害的眩光；
- 飞行员既能观察仪表又能观察窗外景物的照明需要。

机上检查：对仪表灯的安装进行机上检查以确认对本条要求的符合性。

3.15　25.1523 最小飞行机组

第 25.1523 条最小飞行机组的相关内容请参考本书第 6 章和附录 3。

3.16　25.1543 仪表标记总则

3.16.1　条款原文

CCAR25.1543 仪表标记总则

每一仪表标记必须符合下列要求：

(a) 当标记位于仪表的玻璃罩上时，有使玻璃罩与刻度盘盘面保持正确定位的措施；

(b) 每一仪表标记必须使相应机组人员清晰可见。

3.16.2　条款解析

仪表标记使相应的机组人员清晰可见，是指刻度的粗细、长短以及颜色的组合能使机组人员位于驾驶位置上时，可在各种光线条件下看清楚，并且要求最小的误读率。可以使用包括颜色组合、闪烁等等各种途径达到以上目标。以下经验数据可供参考：

- 红、黄和绿色直线：1.25 mm 宽，7.5 mm 长；
- 红、黄和绿色弧线：2.5 mm 宽，长度按需要确定。

3.16.3 符合性验证方法

本条规定了仪表标识的通常要求。申请人可采用设计符合性说明、机上地面试验、飞行试验和合格鉴定等验证方法表明符合性。

设计符合性说明：如有标记于玻璃罩上的仪表标记，需要系统设计报告说明其与表盘相对位置固定的措施；对于仪表中使用的其他标记可以通过设计符合性说明表明其标记方式与常见设计特征间的关系，如标记的长度、宽度、颜色等。

机上地面试验：对标记的清晰度等进行目视检查。

飞行试验：在飞行中特别是在各种光照条件下，检验标记的清晰易读情况。尤其需要注意使用液晶屏幕显示相关仪表指示的情况下，在飞行员正常操作的位置和姿态条件下，在不同角度光照情况下显示的仪表标记信息仍然足够清晰。

合格鉴定文件：主要检查根据不同标准或者环境标准进行设备验证的各种证明文件。

3.17 25.1555 操纵器件标记

3.17.1 条款原文

CCAR25.1555 操纵器件标记

(a) 除飞行主操纵器件和功能显而易见的操纵器件外，必须清晰地标明驾驶舱内每一操纵器件的功能和操作方法。

(b) 每一气动力操纵器件必须按第 25.677 条和第 25.699 条的要求来标示。

(c) 对动力装置燃油操纵器件有下列要求：

(1) 必须对燃油箱转换开关的操纵器件做出标记，指明相应于每个油箱的位置和相应于每种实际存在的交叉供油状态的位置；

(2) 为了安全运行，如果要求按特定顺序使用某些油箱，则在此组油箱的转换开关上或其近旁必须标明该顺序；

(3) 每台发动机的每个阀门操纵器件必须做出标记，指明相应于所操纵的发动机的位置。

(d) 对附件、辅助设备和应急装置的操纵器件有下列要求：

(1) 每个应急操纵器件(包括应急放油操纵器件和液流切断操纵器件)必须为红色；

(2) 如果采用可收放起落架，则必须对第 25.729(e)条所要求的每个目视指示器做出标记，以便在任何时候当机轮锁住在收起或放下的极限位置时驾驶员能够判明。

3.17.2　条款解析

25.1555(a)款要求“除飞行主操纵器件和功能显而易见的操纵器件外……”，其中，“显而易见的操纵器件”包括 25.781 条规定操纵手柄形状的操纵器件，如襟翼、起落架等。

气动力操纵器件要按 25.677 条(配平系统)的要求，在配平操纵器件近旁，必须设置指示装置以指示与飞机运动有关的配平操纵器件的运动方向以及配平装置在其可调范围内所处的位置；按 25.699 条(升力和阻力装置指示器)的要求对升力和阻力操纵器件进行标示。

对动力装置燃油操纵器件按本条(c)款进行标示。

对附件、辅助设备和应急装置的操纵器件按本条(d)款进行标示。特别地，如果采用可收放起落架，对起落架的收放操纵器件，应按 25.729(e)款(收放机构位置指示和警告装置)的相关规定进行标示。

3.17.3　符合性验证方法

一般可通过提供图纸说明等设计资料、机上检查和飞行试验来表明操纵器件的标记符合本条款要求。

第4章　需要考虑驾驶舱人为因素的相关条款解析

在本章中将逐条解析需要考虑驾驶舱人为因素的相关条款，这些条款取自CCAR25部中与表2-3对应的条款。每一条款的解析内容包括：条款原文、条款解析以及符合性验证方法。

4.1　25.105 起飞

4.1.1　条款原文

CCAR25.105 起飞

(a) 第25.107条规定的起飞速度，25.109条规定的加速停止距离，25.111条规定的起飞航迹，25.113条规定的起飞距离和起飞滑跑距离以及25.115条规定的净起飞飞行航迹，必须在由申请人选定的运行限制范围内的每一起飞重量、高度和周围温度条件下选定的起飞构型按下列条件确定：

(1) 在非结冰条件下，和

(2) 在结冰条件下，如果25.121(b)条规定的起飞形态下，带有附录C中定义的起飞冰积聚：

(ⅰ) 最大起飞重量下的失速速度超过非结冰条件下3节校正空速或3%V_{SR}的较大者；或

(ⅱ) 25.121(b)规定的爬升梯度的降低超过25.115(b)所规定的适用实际与净起飞飞行航迹梯度减量的一半；

(b) 为确定本条所需数据而用的起飞，不得要求特殊的驾驶技巧或机敏。

(c) 起飞数据必须基于下列条件：

(1) 对于陆上飞机和水陆两用飞机；

(ⅰ) 平整、干和湿的并有硬质道面的跑道；和

(ⅱ) 申请人如有选择时，带沟槽，或多孔摩擦的湿硬质道面的跑道；

(2) 对于水上飞机和水陆两用飞机，平静的水面；

(3) 对于滑橇式飞机，平整、干燥的雪地。

(d) 在所制定的该飞机使用限制范围内，起飞数据必须计及下列项目的使用修正因素：

(1) 沿起飞航迹不大于名义风逆风分量的50%，和沿起飞航迹不小于名义风顺风分量的150%；

(2) 跑道有效坡度。

4.1.2 条款解析

4.1.2.1 25.105(a)款

“运行限制范围”：由申请人选定的飞机预期使用的环境和限制，详见飞机飞行手册限制章节。

“起飞构型”：起飞构型包含起飞各阶段中飞机的推力、襟翼、起落架位置等参数，对于特定的机型或飞行还应该注明其他必要的信息，如空调、冰和推力管理电门是否接通等。

4.1.2.2 25.105(a)(2)款

“结冰条件”：详见 CCAR25 附录 C。

4.1.2.3 25.105(c)(1)款

“湿跑道”：当跑道完全被水浸泡，表面发亮，积水深度小于 3 mm 时，为湿跑道。

4.1.2.4 25.105(d)(1)款

“名义风”：指 10 m 高度的实际风速，且使用风分量图表修正为平行于飞行轨迹的顶风或顺风分量。试验和数据计算时要换算到机翼平均气动弦长的高度。

4.1.2.5 25.105(d)(2)款

“跑道有效坡度”：取飞行试验中实际使用跑道段两端标高差除以实际使用跑道长度所得的平均坡度，此坡度在下述条件下可以使用：假如在跑道剖面上的任一中间点均不高于或低于跑道两端连线直线 1.5 m 以上。如超过 1.5 m，跑道剖面应分段，航空器数据应分别按每一段应用。

4.1.3 符合性验证方法

推荐的符合性验证方法见表 4-1。

表 4-1　25.105 条款符合性验证方法

条　款	符合性方法
25.105(a)	符合性声明、分析与计算、飞行试验
25.105(b)	符合性声明
25.105(c)	符合性声明、分析与计算
25.105(d)	符合性声明、分析与计算

4.2 25.109 加速—停止距离

4.2.1 条款原文

CCAR25.109 加速-停止距离

(a) 干跑道上的加速-停止距离是下述两种距离中的大者：

(1) 完成下述过程所需距离之和：

(ⅰ) 全发工作情况下，飞机从滑跑始点加速到 V_{EF}；

(ⅱ) 假定临界发动机在 V_{EF} 失效和驾驶员在 V_1 采取中止起飞的第一个减速措施，允许飞机从 V_{EF} 加速到中止起飞期间所达到的最大速度；和

(ⅲ) 从本条(a)(1)(ii)规定达到的速度到完全停止；加上

(ⅳ) 相当于以 V_1 滑跑 2 秒钟的距离。

(2) 完成下列过程所需距离之和：

(ⅰ) 全发工作情况下，假定驾驶员在 V_1 采取中止起飞的第一个减速措施，飞机从滑跑始点加速至中止起飞期间的最大速度；和

(ⅱ) 全发仍工作情况下，从本条(a)(2)(i)规定达到的速度到完全停止；加上

(ⅲ) 相当于以 V_1 滑跑 2 秒钟的距离。

(b) 湿跑道上的加速-停止距离是下述两种距离中的大者：

(1) 按照本条(a)款在干跑道上确定的加速-停止距离；或

(2) 在湿跑道上，采用湿跑道的 V_{EF} 和 V_1，按照本条(a)款确定的加速-停止距离。在确定湿跑道上的加速-停止距离时，机轮刹车的停止力不得超过：

(ⅰ) 满足第 25.101(i)条款和本条(a)款要求所确定的机轮刹车的停止力；和

(ⅱ) 按照本条(c)、(d)款基于湿跑道刹车摩擦系数确定的力，如适用，尚须考虑所批准的起飞状态下最不利重心位置刹车机轮与非刹车机轮间的正常载荷分布。

(c) 平整湿跑道上的湿跑道刹车摩擦系数定义为地速的函数，并且必须计算如下：

(1) 湿跑道轮胎—地面最大刹车摩擦系数定义见表 4-2。其中，轮胎压强为飞机使用最大轮胎压强(psi)；$\mu_{t/g,max}$ 为轮胎-地面最大刹车系数；V 为飞机真地速(kn)；其他未列轮胎压强可线性内插。

表 4-2　平整湿跑道轮胎—地面最大刹车摩擦系数定义

轮胎压强/psi①	最大刹车系数(轮胎—地面)
50	$\mu_{t/g,max}=0.0350(V/100)^3+0.306(V/100)^2-0.851(V/100)+0.883$
100	$\mu_{t/g,max}=0.0437(V/100)^3+0.320(V/100)^2-0.805(V/100)+0.804$
200	$\mu_{t/g,max}=0.0331(V/100)^3+0.252(V/100)^2-0.658(V/100)+0.692$
300	$\mu_{t/g,max}=0.0401(V/100)^3+0.263(V/100)^2-0.611(V/100)+0.614$

① 1 psi=6 894.757 Pa

（2）湿跑道轮胎—地面最大刹车摩擦系数必须考虑湿跑道上防滑系统的效率加以调整。必须在平整湿跑道上进行飞行试验演示防滑系统的工作，并且必须确定它的效率。除非用来自平整湿跑道上飞行试验的定量分析确定特定防滑系统的效率，本条(c)(1)确定的湿跑道轮胎-地面最大刹车摩擦系数必须乘以与飞机所安装防滑系统类型相关的效率值，见表 4-3。

表 4-3　防滑系统的效率值

防滑系统类型	效率值
开关式	0.3
准调节式	0.5
全调节式	0.8

（d）如果申请人选择带沟槽，或用多孔摩擦材料处理的跑道道面时，可使用较高的湿跑道刹车摩擦系数。对于带沟槽和多孔摩擦跑道，湿跑道刹车摩擦系数定义可为下列两者中的任何一个：

（1）用于确定干跑道加速-停止距离的干跑道刹车摩擦系数的 70%；或

（2）除了特定防滑系统的效率已被确定之外，本条(c)款所定义的湿跑道刹车系数对于带沟槽，或多孔摩擦湿跑道仍是适当的，但其中湿跑道轮胎-地面最大刹车摩擦系数定义见表 4-4。其中，轮胎压强为飞机使用最大轮胎压强(psi)；$\mu_{t/g,max}$ 为轮胎—地面最大刹车系数；V 为飞机真地速(kn)；其他未列轮胎压强可线性内插。

表 4-4　带沟槽或多孔摩擦湿跑道轮胎—地面最大刹车摩擦系数定义

轮胎压强/psi	最大刹车系数(轮胎—与—地面)
50	$\mu_{t/g,max}=-0.1470(V/100)^5-1.050(V/100)^4+2.673(V/100)^3-2.683(V/100)^2+0.403(V/100)+0.859$
100	$\mu_{t/g,max}=-0.1106(V/100)^5-0.813(V/100)^4+2.130(V/100)^3-2.200(V/100)^2+0.317(V/100)+0.807$
200	$\mu_{t/g,max}=-0.0498(V/100)^5-0.398(V/100)^4+1.140(V/100)^3-1.285(V/100)^2+0.140(V/100)+0.701$
300	$\mu_{t/g,max}=-0.0314(V/100)^5-0.247(V/100)^4+0.703(V/100)^3-0.779(V/100)^2+0.00945(V/100)+0.614$

（e）除了本条(f)(1)的规定外，可使用机轮刹车以外的措施来确定加速-停止距

离，条件是这些措施：

(1) 安全可靠；

(2) 在正常运行条件下使用时可望获得一贯的效果；

(3) 对操纵飞机不需要特殊技巧。

(f) 反向推力影响：

(1) 当确定干跑道的加速—停止距离时，不应被作为附加的减速措施；和

(2) 当确定湿跑道的加速-停止距离时，在满足本条(e)款规定的要求条件下，使用推荐的反向推力程序，可以作为附加减速措施。

(g) 在加速—停止的全过程中必须保持起落架在放下位置。

(h) 如果加速—停止距离中含有道面特性与平整且有硬质道面的跑道有实质性差别的安全道，其起飞数据必须考虑对于加速-停止距离的使用修正因素。该修正因素必须计及安全道的特定道面特性和这些特性在所制定的使用限制范围内随季节气候条件(例如温度、雨、雪和冰)的变化。

(i) 最大刹车动能加速—停止距离的飞行试验演示必须在飞机的每一个机轮刹车剩余不大于所允许的刹车磨损范围的10%状态下实施。

4.2.2 条款解析

4.2.2.1 25.109(a)款

"减速措施"：典型指刹车装置、扰流板、反推装置等。

"V_1"：起飞决策速度。

"所批准的"：指适航管理当局批准。

4.2.2.2 25.109(e)款

"机轮刹车以外的措施"：一般指螺旋桨反桨、反推力等。

4.2.2.3 25.109(e)(2)款

"可望获得一贯效果"：一般指能重复给出的结果。

4.2.2.4 25.109(e)(3)款

"不需要特殊技巧"：经查阅，在FAA有关资料中，没有特别说明，一般由飞行员进行评定。

4.2.3 符合性验证方法

推荐的符合性验证方法见表4-5。

表 4-5　25.109 条款符合性验证方法

条　款	符合性方法
25.109(a)	符合性声明、分析与计算、飞行试验
25.109(b)	说明性文件、分析与计算、安全评估
25.109(c)	符合性声明、分析与计算、飞行试验
25.109(d)	分析与计算
25.109(e)	符合性声明、说明性文件、分析与计算、飞行试验
25.109(f)	符合性声明、分析与计算、飞行试验
25.109(g)	符合性声明
25.109(h)	符合性声明
25.109(i)	符合性声明、分析与计算、飞行试验

4.3　25.125 着陆

4.3.1　条款原文

CCAR25.125 着陆

(a) 必须按下列条件确定(按标准温度,在申请人为该飞机制定的飞机使用范围内每一重量、高度和风的条件下)从高于着陆表面 15 m(50 ft)到飞机着陆至完全停止(对于着水,为 3 kn 左右速度)所需的水平距离:

(1) 在非结冰条件下;

(2) 在结冰条件下,带有附录 C 定义的着陆冰积聚,如果结冰条件下的 V_{REF} 超过非结冰条件下的最大着陆重量所对应的 V_{REF} 5 kn 以上。

(b) 确定本条(a)的距离时:

(1) 飞机必须处于着陆形态;

(2) 以不小于 V_{REF} 的校正空速稳定进场到 15 m(50 ft)的高度。

(ⅰ) 在非结冰条件下,V_{REF} 不得小于:

(A) 1.23 V_{SR0};

(B) 按 25.149(f)确定 V_{MCL};

(C) 提供 25.143(h)规定的机动能力的速度;

(ⅱ) 在结冰条件下,V_{REF} 不得少于:

(A) 本条(b)(2)(i)所规定的速度;

(B) 在附录C所规定的着陆冰积聚条件下，如果1.23V_{SR0}大于非结冰条件下的V_{REF}5 kn以上则取1.23V_{SR0}；和

(C) 在附录C所规定的着陆冰积聚条件下，能保证25.143(h)规定的机动能力的速度。

(3) 必须按照所制定的使用操作程序改变形态，功率(推力)和速度；

(4) 着陆时应避免过大的垂直加速度，无弹跳、前翻、地面打转、海豚运动和水面打转的趋势；

(5) 着陆时不得要求特殊的驾驶技巧或机敏；

(c) 陆上飞机和水陆两用飞机的着陆距离必须在水平、平整、干燥、并有硬质道面的跑道上确定。而且：

(1) 机轮刹车系统的压力不得超过刹车装置制造商所规定的值；

(2) 不得以造成刹车或轮胎过度磨损的方式使用刹车；和

(3) 可以使用除机轮刹车以外符合下列条件的其他方式：

(ⅰ) 安全和可靠；

(ⅱ) 使用时能在服役中获得始终一致的效果；和

(ⅲ) 操纵飞机不需要特殊的技巧。

(d) 水上飞机和水陆两用飞机的着水距离应在平静的水面上确定；

(e) 滑橇式飞机的雪上着陆距离必须在平整、干燥的雪地上确定；

(f) 着陆距离数据必须按照沿着陆航迹不大于逆风分量的50%，和沿着陆航迹不小于顺风分量的150%进行修正；

(g) 如果采用了必须依靠某一台发动机的运转方能工作的装置，并且在该发动机停车时进行着陆会显著增加着陆距离，则必须按照该发动机停车状态来确定着陆距离，但在采用了补偿手段使此时的着陆距离仍不大于全发工作时着陆距离的情况除外。

4.3.2 条款解析

本条款规定对飞机着陆性能的要求。着陆距离是指飞机主起落架位于着陆表面(按通过接地点的那个水平面计算)15 m高的那一点到飞机完全停止的那一点的距离(对于水面着陆，把速度3 kn左右的那一点看作是停止点)。为了便于分析，把每次着陆距离分两段处理：从15 m到接地点的空中距离和从接地点到停止点的地面距离，后者又可进一步细分过渡段和全制动段。过渡段距离从开始接地那一点延续到所有减速装置都工作的那一点，停止距离从过渡段终点延续到飞机停止的那一点。这两个阶段也可以合在一起，如果申请人愿意选择这种分析方法的话。

4.3.3　符合性验证方法

推荐的符合性验证方法见表 4－6。

表 4－6　25.125 条款符合性验证方法

条　款	符合性方法
25.125(a)	符合性声明、分析与计算、飞行试验
25.125(b)(1)～(3)	符合性声明、分析与计算、飞行试验
25.125(b)(4)～(5)	符合性声明、分析与计算、飞行试验
25.125(c)	符合性声明、说明性文件、飞行试验
25.125(d)	分析与计算、飞行试验
25.125(e)	分析与计算、飞行试验
25.125(f)	分析与计算
25.125(g)	符合性声明、分析与计算、飞行试验

4.4　25.145 纵向操纵

4.4.1　条款原文

CCAR25.145 纵向操纵

(a) 在第 25.103(b)(6)条中规定的配平速度和失速标志(按第 25.201(d)所定义的)之间的任一速度下，必须有可能使机头下沉，以便很快加速到这一所选定的配平速度，飞机状态如下：

(1) 在第 25.103(b)(6)规定的配平速度配平；

(2) 起落架在放下位置；

(3) 襟翼分别在：

(ⅰ) 收起位置；

(ⅱ) 放下位置。

(4) 发动机分别处于：

(ⅰ) 无动力；

(ⅱ) 最大连续功率(推力)状态。

(b) 起落架在放下位置，在下述机动中不需要改变配平操纵，并且不需要施加超过 222 N(23 kg；50 lb)的操纵力(即用一只手易于施加的最大短时作用力)：

(1) 发动机无动力，襟翼在收起位置，飞机在 $1.3V_{SR1}$ 配平，尽快放下襟翼，同时，在整个机动过程中维持空速比每一瞬间具有的参考失速速度高 30%左右；

(2) 重复(b)(1)，但先放下襟翼然后尽快收起；

(3) 重复(b)(2),但发动机处于复飞设置功率(推力)状态;

(4) 发动机无动力,襟翼在收起位置,飞机在 $1.3V_{SR1}$ 配平,迅速施加复飞设置功率(推力),同时维持空速不变;

(5) 重复(b)(4),但襟翼在放下位置;

(6) 发动机无动力,襟翼在放下位置,飞机在 $1.3V_{SR1}$ 配平,获得并维持在 V_{SW} 至 $1.6V_{SR1}$ 或 V_{FE}(取小者)之间的空速。

(c) 在空速为 $1.08V_{SR1}$(对于螺旋桨飞机)或 $1.13V_{SR1}$(对于涡轮喷气飞机)的定常直线水平飞行中,当增升装置从任一位置开始完全收起时,必须在下列条件下无须特殊的驾驶技巧就可能防止掉高度:

(1) 同时施加复飞设置功率(推力)状态;

(2) 起落架在放下位置;

(3) 着陆重量和高度的临界组合。

(d) 如果增升装置的操纵手柄位置是分档限定的,本条(c)款的要求适用于从下列区间的任何位置验证收起增升装置:从最大着陆位置到第一限定位置,各限定位置之间以及从最后限定位置到完全收起位置。该要求也适用于从每一批准的着陆位置收起到复飞程序要求的增升装置构形的操纵位置。此外,从最大着陆位置算起的第一限定操纵手柄位置,必须对应于用以制定从着陆形态开始复飞程序的增升装置形态。操纵手柄的每一限定位置必须要用独立的和明显的动作才能通过,并且必须具有防止无意中移动操纵手柄通过限定位置的特性。操作手柄的这种独立明显的运动必须在手柄到达分档限定位置时才能进行。

4.4.2 条款解析

4.4.2.1 25.145(a)款

"以便很快加速到这一所选定的配平速度"中"很快"在目前各国适航当局的咨询通告中并没有量化指标,目前的评判标准主要依赖试飞员的评价。

4.4.2.2 25.145(c)款

本款中"着陆重量和高度的临界组合",在 AC25-7A 中给出了最大着陆重量,高度的选定主要从飞机发动机功率、飞机操纵特性随高度变化对纵向操纵力和爬升性能的最临界影响等方面进行考虑。

4.4.2.3 25.145(d)款

"限定档位"是指一种装置,在操纵器件通过这个限定档位时要求有一个额外、明晰的操纵动作。

4.4.3 符合性验证方法

推荐的符合性验证方法见表 4-7。

表4-7 25.145条款符合性验证方法

条 款	符合性方法
25.145(a)	说明性文件，飞行试验
25.145(b)	飞行试验
25.145(c)	说明性文件，飞行试验
25.145(d)	符合性声明

4.5 25.149 最小操纵速度

4.5.1 条款原文

CCAR25.149 最小操纵速度

(a) 在制定本条要求的最小操纵速度时，用以模拟临界发动机失效的方法，必须体现在服役中预期对操纵性最临界的动力装置失效模式。

(b) **V_{MC}，空中最小操纵速度** V_{MC}是校正空速，在该速度，当临界发动机突然停车时，能在该发动机继续停车情况下保持对飞机的操纵，并维持坡度不大于5°的直线飞行。

(c) 在下列条件下，V_{MC}不得超过1.13V_{SR}：

(1) 发动机处于最大可用起飞功率(推力)状态；

(2) 重心在最不利的位置；

(3) 飞机按起飞状态配平；

(4) 海平面最大起飞重量(或验证V_{MC}所需的任何较小的重量)；

(5) 飞机处于腾空后沿飞行航迹最临界的起飞形态，但起落架在收起位置；

(6) 飞机已腾空，地面效应可以忽略不计；

(7) 停车发动机的螺旋桨按适用情况处于下列状态之一：

(ⅰ) 风车状态；

(ⅱ) 在对于该螺旋桨操纵装置的特定设计最可能的位置；

(ⅲ) 如果飞机具有表明符合第25.121条的爬升要求时可接受的自动顺桨装置，则顺桨；

(d) 在速度V_{MC}，为维持操纵所需的方向舵脚蹬力不得超过667 N(68 kg; 150 lb)，也不得要求减少工作发动机的功率(推力)，在纠偏过程中，为防止航向改变超过20°，飞机不得出现任何危险的姿态，或要求的特殊的驾驶技巧、机敏或体力。

(e) **V_{MCG}，地面最小操纵速度** 是起飞滑跑期间的校正空速，在该速度，当临界发动机突然停车时，能仅使用操纵力限制在667 N(68 kg;150 lb)的方向舵操纵(不使用前轮转向)和使机翼保持水平的横向操纵来保持对飞机的操纵，使得采用正常驾驶技巧就能安全地继续起飞。在确定 V_{MCG} 时，假定全发工作时飞机加速的航迹沿着跑道中心线，从临界发动机停车点到航向完全恢复至平行于该中心线的一点的航迹上任何点偏离该中心线的横向距离不得大于 9 m(30 ft)。V_{MCG} 必须按下列条件制定：

(1) 飞机处于每一种起飞形态，或者按申请人的选择，处于最临界的起飞形态；

(2) 工作发动机处于最大可用的起飞功率(推力)状态；

(3) 重心在最不利的位置；

(4) 飞机按起飞状态配平；

(5) 起飞重量范围内最不利重量。

(f) **V_{MCL}，全发工作着陆进场期间的最小操纵速度** V_{MCL} 是校正空速，在此速度，当临界发动机突然停车时，能在该发动机继续停车的情况下保持对飞机的操纵，并维持坡度不大于 5°的直线飞行。V_{MCL} 必须按下列条件确定：

(1) 飞机处于全发工作进场和着陆的最临界形态，或申请人如有选择则为所选取的每一形态；

(2) 重心在最不利的位置；

(3) 飞机按全发工作的进场状态配平；

(4) 最不利重量，或申请人如有选择作为重量的函数：

(5) 对于螺旋桨飞机，假定在保持 3°进场航迹角所需的功率(推力)时发动机失效，失效发动机的螺旋桨处于不需驾驶员采取措施达到的位置，和；

(6) 工作发动机在复飞设置功率(推力)状态。

(g) **V_{MCL-2}，三发或三发以上的飞机，一台临界发动机停车时进场和着陆进场期间的最小操纵速度** 是校正空速，在此速度，当第二台临界发动机突然停车时能在这两台发动机继续停车的情况下保持对飞机的操纵，并维持坡度不大于 5°的直线飞行。V_{MCL-2} 必须按下列条件制定：

(1) 飞机处于一台临界发动机停车进场和着陆的最临界形态，或申请人如有选择则为所选取的每一形态；

(2) 重心在最不利的位置；

(3) 飞机按临界发动机停车进场状态配平；

(4) 最不利重量，或申请人如有选择作为重量的函数；

(5) 对于螺旋桨飞机，假定在保持 3°进场航迹角所需的功率(推力)时发动机失效，并且其他不工作发动机的螺旋桨顺桨，更临界的失效发动机的螺旋桨处于不需驾驶员采取措施达到的位置；

(6) 当一台临界发动机失效时，工作发动机设定在保持 3°进场航迹角所需的功率(推力)状态；和

(7) 工作发动机的功率(推力)在第二台临界发动机停车后立即迅速从本条(g)(6) 规定的功率(推力)状态分别改变到：

(ⅰ) 最小功率(推力)；

（ⅱ）复飞设置功率(推力)；

(h) 在 V_{MCL} 和 V_{MCL-2} 的演示中：

(1) 方向舵操纵力不得超过 667 N(68 kg;150 lb)；

(2)飞机不得呈现危险的飞行特性，或要求特殊的驾驶技巧、机敏和体力；

(3) 横向操纵必须有足够的滚转能力，从稳定飞行的初始状态，飞机必须能在不大于 5 s 的时间内改变 20°的坡度，滚转的方向应使飞机从不工作发动机一侧向工作发动机一侧转变航向；和

(4) 对于螺旋桨飞机，在发动机失效后螺旋桨达到的任何位置，及随后的发动机或螺旋桨任何可能的操纵运动期间，均不得呈现危险的飞行特性。

4.5.2　条款解析

4.5.2.1　25.149(a)款

“临界发动机”是指因其失效产生非对称效应或失去系统功率(如液压系统)而导致的对性能和操稳品质有最不利影响的发动机，在 FAA 出版的《飞机飞行手册》中定义为：其失效对飞机的航向操纵有最不利的影响的发动机。

4.5.2.2　25.149(c)款

“重心在最不利的位置”对于最小操纵速度来说是指后重心，因此时能够产生的偏航力矩最保守。

“最临界的起飞形态”是指发动机停车后会产生最大偏航力矩的形态。

4.5.2.3　25.149(e)(1)款

“飞机处于每一种起飞形态，或者按申请人的选择，处于最临界的起飞形态”要求申请人根据情况选择 V_{MCG}，可以针对每种起飞形态分别制定不同的 V_{MCG}，也可以针对不同形态只制定一个 V_{MCG}，但这个 V_{MCG} 必须是最保守的。

4.5.3　符合性验证方法

推荐的符合性验证方法见表 4－8。

表 4－8　25.149 条款符合性验证方法

条　款	符合性方法
25.149(a)	说明性文件、飞行试验
25.149(b)	说明性文件、飞行试验
25.149(c)	说明性文件、飞行试验
25.149(d)	说明性文件、飞行试验
25.149(e)	说明性文件、飞行试验
25.149(f)	说明性文件、飞行试验
25.149(g)	说明性文件、飞行试验
25.149(h)	说明性文件、飞行试验

4.6　25.173纵向静稳定性

4.6.1　条款原文

CCAR25.173 纵向静稳定性

在第25.175条中规定的条件下，升降舵操纵力（包括摩擦力）必须有如下的特性：

(a) 为获得并维持低于所规定的配平速度的速度，必须用拉力，为获得并维持高于所规定的配平速度的速度，必须用推力。该特性必须在能够获得的任何速度予以证实，但速度不必超过对应于该形态的最大限制速度：起落架放下形态时不超过起落架收放的限制速度，襟翼放下形态时不超过襟翼收放限制速度，光洁形态时不超过V_{FC}/M_{FC}，并不必低于定常不失速飞行的最小速度。

(b) 当从本条(a)规定范围内的任何速度缓慢地松除操纵力时，空速必须回复到初始配平速度，对第25.175(a)、(c)、(d)条中所规定的爬升、进场和着陆状态，速度允差为10%。对第25.175(b)条所规定的巡航状态，速度允差为7.5%。

(c) 杆力-速度曲线的稳定的平均斜率不得低于1 N每1.3 kn(1 kg每13.2 kn；1 lb每6 kn)。

(d) 在本条(b)所规定的自由回复速度带内，如果不要求驾驶员特别注意，就能回复到并维持所希望的配平速度和高度，则允许飞行不加操纵力而稳定在高于或低于所希望的配平速度的速度。

4.6.2　条款解析

4.6.2.1　25.173(a)款

"任何速度"：一般指飞机定常不失速飞行的最小速度和起落架或襟翼使用限制速度，或于V_{FC}/M_{FC}之间（与试验形态相应）可获得的速度。

"摩擦力"：指操纵系统存在的一定摩擦力。

V_{FC}/Ma_{FC}：具有稳定性的最大速度/马赫数，即必须满足正常操纵和稳定性要求的最大验证速度/马赫数。

V_{MO}/Ma_{MO}：最大使用速度/马赫数，即飞机在正常使用中允许的最大飞行速度/马赫数。

V_{LE}：最大起落架展态飞行速度，即起落架在放下位置时的最大安全速度。

V_{FE}：机翼襟翼放下速度，即襟翼位于某规定的往下位置的飞机最大速度（表速）。

4.6.2.2　25.173(d)款

“驾驶员特别注意”:经查询,在 FAA 有关资料中,没有特别说明,一般由飞行员进行评定。

4.6.3　符合性验证方法

推荐的符合性验证方法见表 4-9。

表 4-9　25.173 条款符合性验证方法

条　款	符合性方法
25.173(a)	说明性文件、飞行试验
25.173(b)	说明性文件、飞行试验
25.173(c)	符合性声明、说明性文件、飞行试验
25.173(d)	符合性声明、说明性文件、飞行试验

4.7　25.181 动稳定性

4.7.1　条款原文

CCAR25.181 动稳定性

(a) 在相应于飞机形态的 $1.13V_{SR}$ 和最大允许速度之间产生的任何短周期振荡(不包括横向和航向的组合振荡),在主操纵处于列状态时,必须受到重阻尼:

(1) 松浮状态;

(2) 固定状态。

(b) 在相应于飞机形态的 $1.13V_{SR}$ 和最大允许速度之间产生的任何横向和航向组合振荡(荷兰滚),在操纵松浮情况下,必须受到正阻尼,而且必须依靠正常使用主操纵就可加以控制,无须特殊的驾驶技巧。

4.7.2　条款解析

4.7.2.1　25.181(a)款

“相应的飞机形态”:指适航管理当局批准的所有形态中对应的构型。

“最大允许速度”:允许使用的最大速度或马赫数(在本节中即相应于 V_{FE},V_{LE} 或 V_{FC}/M_{FC})。

V_{FC}/Ma_{FC}:具有稳定性的最大速度/马赫数,即必须满足正常操纵和稳定性要求的最大验证速度/马赫数。

V_{MO}/Ma_{MO}:最大使用速度/马赫数,即飞机在正常使用中允许的最大飞行速度/马赫数。

V_{LE}：最大起落架展态飞行速度，即起落架在放下位置时的最大安全速度。

V_{FE}：机翼襟翼放下速度，即襟翼位于某规定的放下位置的飞机最大速度（表速）。

"重阻尼"：阻尼是运动过程中系统能量的耗散作用。振动系统中因阻尼引起的运动能量损耗转变为热能和声能。"重阻尼"通常用于纵向轴，是在初始输入完成后，大约在两个周期内振荡被阻尼掉，振荡幅值衰减到 1/10 初始幅值。

4.7.2.2 25.181(b)款

"组合振荡"：对应于纵向运动特征方程的一对大复根的飞机纵向小扰动运动模态。其主要特征是周期短（一般为零点几秒到数秒）衰减快的振荡运动。主要运动变量是攻角和俯仰角，而飞机速度变化甚小。该模态反映受迎角扰动而引起飞机绕重心的快速俯仰振动的过程。因振动频率高，驾驶员难以干预操纵，所以要求有良好的稳定性。

"荷兰滚"：是飞机的横航短周期振荡，是一种既偏航同时又滚转的横航向耦合运动。这种运动用一个特定的值来描述，等于滚转角速度最大幅值与偏航角速度最大幅值之比，与横航向静稳定性的比值成正比，与横航向转动的比值成反比。

"特殊的技巧"：经查阅，在 FAA 的有关资料中没有明确的量化，一般通过驾驶员的评价来定。

4.7.3 符合性验证方法

推荐的符合性验证方法见表 4-10。

表 4-10 25.181 条款符合性验证方法

条 款	符合性方法
25.181(a)	说明性文件、飞行试验
25.181(b)	符合性声明、说明性文件、飞行试验

4.8 25.233 航向稳定性和操纵性

4.8.1 条款原文

CCAR25.233 航向稳定性和操纵性

(a)飞机在地面运行可预期的任何速度，在风速直到 20 kn 或 $0.2V_{SR0}$（取大者，但不必高于 25 kn）的 90°侧风中，不得有不可控制的地面打转倾向。这可在制定第 25.237 条要求的 90°侧风分量时予以表明。

(b) 陆上飞机在以正常着陆速度作无动力着陆中必须有满意的操纵性，而不要求特殊的驾驶技巧或机敏，无须利用刹车或发动机动力来维持直线航迹。这可在结合其他试验一起进行的无动力着陆中予以表明。

(c) 飞机在滑行时必须有足够的航向操纵性。这可在结合其他试验一起进行的起飞前滑行的过程中予以表明。

4.8.2　条款解析

4.8.2.1　25.233(a)款

“不可控制的地面打转倾向”主要是针对后三点式布局飞机，当重心与主轮的夹角过大(重心在主轮后)也就是重心太后，飞机在滑行中容易产生向前甩机尾的地转，应在设计中避免。

4.8.2.2　25.233(b)款

“必须有满意的操纵性”中的满意主要由驾驶员进行主观评价。

4.8.3　符合性验证方法

推荐的符合性验证方法见表4-11。

表4-11　25.233条款符合性验证方法

条　款	符合性方法
25.233(a)	飞行试验
25.233(b)	飞行试验
25.233(c)	飞行试验

4.9　25.253 高速特性

4.9.1　条款原文

CCAR25.253 高速特性

(a) **增速特性和速度恢复特性**　必须满足下列对增速特性和速度恢复特性的要求：

(1) 很可能引起无意中增速(包括俯仰和滚转的颠倾)的运动状态和特性，必须用配平在直至V_{MO}/M_{MO}的任一很可能使用的巡航速度的飞机来模拟。这些运行状态和特性包括突风颠倾、无意的操纵动作、相对于操纵系统摩擦来说，较低的杆力梯度、旅客的走动、由爬升改为平飞以及由Ma数限制高度下降到空速限制高度。

(2) 计及有效的固有或人为速度警告发出后驾驶员做出反应的时间，必须表明在下述条件下能够恢复到正常的姿态，并且速度降低到V_{MO}/M_{MO}：

(ⅰ) 不需要特别大的驾驶杆力或特殊的技巧；

(ⅱ) 不超过V_D/M_D，V_{DF}/M_{DF}及各种结构限制；

（ⅲ）不出现会削弱驾驶员判读仪表或操纵飞机恢复正常的能力的抖振。

(3) 飞机在不超过 V_{MO}/Ma_{MO} 的任一速度配平，在直到 V_{DF}/M_{DF} 的任一速度下，对绕任一轴的操纵输入不得有反逆响应。飞机的俯仰、横滚或偏航的倾向必须轻微，并可用正常驾驶技巧即刻控制。当飞机在 V_{MO}/M_{MO} 配平后，在大于 V_{FC}/M_{FC} 的速度下，升降舵操纵力相对速度的关系曲线斜率不一定要稳定，但是在直到 V_{DF}/M_{DF} 的所有速度下，必须为推力，而且在达到 V_{DF}/M_{DF} 时，升降舵的操纵力不得有突然或过度的减小。

(b) **具有稳定性的最大速度 V_{FC}/M_{FC}**　V_{FC}/Ma_{FC} 是襟翼和起落架收起时，必须满足第 25.143(g)条、第 25.147(e)条、第 25.175(b)(1)条、第 25.177 条和第 25.181 条要求的最大速度。除非第 25.253(c)条中另有规定，该速度不得小于 V_{MO}/M_{MO} 和 V_{DF}/M_{DF} 的平均值，但在 M 数成为限制因素的高度，M_{FC} 不必超过发出有效速度警告的 Ma 数。

(c) **结冰条件下具有稳定性的最大速度**　在附录 C 所规定的冰积聚条件下具有稳定性的最大速度，应当满足第 25.143(g)，25.147(e)，25.175(b)(1)，25.177 和 25.181 条的要求，取下列值中较小值：

(1) 校正空速 300 kn；

(2) V_{FC}；或

(3) 经演示由于动压的增加使机体不会产生冰积聚的速度。

4.9.2　条款解析

4.9.2.1　25.253(a)(1)款

"V_{MO}/M_{MO}"最大使用限制速度为空速或马赫数，在特定的高度取其临界值，是在任何飞行状态(爬升，巡航或下降)下，都不得故意超过的速度，但在试飞或驾驶员训练飞行中，经批准可以使用更大的速度。

4.9.2.2　25.253(a)(2)款

V_D/M_D(设计俯冲速度)有如下定义：

设计俯冲速度 V_D 必须选定 V_D 以使 V_C/M_C 不大于 $0.8V_D/M_D$，或使 V_C/M_C 和 V_D/Ma_D 之间的最小速度余量是下列值中的大者：

① 从以 V_C/Ma_C 定常飞行的初始情况开始，飞机颠倾，沿着比初始航迹低 7.5° 的飞行航迹飞行 20 s，然后以载荷系数 1.5(0.5 g 的加速度增量)拉起。只要所使用的气动数据是可靠的或保守的，则上述机动中出现的速度增量可采用计算值。开始拉起之前假定具有 25.175(b)(1)(iv)款规定的功率(推力)，开始拉起时可以假定功率(推力)减小并使用驾驶员操纵的阻力装置。

② 最小速度余量必须足以应付大气条件的变动(例如水平突风和穿过急流与冷峰)，以及应付仪表误差和飞机机体的制造偏差。这些因素可以基于概率来考虑。但是在 Ma_C 受到压缩性效应限制的高度上，该余量不得小于 $0.07Ma$，除非用合理的分

析考虑了所有自动系统的影响得到了更低的余度。在任何情况下，该余量不得小于0.05M。

4.9.3　符合性验证方法

推荐的符合性验证方法见表4－12。

表4－12　25.253条款符合性验证方法

条　款	符合性方法
25.253(a)	符合性声明、说明性文件、分析与计算、飞行试验
25.253(b)	分析与计算、飞行试验
25.253(c)	分析与计算、飞行试验

4.10　25.672 增稳系统及自动和带动力的操纵系统

4.10.1　条款原文

CCAR25.672 增稳系统及自动和带动力的操纵系统

如果增稳系统或其他自动或带动力的操纵系统的功能对于表明满足本部的飞行特性要求是必要的，则这些系统必须符合第25.671条和下列规定：

(a) 在增稳系统或任何其他自动或带动力的操纵系统中，对于如驾驶员未察觉会导致不安全结果的任何故障，必须设置警告系统，该系统应在预期的飞行条件下无须驾驶员注意即可向驾驶员发出清晰可辨的警告。警告系统不得直接驱动操纵系统。

(b) 增稳系统或任何其他自动或带动力的操纵系统的设计，必须使驾驶员对第25.671(c)条中规定的各种故障可以采取初步对策而无须特殊的驾驶技巧或体力，采取的对策可以是切断该系统或出故障的一部分系统，也可以是以正常方式移动飞行操纵器件来超越故障；

(c) 必须表明，在增稳系统或任何其他自动或带动力的操纵系统发生任何单个故障后，符合下列规定：

(1) 当故障或功能不正常发生在批准的使用限制内且对于该故障类型是临界的任何速度或高度上时，飞机仍能安全操纵；

(2) 在飞机飞行手册中规定的实际使用的飞行包线(例如速度、高度、法向加速度和飞机形态)内，仍能满足本部所规定的操纵性和机动性要求；

(3) 飞机的配平、稳定性以及失速特性不会降低到继续安全飞行和着陆所必需的水平以下。

4.10.2 条款解析

4.10.2.1 25.672(a)款

25.672(a)款要求在增稳系统及自动或带动力的操纵系统中,对于如驾驶员未察觉会导致不安全结果的任何故障,必须设置警告系统。

根据 AC25.672-1 可知,载荷减缓系统(LAS)、增稳系统(SAS)、颤振抑制系统(FSS)等具有主动飞行控制功能的系统都应当符合本条款的要求。

对于警告系统的设计要求,目前 FAA 正准备着手修订 FAR25.1322 名为"Warning,caution,and advisory lights"的条款,预计修改后条款名称为"Flightcrew Alerting",在修改后的条款中将对飞行机组乘员告警系统的定义、优先级、颜色、性能等做出明确规定,同时 FAA 也正在起草相关的咨询通告,作为表明新 FAR25.1322 条款要求的指导材料。

4.10.2.2 25.672(b)款

25.672(b)款要求增稳系统及自动和带动力的操纵系统对 25.671(c)款规定的各种故障,驾驶员可以采取初步对策而无须特殊的驾驶技巧或体力。一般认为,这里"无须特殊的驾驶技巧或体力"的含义是:按照相关标准选拔、培训并取得民航管理当局认可的飞行执照的飞行员,能够按照经批准的飞机正常操作程序或应急程序对飞机进行操作,不需要额外针对相关驾驶技术和处理方法进行培训,也不需要驾驶员付出额外、甚至难以接受的体力以完成操作。

4.10.2.3 25.672(c)款

25.672(c)款说明增稳系统及自动和带动力的操纵系统发生单个故障后应符合的规定。在任何单个故障发生后,仍然满足 CCAR25 部所规定的操纵性或机动性的要求可以通过设计达到,如采用冗余系统/软件异性等措施,或者通过飞行手册中规定的实际使用包线进行限制来达到。这些故障的后果,用以飞行试验、模拟器试验和试验室试验支持的系统安全性分析(SSA)进行评定。在对故障进行评定时,要考虑飞行品质要求的严格程度,应当以分级方式同事件的概率相关,即可能的事件不得产生大于次要影响(minor effects)的后果,而不大可能的事件不得产生大于主要影响(major effects)的后果。

在任何单个故障出现后,通过飞行手册提供相关程序,使飞机的配平、稳定性以及失速特性允许飞机继续安全飞行和着陆。

4.10.3 符合性验证方法

4.10.3.1 25.672(a)款

根据对已取证机型符合性方法的统计,本款的符合性一般可采用设计说明、安全性评估、试验室试验、地面试验、飞行试验、模拟器试验的方法进行。

申请人针对相关警告系统或警告信息的设计说明中应至少表明:

① 警告系统能够在预期的飞行条件下，无须驾驶员注意即可向驾驶员提供及时的、使人觉醒的、明显的、清晰的和不含混的警告信号；

② 警告信息能够在导致不安全结果的故障时刻出现，以使驾驶员及时采取纠正动作；

③ 警告系统不会直接驱动操纵系统，也不会被飞机的正常操纵所触发；

④ 文件中已提供警告信息列表等。

申请人针对警告系统进行的安全性评估应至少表明：

① 在增稳系统或任何其他自动或带动力的操纵系统中，能够并已经识别如驾驶员未察觉会导致不安全结果的任何故障；

② 警告系统本身具有符合 25 部规章要求的完整性和可靠性；

③ 警告系统不会直接驱动操纵系统，也不会被飞机的正常操纵所触发；

④ 警告系统提供的警告信息作为可靠的方法，足以使飞行员在接到告警后采取恰当的应对措施；

⑤ 警告系统的误警告信息不会妨碍飞机继续安全飞行及着陆等。

申请人采取的试验室试验和机上地面试验，主要目的是确认系统设计说明和安全性评估中得到的结果，通过模拟故障，检查警告系统工作情况。此外，申请人还需要采用飞行试验和/或模拟器试验，通过驾驶员“人在回路”的工作方式，确认警告信息的适用性。

4.10.3.2　25.672(b)款

根据对已取证机型符合性方法的统计，本款的符合性一般可采用设计说明、安全性评估、试验室试验、地面试验、飞行试验、模拟器试验的方法进行。

申请人应在系统设计说明中至少表明：

① 增稳系统或任何其他自动或带动力的操纵系统在设计时，已考虑到第 25.671(c)款中规定的各种故障，驾驶员在面对这些各种故障时可以采取初步对策而无须特殊的驾驶技巧或体力；

② 已提供应对 25.671(c)款中规定的各种故障的对策和方式。

申请人在对相关系统进行安全性评估时，应考虑 25.671(c)款的要求、驾驶员的反应及对付失效影响的能力。

申请人采取的试验室试验及机上地面试验，主要是对系统设计说明和安全性评估中得到的分析结果进行确认，通过模拟 25.671(c)款中规定的各种故障，按照设计说明和安全性评估中得到的分析结果，检查系统或者出现故障的一部分系统是否能够被切断。需确认在故障被处理后，飞机仍是可操纵的。

申请人在采用飞行试验(MOC6)进行符合性验证时，可以通过在增稳系统及自动和带动力的操纵系统中设置单个故障或故障组合，演示操纵的恢复。试验过程中，飞机不应出现超过25部规章规定的载荷或速度限制，同时试验中应就驾驶员的反应及操作工作做出记录和分析。此外，考虑到飞行试验的安全性，在飞行试验前飞行员需首先通过模拟器演练，同时当模拟器试验与飞行试验的相似性得到适航管理当局认可以后，可以采用模拟器试验替代部分飞行试验，用于表明25.672(b)款的符合性。

4.10.3.3 25.672(c)款

根据对已取证机型符合性方法的统计，本款的符合性一般可采用设计说明、安全性评估、试验室试验、地面试验、飞行试验、模拟器试验的方法进行。

申请人在系统设计说明中应至少表明已采用有效的设计措施，或者通过限制飞行手册中实际使用包线，使得增稳系统及自动和带动力的操纵系统在发生单个故障后，仍然满足CCAR25部所规定的要求，如采用冗余系统/隔离等措施等。

申请人应对各个相关的系统进行安全性评估，并对出现的故障进行评定，评定中要参考25.671(c)款及25.1309条的规定进行。

申请人应对系统设计说明和安全性评估中得到的分析结果进行确认，试验方法包括试验室试验、机上地面试验、飞行试验和模拟器试验。

4.11 25.809 应急出口布置

4.11.1 条款原文

CCAR25.809 应急出口布置

(a) 每个应急出口，包括飞行机组应急出口在内，必须是机身外壁上能提供通向外部的无障碍开口的活动舱门或带盖舱口。而且，每个应急出口必须具有在出口关闭时能够观察外部状况的设施。该观察设施可以在出口上或者在出口附近，并且在出口和观察设施之间无障碍。还必须提供设施，能够观察撤离人员接地的可能区域。在起落架放下和起落架折断的所有条件下，在所有照明条件下，撤离人员接地的可能区域必须是可见的。

(b) 每个应急出口必须能从内外两侧开启，但如果从飞行机组区域能方便而迅速地接近其他经批准的出口，则该区域的滑动窗户应急出口不必能从外侧开启。在下列条件下，当机身无变形时必须能打开每个应急出口：

(1) 飞机处于正常地面姿态，和在一根或几根起落架支柱折断时的每一种姿态；

(2) 从开门装置启动到出口完全打开，不超过10 s。

(3) 即使在飞机内侧有人拥挤在门上。

(c) 开启应急出口的措施必须简单明了，且不得要求特别费力；并且必须被安排和标记成能够易于定位和操作，即使在黑暗中。飞行机组应急出口可以采用按顺序多次操作(如操作双手柄或多个锁闩，或解开几个保险钩)的内部开启措施，前提是：有理由认定这些措施对于受过使用训练的机组成员是简单明了的。

(d) 如果在应急情况下操作一个以上出口的主系统是单个的助力或单个动力操作系统，则每个出口必须能在主系统失效的情况下满足本条(b)的要求。主系统失效后对出口进行人力操作是可以接受的。

(e) 每个应急出口必须用试验，或分析结合试验，来表明满足本条(b)和(c)的要求。

(f) 当以合适的操作程序使用时，每一门必须位于使用它们的人不会被螺旋桨打伤的位置。

(g) 必须有措施使应急出口在轻度撞损着陆中因机身变形而被卡住的概率减至最小。

(h) 对于任何大型涡轮喷气客机，中国民用航空局有关营运规定所要求的每个机腹型出口和尾锥型出口必须符合下列规定：

(1) 其设计和构造应使在飞行中不能将其打开；

(2) 在靠近出口开启措施的醒目位置，设置从相距 760 mm(30 in)处可辨读的标牌，说明该出口的设计和构造使其在飞行中是不能打开的。

(i) 每个应急出口必须具有设施，一旦在紧急情况中打开该出口则能够保持该出口处于打开位置。打开出口时，该装置不得需要独立的动作来锁定，并且必须需要明确的动作来解锁。

4.11.2　条款解析

4.11.2.1　25.809(a)款

应急出口是旅客及机组成员在应急情况下，从机内撤离到地面的必要出口，因此必须是活动的舱门或带盖舱口，以便在应急情况下可被迅速打开，使机上所有乘员能在规定的时间内撤离飞机。

应急情况下，在撤离者打开某出口之前能够观察到机外是否有火情等状况，以决定是否应该开启此出口，保护撤离者免受意外的伤害，因此在每个应急出口上或其附近有能够观察外部状况的设施是非常重要的，这样的外部观察设施应能被准备打开出口的人员使用，可以是位于出口上或者出口邻近框间距内的窗户(在该出口和观察设施之间应无障碍，比如没有设置分隔板)。某些出口为了提供足够的观察范围，在每个出口上安装了两个外部观察窗户也是可接受的。外部观察设施是为了使人在对外部状况评估的基础上确定是否打开出口并且从该出口撤离是安全的，然而此时对于某些出口(比如翼上出口)，基于所能观察到的范围还不能对撤离者接地的区域作出评估，为此增加一个目视设施是必要的，利用该设施，在所有照明条件下，在起落架放下和起落架折断的所有条件下能够观察撤离人员接地的可能区域，该观察设施可能会离出口远一点。另外也有事故表明：机外除可能有火情外，还可能有水或其他障碍，如果出口底部在水线下，打开出口将使客舱进水影响撤离，如果出口靠近其他障碍，打开出口可能导致滑梯在舱内展开，影响撤离。在该目视设施使用时的照明条件方面，没有专门的最低照明水平的要求，可以使用应急照明系统，也可以使用应急情况下可用的任何内部和外部灯光来提供接地区域的可见性。

外部观察设施可同时满足以上双重目的。

4.11.2.2　25.809(b)款

本款是对应急出口开启方式和开启时间的要求。

由于某些原因，如机内烟雾或机组人员的伤亡，造成应急出口无法从内部开启，为了应急撤离的需要，出口必须能从外部打开。

由于增强的驾驶舱门妨碍了从飞行机组区域方便迅速地接近其他经批准的出口，为此可采用：一是在飞行机组区域提供出口或舱盖，可以从外侧打开；二是飞行机组区域的出口或舱盖不能从外侧打开时，必须同时满足下列两条：

- 其他经批准的出口可供飞行机组使用，该出口需要能从外侧打开，而且其位置方便迅速地接近，比如通常该出口不应位于客舱中部或后部致使穿过客舱才能接近。
- 表明驾驶舱门在关闭和锁定位置时，营救人员可使用正常可使用的无动力手持工具（如铁撬、斧头等）打开或破坏驾驶舱门从而进入驾驶舱。FAA 指出，从营救人员开始接触驾驶舱门到进入驾驶舱，所允许的最大时间不超过 10 min。这必须通过演示试验表明符合性，在演示中注意的是：营救人员应当是经受过培训的救援人员，但其对驾驶舱门设计是陌生的。

在机身无变形时，当飞机处于正常地面姿态，和起落架支柱折断而造成的每一种姿态下，即使在飞机内侧有人拥挤在门上时，每个应急出口必须能在 10 s 内完全打开。由于起落架支柱折断会导致飞机俯仰或倾斜，因此需要确定飞机的这些不利姿态，并验证当飞机处在正常地面姿态和各种最不利姿态下，出口能在 10 s 内完全打开。出口完全打开是指出口打开后处于最终位置的状态，比如出口持开装置已经将出口保持在打开位置，或者打开舱盖后已经将舱盖放置在合适的存放位置（针对可卸舱盖）等。

为防止飞机内侧有人拥挤在门上影响开门，可使打开出口时舱门向内的运动及有人干涉内侧手柄操作的可能性降至最低。

4.11.2.3　25.809(c)款

为使开启应急出口的措施简单明了，对于旅客应急出口，为解锁和打开出口，所要求的简单的手动手柄操作动作不得多于 1 个。对于仅被飞行机组使用的出口，可以使用按顺序多次操作来打开出口的方法，只要能合理制定出这样的顺序操作方法，而且对于受过使用训练的飞行机组来说是简单明了的。出口的开启措施也必须具有满足 25.811 和 25.812 条款相关要求的标记，即使在黑暗中，也能易于定位和操作。

为使开启应急出口不是特别费力，AC 25－17A 中说明：在机身增压到起飞和降落时允许的最大压差下(通常为 0.125 psi)，出口可被打开，如果具有自动放气等设计措施使此压差不可能出现，那么出口应当在滑行、中断起飞或轻微坠撞后合理可能出现的压差下能打开出口。AC 25.783－1 中说明：打开应急出口的操作应当在不使用主操纵系统下，不要求操作者有特别技能或特别费力情况下完成，操作力应当包括最大允许的地面客舱压差的影响。作为指导，这个操作力应当不大于 222 N。

4.11.2.4　25.809(d)款

如果在应急情况下操作一个以上出口的主系统是单个的助力或单个动力操作系统，则在主系统失效的情况下每个出口必须能满足本条(b)款的要求，从开门装置启动到出口完全打开不超过 10 s。FAA 客舱安全培训教材中说明：如果对出口进行人力操作，需要有两个或两个以上人员操作时，则必须有合适的培训程序。

需要通过演示表明在不使用助力或动力操作系统时，出口操作人员不必具有额外的技能或力气就能打开出口。

4.11.2.5　25.809(f)款

本款是从安全角度出发对应急出口的布置提出要求。对于使用螺旋桨发动机的飞机来说，在螺旋桨旋转平面内不要设置出口，以避免机组成员和旅客在上下飞机时受到螺旋桨的伤害，特别是在应急情况下打开出口撤离时。

4.11.2.6　25.809(g)款

在轻微坠撞情况下，机身可能会扭曲变形，导致出口被卡住而不能打开造成危险，为此，设计时可使出口和出口周围机身支持结构之间具有足够的间隙，以适应机身可能的扭曲变形，而且可使出口门框的刚度比其周围结构刚度更高，以将出口门框的扭曲变形降至最低，另外，也需要设计出口及其操作机构具有足够的强度和刚度防止因出口损坏而导致出口不能被打开。

4.11.2.7　25.809(i)款

撤离过程中，不利的飞机姿态、风速和旅客撤离时的触碰都可能使舱门在撤离中关闭，危害后续撤离人员，因此需要具有出口持开装置，打开该出口后能够保持该出口处于打开位置。该装置能自动将打开的出口保持在打开位置，但关闭出口时必须采用诸如按动按钮或操作解锁手柄(不同于出口操作手柄)才能关闭出口。

根据出口持开装置的定义，可卸舱盖或底部用铰链连接的舱门可认为已经符合本条要求。

4.11.3 符合性验证方法

建议 25.809 条的符合性验证可采用符合性说明、计算与分析和/或实验室试验、机上地面试验等方法。

符合性说明：提交飞机应急出口(包括飞行机组应急出口)的相关设计技术资料，说明出口的操作机构、观察外部状况的设施、保持出口在打开位置的措施等。

计算分析和/或实验室试验：进行轻微坠撞情况下的机身变形分析或必要时进行试验，验证机身的变形导致舱门被卡住概率能减至最小。

实验室试验和/或机上地面试验：验证出口是否可在 10 s 内完全打开，并测量打开出口所需要的最大力。断开操作出口的主系统后(若有)，验证人力完全打开出口所需要的时间，验证表明人力操作是可接受的。

航空器检查：检查在正常照明条件和应急照明条件下，在飞机内部能否观察到撤离人员接地的可能区域。检查保持出口在打开位置的措施的有效性。检查开启出口的措施在黑暗中是否易于定位和操作。

4.12 25.941 进气系统、发动机和排气系统的匹配性

4.12.1 条款原文

CCAR25.941 进气系统、发动机和排气系统的匹配性

对于装用几何形状可变的进气系统或排气系统或两者兼用的飞机应符合下列规定：

(a) 必须表明，由进气部分、发动机(包括推力增大系统，如果装有)和排气部分组成的系统，在申请批准的所有运行条件(包括发动机所有的转速和功率或推力调定值以及各种进气和排气形态)下，工作正常。

(b) 上述各部分的工作(计及可能的故障)对飞机气动操纵的动态影响，不得要求驾驶员为避免超过飞机的使用限制或结构限制而付出特殊的技巧、机敏或体力。

(c) 表明符合本条(b)的规定时，在第 25.143(e)和(f)条规定的条件下，要求驾驶员付出的体力不得超过第 25.143(d)条规定的限制。

4.12.2 条款解析

随着飞行速度的增大，几何形状固定的进气道愈来愈不能令人满意。按照设计马赫数选定的进气锥角、进气道的收敛比只是在该速度下具有最好的总压恢复系数。当以其他马赫数飞行时，总压恢复将降低，推力损失增大。另一方面，在大的速度范

围内不可调节的进气道的进气量变化与发动机的进气量要求不一致，因而造成进气道总压恢复降低，或增大飞机的外部阻力以及引起工作的不稳定问题。另外，大气的温度和飞机迎角的变化对进气道的工作都有影响。为了在相当大的速度范围及温度改变条件下都能有效地工作，就需要采用可调节的进气道。

尾喷口的构造和尺寸对喷出气流能否完全膨胀起决定作用，为了在发动机宽广的工作范围内能够处于最佳状态，获得最好的性能，就需要调节喷口，可调喷口由主、副喷口组成，调节主喷口的面积和间隔可使气流在其中充分膨胀。

飞机采用可调节进气道和尾喷口必须与发动机工作状态协调，应满足如下要求：

与发动机本体和推进装置的有关部分协同工作的发动机进气道及其调节系统的设计和性能，应确保飞机在一切非特殊飞行状态下可安全工作。发动机进气系统应提供与发动机的要求相匹配的气流，以确保推进装置在一切非特殊飞行状态下功能良好。应考虑由飞机、进气道、发动机、大气扰动或这些因素可能的组合所引起的瞬变影响。

万一出现不正常的进气状态，包括蜂鸣声、喘振和不能起动，必须能够在一切非特殊飞行状态下恢复正常气流状态而没有危险的滞后。

在一切非特殊飞行状态下，发动机进气系统的操作对飞机操纵的影响，不得要求驾驶员付出特殊的技巧、机敏或体力来避免超过飞机的绝对限制。

4.12.3　符合性验证方法

由于条款自身的特性，还没有要求针对本条制定书面的政策和/或符合性指导。如果将来运输类飞机的设计采用了条款中的一些或全部内容，FAA 届时将会制定指导性材料。以下内容仅代表当前 FAA 的指导方法。

针对本条款的符合性方法可能由分析、风洞试验及飞行试验组成。不管用哪种方法，必须表明在所有飞行状态及推进系统临界的发动机功率状态下，单个部件与整个系统均符合要求。临界状态取决于系统复杂程度，进气道及其相关子系统的类型，发动机类型，排气喷口及其相关子系统的类型。

带有位置可变中心体（轴对称进气道）或斜面（2 维进气道）、可变放气、可变涵道、辅助进气门和/或其他设计特点的超音速外形或混合压缩进气道，必须证明其在设计点和非设计点工作时均符合要求。临界工作状态包括低速起飞、进近和爬升，亚音速巡航，跨音速爬升，以“起始马赫数（用于混合压缩进气道）”工作，以“设计马赫数（用于混合压缩及外部压缩进气道）”超音速爬升与巡航等，以评估进气道的稳态性能及发动机/进气道的动态稳定性。

带有捕获面积可变、可调放气、可变辅助进气门及其他设计特点的超音速几何形状可变进气道，必须证明其在设计点和非设计点的工作符合要求。临界工作状态应包括起飞、进近、爬升及亚音速巡航等，以评估进气道稳态性能及发动机/进气道的动态稳定性。

带有喉部面积、出口面积可变、混合-喷射器和/或其他设计特点的收敛或收敛-扩张喷口,必须证明其在设计点及非设计点的工作符合要求。临界工作状态应包括低速起飞、进近、爬升,亚音速巡航,跨音速爬升,超音速爬升与巡航等,以评估喷口稳态性能及发动机/喷口的动态稳定性。

4.13 25.1329 飞行导引系统

4.13.1 条款原文

CAAR25.1329 飞行导引系统

(a) 必须给每个驾驶员提供具有快速切断自动驾驶仪和自动推力功能的操纵器件。自动驾驶仪快速切断操纵器件必须装在两个操纵盘(或其等效装置)上。自动推力快速切断操纵器件必须装在推力操纵杆上。当驾驶员在操作操纵盘(或其等效装置)和推力操纵杆时必须易于接近快速断开操纵器件。

(b) 对驾驶员人工断开自动驾驶仪或自动推力功能的系统,其失效影响必须按照第25.1309条的要求进行评估。

(c) 飞行导引系统、模式,或传感器的衔接或转换导致的飞机航迹瞬变,都不得大于本条(n)(1)中规定的微小瞬变。

(d) 在正常条件下,飞行导引系统的任何自动控制功能的切断导致的飞机航迹瞬变,都不得大于微小瞬变。

(e) 在罕见的正常和不正常条件下,飞行导引系统的任何自动控制功能的切断导致的瞬变都不得大于本条(n)(2)中规定的重大瞬变。

(f) 如有必要,为了防止不适当使用或混淆,每一个指令基准控制器件的功能和运动方向,如航向选择或垂直速度,必须清楚地标示在每一控制器件上或其附近。

(g) 在适于使用飞行导引系统的任何飞行情况下,飞行导引系统不会对飞机产生危险的载荷,也不会产生危险的飞行航迹偏离。这一要求适用于无故障运行和故障情况,前提是假设驾驶员在一段合理的时间内开始采取纠正措施。

(h) 当使用飞行导引系统时,必须提供措施以避免超出正常飞行包线速度范围可接受的裕度。如果飞机飞行速度偏移超出这个范围,必须提供措施防止飞行导引系统导引或控制导致不安全的速度。

(i) 飞行导引系统的功能、操纵器件、指示和警告必须被设计成使飞行机组对于飞行导引系统的工作和特性产生的错误和混淆最小。必须提供措施指示当前的工作模式,包括任何预位模式、转换和复原。选择器电门的位置不能作为一种可接受的指示方式。操纵器件和指示必须合理和统一地进行分类组合和排列。在任何预期的照明条件下,指示都必须能够被每个驾驶员看见。

(j) 自动驾驶仪断开后,必须及时地给每一驾驶员提供与驾驶舱其他警告截然不同的警告(视觉和听觉的)。

(k) 自动推力功能断开后,必须给每一驾驶员提供戒备指示。

(l) 当飞行机组对飞行操纵器件施加超控力时,自动驾驶仪不得产生潜在的危险。

(m) 在自动推力工作期间,飞行机组必须不用过大的力气就能移动推力杆,在飞行机组对推力杆施加超控力时,自动推力不得产生潜在的危险。

(n) 对于本条,瞬变指对控制或飞行航迹的一种干扰,这种干扰对飞行机组输入的响应或环境条件不一致。

(1) 微小瞬变不会严重减小安全裕度,且飞行机组的行为能力还很好。微小瞬变会导致轻微增加飞行机组的工作负担或对乘客和客舱机组带来某些身体的不适。

(2) 重大瞬变会引起安全裕度严重减小、飞行机组工作负担增加、飞行机组不适,或乘客和客舱机组身体伤害,可能还包括非致命的受伤。为了保持或恢复到正常飞行包线内,严重瞬变不要求:

(ⅰ) 特殊的驾驶技巧,机敏或力气;

(ⅱ) 超过第 25.143(c)条要求的驾驶员力量;

(ⅲ) 会对有保护或无保护的乘员产生进一步危害的飞机的加速度或姿态。

4.13.2　条款解析

运输类飞机的飞行导引系统的适航标准,涉及飞行导引系统(包括了提供自动驾驶仪、自动推力、飞行指引仪和其他相关功能的有关设备)的性能、安全性、故障保护、警告和基本显示等方面。飞行导引系统的性能和操作说明应当同飞行机组人员共同拟定,并写入维修手册,且作为重要的文件和培训材料。

4.13.2.1　25.1329(a)款

本款对自动驾驶仪和自动推力装置的安装位置和快速断开操作做了明确要求,本款要求必须经适航管理当局批准后才能投入使用。对于简单的相对独立的自动驾驶仪系统的批准可以是用 TSO 的方式批准;对于复杂的并与飞机性能密切相关的自动驾驶仪系统的批准,往往需要和整个飞机的型号合格审定同时取得批准。

“快速切断”:目的是确保每个飞行员凭单手/臂动作,就能迅速且容易地断开自动驾驶仪和自动推力功能的操纵器件(主要为驾驶盘或等效物)。

“易于接近”:飞行导引系统的操纵部件包括接通/关断电门、转弯按钮、俯仰手轮、航向选择器、高度选择器和其他各种按钮等。这些部件往往集中安装在飞行控制板上。为了便于每个驾驶员操作,飞行控制板一般都被布置安装在中央操纵台或驾驶舱遮光板上。在每个驾驶盘(或等效物)或者推力控制杆上安装的快速断开装置,是为了便于驾驶员一只手操纵驾驶杆,必要时断开自动驾驶仪,另外一只手还可以用来操纵推力控制杆。

4.13.2.2　25.1329(b)款

本款要求自动驾驶仪和自动推力功能的快速断开，是为了给飞行机组提供一种例行和直观的快速断开这些功能的手段。对妨碍快速断开功能的因素的评估，应当符合25.1309条准则。

4.13.2.3　25.1329(c)、(d)、(e)款

(c)、(d)、(e)款对正常和罕见的正常条件下，飞行导引系统的接通、转换和断开造成的航迹瞬变量做了细化。

4.13.2.4　25.1329(f)款

(f)款对操作器件的方向标识提出要求。要求姿态控制器件的运动平面必须与飞机的运动效果相一致。转弯控制器必须采用旋转式器件，向左旋转时使飞机左转弯，向右时右转弯。俯仰控制器件可以采用手轮式器件，不得采用旋转式器件。手轮向前运动时飞机低头，向后运动时飞机抬头。飞机运动的方向应清楚地标注在每个操纵器件的附近，如“向左”、“向右”、“向上”、“向下”等。

4.13.2.5　25.1329(g)款

(g)款提出在有无故障的条件下，飞行导引系统对航迹的影响限制要求。要求在适于使用飞行导引系统的飞行条件下，包括最不利的工作条件，如轻重量、后重心时，即使飞行导引系统发生故障，只要驾驶员在规定的时间内采取了必要的纠正动作，则飞机仍应是安全的，即不应对飞机造成危险的载荷或使飞行航迹产生危险的偏离。

“合理的时间”：从飞行导引系统发生故障，到驾驶员发现故障并采取纠正动作这一过程需要一定的反应时间。这一反应时间的长短一般取决于驾驶员的经验和敏感性、机载警告系统的工作方式、驾驶员的精力是否集中等方面的因素。一般情况下，在起飞和进近阶段驾驶员的精力会比较集中，巡航平飞时就会比较放松。

“危险的载荷”：指超出结构限制或超出$2\boldsymbol{g}$的载荷包线，或超过V_{FC}或M_{FC}的速度的任何情况。

“危险的航迹偏离”：指故障发生后机组发现故障并采取纠正动作再加上改出时间的相应滚转角度，在航路上为超过60°，305 m高度以下为超过30°。

4.13.2.6　25.1329(h)款

本款提出对速度保护的要求。

4.13.2.7　25.1329(i)款

(i)款提出对指示告警信号的要求。工作状态指示装置应确保不会造成错误选择和指示不明确，及时向驾驶员正确指示其飞行的即时工作状态(如“航向保持”、“VOR”、“下滑”等)，以提高飞行安全性能。

“选择器转换开关”：由于转换开关可能会发生错位、接触不良等不正常工作情况，所以本款要求，选择器转换开关的位置不可以用来作为飞行导引系统工作状态的显示手段，必须另外设置“工作状态显示器”装置。

4.13.2.8　25.1329(j)(k)款

(j)和(k)款提出对自动驾驶仪和自动推力的切断警告要求。

4.13.2.9　25.1329(l)、(m)款

(l)和(m)款提出对超控力对自动驾驶仪和自动推力的影响的安全性评估要求。

4.13.2.10　25.1329(n)款

本款对瞬变进行了定义和说明。

4.13.3　符合性验证方法

满足该条款通常采用说明性文件、计算与分析、系统安全性分析、地面试验、飞行试验、机上检查和模拟器试验等验证方法表明符合性。

4.13.3.1　说明性文件

(a)(f)(h)(i)(j)和(k)款符合性验证均需要用说明性文件来表明：飞行导引系统的安装位置和快速断开操作要求；对操作器件方向标识和指示告警信号的要求；对速度保护的要求；对自动驾驶仪和自动推力的切断警告要求等。

4.13.3.2　计算与分析

验证(b)(c)(d)和(e)款的符合性需要进行计算与分析。

4.13.3.3　系统安全性分析

飞行导引系统的失效影响属于关键功能，应按 25.1309 条的要求进行系统安全性分析，尤其是对(b)、(g)、(l)和(m)款的安全性分析。

4.13.3.4　地面试验

地面试验的目的是要验证飞行导引系统的运行，包括评估每个分系统的电磁影响。地面试验主要包括：飞行导引仪的不同模式(如 HEADING，NAV/FMS，APPR NAV，VNAV 模式)的接通试验，以及自动驾驶仪的接通试验等。

4.13.3.5　飞行试验

进行合格审定飞行试验以演示系统使用要求的符合性，试验应按照适航管理当局批准的飞行试验大纲和程序进行。飞行试验指南 AC25－7A 将用来确定飞行试验条件。指定的试验将包括但不限于以下内容：

① 验证自动驾驶仪和自动推力的断开和超控；

② 确定通告失配平的可接受阈值；

③ 演示自动驾驶仪的伺服扭矩限制和自动俯仰配平在各种构型变化条件下都被设定在一个合适的水平；

④ 演示临界发动机失效情况下，自动驾驶仪和偏航阻尼器的响应；

⑤ 评估自动驾驶仪的飞行导引(外环)模式的性能，必要时要对自动驾驶仪和飞行导引仪的外环指令响应进行评价和调整，以满足最坏的构型条件；

⑥ 论证最坏情况下的飞行导引系统故障。

4.13.3.6 机上检查

验证(a)、(f)和(i)款等的符合性需要进行机上检查。

4.13.3.7 模拟器试验

验证(f)和(i)款等的符合性需要进行模拟器试验。

出于安全方面的考虑或必要的环境条件的不可用，包括故障和环境条件的评估、论证和测试场景，须确定数据从模拟器还是飞行试验中获得。使用模拟时可能需要包括以下的功能：

- 所有飞行机组位置的驾驶舱控制、显示、指示和通告的物理实现，是与评估的目标相关的；
- 在模拟时应纳入相关设备（硬件和软件功能，包括引入故障的能力）的适当仿真；
- 天气模拟（包括阵风、湍流、风切变和可见度）；
- 运行环境的表示形式，包括与航空交通服务、日/夜运行等的交互，同时评估相关的功能和飞行任务；
- 数据收集能力。

4.13.3.8 合格鉴定证明文件

提供TSO证明或其他设备合格鉴定证明文件。

第5章　民用飞机驾驶舱人为因素适航验证

人为因素是一门以心理学、生理学、解剖学、人体测量学、统计学等学科为基础的交叉学科，其研究目的是使人-机-环境系统的设计符合人的生理和心理特点，从而实现人、机和环境的最佳匹配，使系统中的人能够高效、安全、健康和舒适地工作。为达到这个目的，从产品的概念设计阶段开始，人为因素工作小组就会参与到系统开发中，关注人的绩效问题，确认驾驶舱的人-机系统设计关注了飞行员的生理和认知能力的局限性、飞行环境和执行任务的限制，确保人为因素设计要求合理地安排到整个设计中。

民用飞机驾驶舱人为因素的适航验证是通过设计说明、分析、试验等手段，验证飞机驾驶舱的设计满足人为因素有关适航规章的要求，也是确保驾驶舱人为因素设计理念、设计原则、设计标准等在驾驶舱设计中得到有效贯彻与实施的必要环节。本章中将分3个方面对民用飞机驾驶舱人为因素的适航验证进行阐述。首先介绍驾驶舱人为因素适航验证的审定计划，其次介绍适航验证过程中所使用的相关设备，最后，以平视显示器为例，介绍针对驾驶舱新颖独特设计的人为因素适航验证。

5.1　驾驶舱人为因素适航验证的审定计划

5.1.1　背　景

近期航空安全报告强调了解决系统设计和审定中与人为因素和飞行机组错误相关问题的重要性。申请人已经证明，采用“人为因素审定计划”对于识别和解决人为因素相关问题的有效性。这类计划已经作为一种手段，使申请人和CAAC可以就审定基础、符合性方法和完成审查项目等方面尽早地并正式地达成一致。这些做法促使CAAC审查组在审定过程中可以尽早发现问题，从而减少申请人在成本或进度上的审定风险。

替代制定独立的人为因素审定计划的一种方法是，申请人可以将人为因素审定计划作为他们总体审定计划的一部分。无论是否作为独立的文件存在，申请人的审查项目中提供专题人为因素审定计划已经成为趋势。

5.1.2　审定计划的总体要求

审定计划(certification plan，简称CP)是申请人制定的关于采用何种符合性验证方法来表明产品符合审定基础的计划。

审定计划根据拟申请项目的复杂程度和需要，可拆分为项目级和系统级或专业/专题级。意向申请人可就审定计划的编制规划与责任审查部门进行讨论。审定计划中含有的信息应足以让审查组得出结论：如果按照计划进行，其结果应能表明符合性。审查组只有在批准了审定计划之后才能提出制造符合性检查请求、批准试验大纲、目击验证试验或任何其他的审查活动。这样做的目的是确保审查组与申请人对所需的符合性验证数据或资料有相同的理解。

一份典型的审定计划至少应包含以下内容：

① 申请人、型号和申请日期等概述信息。

② 设计方案或设计更改方案的说明，包括示意图和原理图。

③ 预期运行环境的规章要求(如 CCAR－91，CCAR－121 或者 CCAR－135)以确定产品的运行类别和维修大纲类型。

④ 建议的合格审定基础，包括适用规章的条、款、项，豁免、等效安全以及专用条件等。

⑤ 符合性验证思路和符合性方法表。对符合性方法的描述必须充分，以确定 CAAC 所需的必要数据都被收集且发现的问题都得到处理。

⑥ 用于表明对适用审定基础符合性的文件清单，该清单可记录符合性以表明工作的完成情况。进行这项工作时可以采用“符合性检查单”的形式，按适用于产品的规章的每一条款列出。

⑦ 用于生成符合性验证数据/资料的试验件和试验所需设备的清单。对于试验件，还应确定其设计特性，以此作为制造符合性检查代表确认试验件符合试验要求(如尺寸或者公差带信息)的具体指导；对于试验设备，还应确定试验设施的相关信息，确定试验前如何校准和批准设备。

⑧ 对颁发型号合格证后如何满足持续运行安全要求的描述。

⑨ 项目里程碑计划，如初步安全性评估报告的提交日期、符合性验证资料的提交日期、制造符合性检查和试验完成日期以及预期完成型号合格审定的日期。

⑩ 委任工程代表(DER)和委任生产检验代表(DMIR)的清单，其权限范围以及是否能批准资料或者仅提出批准资料的建议。

对于需将审定计划拆分为项目级和系统级或专业/专题级的情况，项目级的审定计划应包含上述典型的审定计划的所有方面，系统级或专业/专题级的审定计划则至少应包含如下方面：

① 详细的系统或专业/专题描述，包括系统或专业/专题的设计特点、功能、示意图、子系统和/或组件的描述等。

② 系统构型控制文件，包括选装设备文件和选装软件文件。

③ 对供应商的审查事项，包括供应商概述、供应商对申请人系统集成和项目级符合性验证的支持计划。

④ 预期的运行类型和相关的运行规章要求及其符合性考虑，如缩小最低垂直间

隔(RVSM)的要求。

⑤ 与系统或专业/专题相关的审定基础。

⑥ 指导材料,包括咨询通告、工业界指导材料、标准等。

⑦ 如何表明符合性的说明(地面试验、试飞、分析或者其他可接受的符合性方法)。对符合性方法的描述必须充分,以确定 CAAC 所需的必要数据都被收集且发现的问题都得到处理。

⑧ 用于生成符合性验证数据/资料的试验件和试验所需设备的清单。对于试验件,还应确定其设计特性,以此作为制造符合性检查代表确认试验件符合试验要求(如尺寸或者公差带信息)的具体指导。对于试验设备,还应确定试验设置的相关信息,确定试验前如何校准和批准设备。对于上述的详细信息,可引用具体的试验大纲。

⑨ 包括详细试验计划的试验项目,以及制造符合性检查计划。

⑩ 提交表明对审定基础的符合性的文档清单。

⑪ 对持续适航问题的说明,包括对适航限制项目(ALI)或审定维修要求(CMR)的说明。

5.1.3　人为因素审定计划内容

本部分旨在帮助审查组成员评审申请人递交的人为因素审定计划,与咨询通告 AC21-40(取得补充型号合格证申请指导)中的审定计划建议相一致,共编成 9 个部分:

① 介绍;

② 系统描述;

③ 审定要求;

④ 符合性方法;

⑤ 系统安全性评估;

⑥ 运行考虑;

⑦ 审定文档;

⑧ 审定进度表;

⑨ 被委任人员的使用及独立 DER 的鉴定。

5.1.3.1　介　绍

本部分应该提供总体审定项目及审定专项的简短概述,以及人为因素审定计划的目的。

5.1.3.2　系统描述

本部分应该描述审定专项中提出的驾驶舱、系统或是组件的总体特性。因为驾驶舱的人为因素涉及系统、使用者(机组)以及他们相互交互的方式(如机组程序),人为因素审定计划中这部分内容可以就以上三个部分的总体情况进行描述。申请人通过该部分内容的描述确保审查组和申请人对飞机的基本设计理念、设计原则以及飞行机组界面背后的操作假设达成共识。

术语“机组界面”旨在覆盖系统的设计(硬件和软件)以及飞行员在职责范围内使用系统来完成的任务(身体、思维、感官和程序)。

申请人应特别关注任何新颖独特的特性和功能,以及机组是如何使用它们的。需特别关注的方面主要包括以下内容。

① 预期功能。人为因素审定计划应描述主要机组界面的预定功能。针对每一预定功能,申请人应识别下列内容,并酌情注意那些影响机组界面或飞行员和飞机系统之间任务分配的新的或独有的特性:

- 飞行员视角中的系统的预定功能;
- 与系统相关的飞行员的角色;
- 预期要飞的程序(例如进近程序的种类);
- 假设的飞机性能(例如通讯、导航和监测)。

② 驾驶舱布局图。驾驶舱布局图,即使仅仅是初步的图形,也可以为理解驾驶舱整体布局(控制、显示、显示屏幕、座位、装载等)提供很好的帮助。应鼓励申请人提供更新布局图的时间表,审查组对布局的了解将会随着布局图的完善而加深。下列任何一项新颖或独特事物的出现都应该引起特别关注:

- 操控装置、显示器或其他驾驶舱设备;
- 操控装置,例如光标控制装置,或现有控制技术的新应用;
- 显示硬件。

以上这些标识的项目,通过特定的系统机组界面的草图可以为尽早理解那些有可能与审定有关的系统特性提供帮助。申请人应提供包含界面、按钮、旋钮功能、预期系统反应、警示机制、通告模式等描述布局图的文件,这样文件就能够充分涵盖每一个飞行员必须与之交互作用的部件或系统。

③ 自动化逻辑的基本原理。对于涉及大量自动化的设计,其自动化操作方式以及与飞行员操作之间的通信方式将对飞行安全产生显著影响。关键主题可包括以下几个方面:

- 运行模式;
- 模式转换的基本原理;
- 模式通告示意图;
- 自动化接通/断开原理;
- 初步的逻辑图(如可用)。

④ 机组程序基本原理。因为系统的设计和相关程序的制定是相互关联的,描述机组程序的基本原理是有用的。关键主题可包括如下内容:

- 通过确认检查单对预期使用的记忆程序与读-和-做程序/检查单相比较;
- 程序/检查单完成期间机组的交互作用;

● 给程序/检查单的自动化支持(如可用)。

⑤ 假设飞行员特性。申请人可选择包括符合制造商预期在内的将使用驾驶舱的飞行机组的描述。这部分描述可包括以下假设的内容：

● 以前的飞行经验(如飞行等级、飞行小时)；

● 包括自动化在内的相同或不同的驾驶舱设计和特性的经验。

● 飞行员在此驾驶舱设计方面将接受的预期训练,或者有关预期训练的假设。

5.1.3.3　审定要求

这一部分应列出并且描述申请人在人为因素审定计划中提出的、与人为因素相关的规章和其他要求,同时还可以包括申请人为这些要求所做的符合性检查单。

审查组期望看到申请人的工作矩阵,包括所有相关的规章、人为因素审定计划覆盖的详细段落的参照说明。中国民用航空规章第 25 部运输类飞机适航标准(CCAR25)中的部分条款如表 5-1 所列,这些条款可包含在人为因素审定计划中。选择这些条款是因为这些条款专门要求申请人在表明符合性时需仔细考虑一系列的人为因素问题。

表 5-1　中国民用航空规章第 25 部运输类飞机适航标准(CCAR25)中的部分条款

25 部章节号	要　求
通用的人为因素要求	
25.771(a)	驾驶舱及其设备必须能使最小机组在执行职责时不致过分专注或疲劳
25.771(e)	驾驶舱设备的振动和噪声特性不得影响飞机的安全运行
25.773(a)(1)	驾驶舱的布局必须给驾驶员以足够宽阔、清晰和不失真的视界,使其能在飞机使用限制内安全地完成任何机动动作,包括滑行、起飞、进场和着陆
25.777(a)	驾驶舱每个操纵器件的位置必须保证操作方便并防止混淆和误动
25.777(c)	操纵器件相对于驾驶员座椅的位置和布局,必须使任何身高 1.58～1.92 m(5.2～6.3 ft①)的最小机组成员就座并系紧安全带和肩带时,每个操纵器件可无阻挡地全行程运动,而不受驾驶舱结构或最小飞行机组成员衣着的干扰
25.1301(a)	所安装的每项设备必须与其种类和设计的预定功能相适应
25.1309(b)(3)	系统、控制器件和有关的监控和警告装置的设计必须尽量减少可能增加危险的机组失误
25.1321(a)	必须使任一驾驶员在其工作位置沿飞行航迹向前观察时,尽可能少偏移正常姿势和视线,即可看清供他使用的导航和动力仪表
25.1321(e)	如果装有指示仪表失灵的目标指示器,则该指示器必须在驾驶舱所有可能的照明条件下都有效

① 1 ft＝0.304 8 m。

续表 5-1

25部章节号	要　求
25.1523	必须考虑下列因素来规定最小飞行机组，使其足以保证安全运行：(a)每个机组成员的工作负荷；(b)有关机组成员对必需的操作器件的可达性和操作简易性；(c)按25.1525所核准的飞行类型。附录D阐述了按本条要求确定最小飞行机组时采用的准则
25.1543(b)	每一仪表标记必须使相应机组人员清晰可见
系统特定的人为因素要求	
25.785(g)	驾驶舱工作位置的每个座椅必须设有约束系统，使驾驶舱内的成员就座并系紧约束系统后能执行在驾驶舱内所有必要的职责
25.785(l)	每个向前观察员座椅适用于进行必要的航路检查
25.1141(a)	动力装置的操纵器件位置必须保证不会由于人员进出驾驶舱或在驾驶舱内正常活动而使其误动
25.1357(d)	如果飞行安全要求必须有使某一断路器复位或更换某一熔断器的能力，则这种断路器或熔断器的位置和标识必须使其在飞行中易被复位或更换
25.1381(a)(2)	仪表灯的安装应做到：(ii)使驾驶员看不到有害的反光
特殊机组界面要求	
25.773(b)(2)(i)	正驾驶必须有一扇窗户能打开……给驾驶员足够的保护，使驾驶员的视界避免各种因素的损伤
25.1322	如果在驾驶舱内装有警告灯、戒备灯和提示灯，除适航当局另行批准以外，灯的颜色必须按照下列规定： (a)红色，用于警告灯（指示危险情况，可能要求立即采取纠正动作的指示灯）； (b)琥珀色，用于戒备灯（指示将可能需要采取纠正动作的指示灯）； (c)绿色，用于安全工作灯； (d)任何其他颜色，包括白色，用于本条(a)至(c)未作规定的灯，该颜色要足以同本条(a)至(c)规定的颜色相区别，以避免可能的混淆

注：某些情况下，为清楚地表达，对条款的内容进行了解释，实际的人为因素审定计划应使用规章中的精确词语。

5.1.3.4 符合性方法

审查组应要求表明符合性的详细计划，该计划应与项目进展保持一致。建议在审查项目中举办多次申请人和审查组之间的协调会议，对制定的符合性检查清单细节和相关的试验计划进行评审，这将帮助各方就如何开展试验、演示、收集其他数据以表明符合性方面达成一致，特别重要的是确保申请人所提议的方法将具有足够的逼真度，以尽早识别人为因素问题，从而避免对审定进度的不利影响。

人为因素审定计划的这个部分中，申请人应描述用于演示相关符合性的方法。

对符合性方法的评审和讨论给予适航管理当局和申请人共同工作的机会，以便在审定项目早期确定潜在的人为因素问题。

符合性方法并不是相互排斥的。申请人可以选择在人为因素审定计划中的任一或所有的符合性方法。人为因素审定计划中对所有符合性方法的描述应足够详细，以便审查组对所选方法产生的结果有信心，这些方法为发现不符合项提供必要的信息。演示符合性的方法举例如下。

① 图纸。表明硬件或显示图像几何布局的布置图纸和/或工程图纸。

② 构型描述。对布置、布局、动作方向等的描述或类似文件参考。

③ 相似性声明。对待批准系统和之前已获批准系统的描述，即详细描述表明规章符合性时的相关物理、逻辑和操纵性的相似性。

④ 评定、评估、分析。由向适航管理当局提供报告的申请人或其他人（非适航管理当局或被委任人员）来执行的评定。内容如下：

- 工程评定或分析。这些评估涉及大量技术内容，包括程序评定（复杂性、步骤数量、专用术语等）；利用计算机模型作分析；评估任务需求和工作负荷的时间轴分析；或因考虑问题不同而异的其他方法。
- 样机评定。这类评定需使用驾驶舱和/或组件的物理样机。这些物理样机主要用于对可达性和距离的评估，因此，要求样机有较高的几何准确度。
- 部分功能评定。这类评定需使用可模拟（使用飞行硬件、模拟系统或二者相结合）单个系统或相关的一组系统与机组接口的装置。通常，这类评定的可接受程度可能会受到其他驾驶舱任务的影响。
- 模拟器评定。这类评定需使用综合模拟（使用飞行硬件、模拟系统或二者相结合）驾驶舱和运行环境的装置。这些装置可以通过某种程度上对飞机反应的特征重现，使其具有“飞行感”。通常，这类评定受到模拟飞机、驾驶舱、外部环境和机组操作的真实度和逼真度的限制。评定过程中的飞行员类型（试验、教练、航线）和他们接受的训练也都可能极大地影响结果和效用。
- 飞行评定。这类评定使用真实的飞机。具有代表性的是，这类评定受到特定飞行条件（如天气、失效、非常规姿态）能否定位/产生并在飞行中进行安全评定的限制。评定过程中的飞行员类型（试验、教练、航线）和他们接受的训练也都可能极大地影响结果和效用。

⑤ 演示。与评定（上文已描述）类似，但是是由申请人和适航管理当局或其委任代表共同参与执行的。申请人提供报告，请求适航管理当局对结论达成一致意见。演示的例子如下：

- 样机演示；
- 部分任务演示；
- 模拟器演示。

⑥ 检查。由适航管理当局或其委任做符合性检查的人员进行的评审。

⑦ 试验。由适航管理当局或其委任的人员执行的评定，内容如下：

- 台架试验。对组件的试验在实验室环境中进行，这类试验通常被限制在仅用于表明组件可完成设计的预定任务。典型的台架试验可能包括测量物理特征（如力、照明、尺寸）或对来自用户或其他系统（真实的或模拟的）输入的逻辑/动态响应。
- 地面试验。这类试验在真实的飞机上执行，但飞机静止于地面。在某些情况下，可能使用专业的测试设备，使得飞机系统的工作环境像在飞机飞行中一样。
- 模拟器试验。见上。
- 飞行试验。这些试验在真实飞机上执行。通常，该试验的地面部分（如飞行前、发动机启动、滑行）都被认为是飞行试验而非地面试验。

以上方法覆盖范围广，从简单描述产品的文档，到局部相似性，再到对真实飞机及极准确地复现飞机运行的方法均包含在内。在选择使用方法时，被审定产品的特征和需要被评估的人为因素问题类型都是考虑的关键点。

以下的特征描述可帮助在针对任何单个要求、就有关最小可接受符合性方法的组成时达成一致意见。当某个产品需要满足多个规章要求时，某些要求可能需进行较复杂的试验，而其他要求可能只需使用简单的描述方法。

- 综合/独立的程度。如果被批准的产品是一个独立的设备，并且没有与机组接口的其他部分交互作用，那么应用综合性较低的符合性方法是可以接受的。但是，如果产品与驾驶舱的其他系统紧密交联，或者是机组直接使用的，或者是间接使用的，都可能有必要采用可以对这些交联情况进行试验的方法。
- 新颖的/过往的经验。如果技术成熟且被完全理解，严格程度较低的方法是适用的。如果技术新颖，或者有某些新的应用，或者对特定的申请人而言是新颖的，或者对审查人员而言是不熟悉的情况，需要使用更为严格的方法。
- 复杂度/自动化水平。较为复杂和自动化程度较高的系统一般需要试验来表明，无论是在正常的还是在备份的或降级的运行模式下，其复杂度都应清楚地呈现给飞行员。
- 重要程度。与界面设计相关的首要系统可能要求在最真实的环境（高质量的模拟或飞行试验）中进行试验，因为任何问题都可能带来严重的后果。
- 动态。如果产品的控制和显示特征是高度动态的，符合性方法应有能力复现这些动态情况。
- 要求的训练水平。如果产品需通过大量的训练才可操作，则需要在可以复现飞行员可能参与的所有活动范围的条件中对接口界面进行评估。
- 可接受标准的主观性。对于详细的、客观的、可测量的标准通常可使用简单的方法来演示符合性。如果可接受的标准更具主观性，则需要更为综合的试验方法，应将可能影响评定的驾驶舱各个方面综合纳入评定。

选择符合性方法的原则是使方法和潜在的人为因素问题尽量匹配。对审查组而言同样重要的是，审查组应认识到针对任何给定的要求，存在多种可接受的方法；应允许申请人在这些可接受的方法中进行选择，选择那些最能满足他们符合性战略、进度和成本考虑的方法。

5.1.3.5　系统安全性评估

系统安全性评估，如功能危害评估（FHA）、失效模式和影响分析（FMEA）、故障树分析等，一般由负责各系统的申请人的工程小组完成。但是，对每一计划的评估，申请人应描述将如何解决人为因素的各元素（如机组对失效情况的应对）和其他针对机组行为所必做的假设。这些假设应由整个审查组进行评审，以确保飞行机组在失效后应做的补救工作不会超出机组的预期能力。这些人为因素的考虑可以记录在各系统安全评估文件中，或者申请人可选择在人为因素审定计划中以参见相关系统安全评估的形式进行描述。

5.1.3.6　运行考虑

申请人可能有与飞机或系统的运行审定相关的特殊目标，而这些目标可能会影响设计及其评定。在这部分中，申请人通常可以描述如何将这些运行要求融入审定项目中。将运行要求纳入型号设计是有利的。例如，空中交通预警和防撞系统（TCAS）是更改后的121部规章的强制要求而非25部的要求。

这一部分也可以包含对操作性的审定如何影响符合性方法，例如在以下文件中所涉及的内容：

- 飞机飞行手册（AFM）；
- 主最小设备清单（MMEL）；
- 飞行机组运行手册（FCOM）；
- 快速参考手册（QRH）。

以下是表明在运行和适航中，两者是如何相互依赖的两个例子：

① 申请人可能想获得某系统的MMEL放行。为了确保所期望的放行获得批准，对这些构型（包括下一最重大的失效）进行审定试验是有利的，以确保这些构型在正常运行时可被接受。

② 为了帮助确保FCOM被接受，对使用程序和FCOM中包括的其他相关信息进行审定试验是有利的。这将使航空器评估小组（AEG）成员能够对与FCOM中所涉及的人为因素问题有较高信心。

AEG、飞行标准运行代表、审查组的人为因素专家，应共同参与对人为因素审定计划的这个部分的审查工作。

5.1.3.7　审定文档

人为因素审定计划应说明提交表明符合性的或在审定项目过程中的其他文档的类型。这部分可列出用于支持规章符合性的详细文档（实验报告号，分析报告号等）。这些文档同样可在符合性矩阵中列出。

5.1.3.8 审定进度表

人为因素审定计划的这个部分应包括审定项目的重大里程碑。可能包括的内容有：

① 审定计划的提交

审查组要求申请人依照审定项目的进展对人为因素审定计划进行定期更新。应鼓励申请人在项目启动后尽可能早地提交第一份人为因素审定计划。申请人若表示能及时地(依照进度表进行归档,并且 FAA 和申请人都表示同意)对草稿进行更新和完成,则申请人的草稿和初步信息是可接受的和适用的。

② 驾驶舱评审、早期原型机评审、模拟器评审、和飞行试验演示

人为因素审定计划可记录计划的设计评审,甚至在某些情况下,评审并不与查明符合性直接相关,但是以下几种方式是非常有用的。

- 向审查组提供有关机组界面的权衡考虑和对设计提议有一个准确的和早期的认识;
- 允许审查组向申请人提供有关任何潜在审定问题的早期反馈;
- 以与审定过程改善计划保持一致的方式,支持申请人和审查组之间的协作。

③ 协调会

与其他审定当局就相同审定项目或相关项目部分的协调会,应在进度表中记录在案。

审查组可以使用进度表中的信息以确认计划为审定项目提供的协作和资源是否足够。

5.1.3.9 被委任人员的使用及独立 DER 的鉴定

这部分应描述,在审定项目中申请人如何使用工程委任代表(DER)或其他被委任人员。

5.2 驾驶舱人为因素适航验证的相关设备

如前所述,人为因素的适航验证包括评估、演示和试验等。这通常需要飞行员在能够代表真实飞机驾驶舱环境的试验设施中进行人在环的测试,包括台架试验、模拟器试验、机上地面试验和试飞等。试验设施包括提供驾驶舱环境的实验室试验台架、模拟器、原型机,以及用于在试验中测量和记录飞行员生理参数的人体生理参数测量设备等。本节针对人为因素适航验证中的两种主要设备——工程模拟器和人体生理参数测量设备进行介绍。

5.2.1 工程模拟器

5.2.1.1 工程模拟器在适航验证中的应用概述

民用飞机设计中典型的仿真系统包括桌面模拟器、工程模拟器、系统测试台和铁

鸟等。桌面模拟器功能简单，主要用于进行飞机总体性能、操稳特性等的分析和初步评估。工程模拟器通常具有较为完整的模拟座舱，可以模拟真实的飞机座舱操纵环境和视景，主要用于进行人在环的飞机操纵品质评估、人机界面和驾驶舱布局分析和评估等。系统测试台和铁鸟主要用于在系统集成阶段对单个或全机系统进行综合试验验证。

上述各类仿真系统在飞机设计和验证过程中的主要应用阶段，如图 5-1 所示。需要注意的是，尽管不同类型的仿真系统在飞机设计过程中的功能和应用阶段有所差别，但仿真系统的规划和建造工作可以与型号设计同步开始，仿真系统的模型或组件可以随着飞机设计过程的推进不断迭代和更新。在飞机开始试飞后，仿真系统还可以根据试飞数据进一步更新模型，并按需在后续设计和符合性验证活动中继续应用。

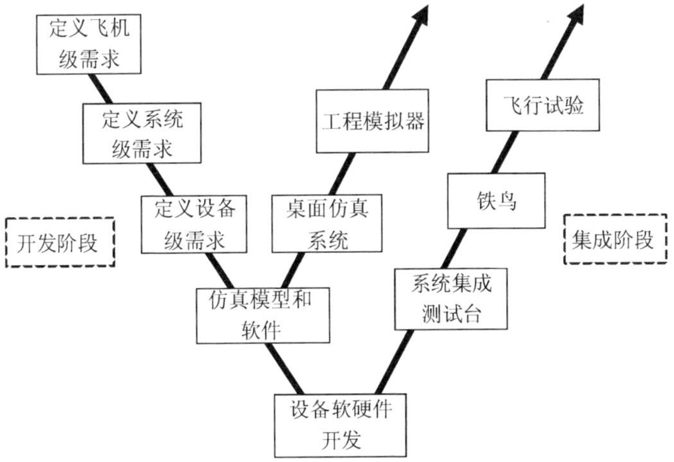

图 5-1　民用飞机研制中的仿真系统应用阶段

5.2.1.2　工程模拟器的适航评定

在运输类飞机的适航审定中，模拟器试验（MOC8 试验）是表明飞机对适航要求符合性的重要方法之一。随着现代民用客机各系统的复杂性不断增加，在真实飞行试验中引入和复现某些系统故障会因试飞的风险性、经济性而变得难以实现；另外，一些适航审定要求的特殊试飞条件以及外部环境条件，如紊流、风切变等，在有限的试飞周期里难以获得。基于以上因素，与真实飞机相比达到特定逼真度的模拟器在适航审定中有着越来越广泛的应用。

在适航审定中，模拟器试验通常需要飞行员在模拟驾驶座舱中进行人在环的模拟飞行和评估，一般是利用具有较为完整的模拟驾驶座舱和仿真环境的工程模拟器进行。如果计划用工程模拟器进行表明符合性的试验，就必须建立对工程模拟器的置信度，确认工程模拟器具备完成相应试验的功能和达到与真实飞机一致的特定逼真度。因此，需要对工程模拟器进行相应的评定工作。

目前，尽管国内外多个型号中已经或计划采用工程模拟器来表明对适航要求的符合性，但对工程模拟器评定的标准化、规范化程度不高，也没有具体的适航指导性文件或实施指南供参考。本节在总结适航审查经验和参考相应指导性文件的基础上，对工程模拟器评定的要求和方法进行探讨。

1. 工程模拟器评定的总体要求和思路

FAA咨询通告AC25-7C《运输类飞机审定飞行试验指南》，提出了当用模拟器替代试飞来表明对适航要求符合性时的总体要求建议，即：①模拟器的类型和逼真度应适用于仿真任务；②需要由试飞数据对模拟器在试验条件下的逼真度进行评定；③以适当的方式进行模拟器符合性试验。

从以上总体要求可以看出，对工程模拟器的评定而言，首先需要明确预期在工程模拟器上进行的仿真任务。工程模拟器可以广泛用于对飞机设计过程中的特定技术进行研究和验证。但对于适航审定而言，特定的仿真任务是在模拟器上进行的符合性表明试验，工程模拟器评定是对用于表明符合性的工具进行确认。因此，对工程模拟器的评定首先应确定符合性验证中的模拟器试验科目，作为工程模拟器评定的任务需求来源。

其次，模拟器试验作为飞机整个适航符合性验证的一部分，只针对飞机的部分特定功能和特性进行验证，不同的符合性验证对工程模拟器的仿真功能及性能要求是不同的。因此，需在明确模拟器试验科目的基础上，进一步分析工程模拟器评定的范围，即确定需要对哪些仿真特征进行评估以及相应的逼真度要求。

最后，针对需要评定的仿真特征，确定具体的逼真度评估方法和通过标准，并用真实飞机的数据作为基准，完成对工程模拟器的评定。

2. 工程模拟器的评定方法

(1) 确定工程模拟器评定的任务需求

适航审定中的模拟器试验任务和科目选取取决于对飞行试验风险、可实现性以及经济性因素的综合考虑。不同的飞机型号，由于其设计特点和预期使用环境的不同，对模拟器试验的需求也有较大不同。同时，在确定模拟器试验科目时，还需要根据需要对工程模拟器的功能和性能特征进行把握，对完成预期符合性试验的能力进行初步评估。因此，模拟器试验科目是提出模拟器试验要求的各专业人员和工程模拟器专业人员讨论的结果，这通常是一个迭代过程。

在适航审定中，审定计划是关于采用何种符合性验证方法来表明产品符合审定基础的计划。在审定计划中，需要制定对于每一适航条款的符合性方法和思路，明确是否采用模拟器试验的方法来表明符合性。在审定计划的基础上，可以进一步编制模拟器试验大纲，明确模拟器试验科目的具体内容和流程。

综上可知，适航审定中的模拟器试验科目和内容是在申请人经各专业人员广泛讨论后，在审定计划和模拟器试验大纲中予以落实。这些确定的模拟器试验科目即是工程模拟器评定的需求来源。

（2）确定工程模拟器评定范围和逼真度要求

如前所述，不同的模拟器试验科目涉及飞机不同功能和特性的符合性验证，对于模拟器不同仿真特征的逼真度要求也不尽相同。为了确定工程模拟器的评定范围和逼真度要求，有必要引入模拟器试验与工程模拟器各仿真特征的相关度等级概念，界定出各仿真特征对模拟器试验的影响。

工程模拟器的仿真特征主要包括：

- 驾驶舱，包括座舱环境与布置、飞行员座椅等；
- 飞行动力学特性，包括气动特性、发动机特性等；
- 地面操纵特性，包括地面性能、地面操纵品质等；
- 飞机系统，包括航电系统、飞控系统等（含故障状态）；
- 飞机操纵系统，包括操纵器件、操纵力和位移、操纵动态感觉、操纵系统故障状态等；
- 感觉提示，包括声音、视觉和运动感觉等；
- 环境，包括外部系统、大气条件等；
- 其他，包括响应延迟时间等。

根据模拟器试验的特点，可以对工程模拟器评定中各仿真特征与模拟器试验的相关度等级进行以下划分。

- 等级Ⅰ：直接相关。代表仿真特征是符合性验证的内容或者直接影响符合性验证的结果和判断。
- 等级Ⅱ：间接相关。代表仿真特征不是符合性验证的直接验证内容，但对符合性验证结果和判断有一定影响。
- 等级Ⅲ：适用的。代表仿真特征不对符合性验证的结果和判断产生直接影响，但该仿真特征对构建完成相关验证的仿真环境是必要的。
- 等级Ⅳ：不适用。该仿真特征与符合性验证不相关。

基于对工程模拟器评定的完备性考虑，可以建立仿真特征-符合性试验相关度等级矩阵表，界定各仿真特征与各试验的相关度，确定评定范围，见表 5-2。

表 5-2　仿真特征与符合性试验相关度等级表

试验科目	仿真特征 1	仿真特征 2	…	仿真特征 N
试验 1	等级 X	等级 X	…	等级 X
试验 2	等级 X	等级 X	…	等级 X
⋮	⋮	⋮		⋮
试验 N	等级 X	等级 X	…	等级 X
汇总	等级 X	等级 X	…	等级 X

注：1. 表中等级 X 指等级Ⅰ，Ⅱ，Ⅲ，Ⅳ；

2. 汇总一行中的等级代表该列所有等级要求中的最高等级。

工程模拟器的评定应针对相关度等级Ⅰ，Ⅱ，Ⅲ的仿真特征进行，等级Ⅳ的仿真特征不属于工程模拟器的评定范围。对于评定范围内的仿真特征，其具体的逼真度的评估通过标准可以随不同相关度等级逐级降低。

（3）确定逼真度的评估方法和标准

在前述建立的工程模拟器评定范围基础上，需要根据评定范围内各仿真特征的特点，确定具体的逼真度评估方法和通过标准。工程模拟器是一个高度复杂的系统，既包括由大量数学仿真模型来模拟的“虚拟系统”，也可能采用飞机的部分真实系统/器件或者仿真件，在确定评定方法时需根据仿真组件的特点进行考虑。参考飞行训练模拟器的鉴定方法及国外机型的评定经验，对工程模拟器各仿真特征的逼真度评估的方法如下。

① 分析说明

分析说明即是对工程模拟器实现仿真特征的组件或模型予以分析，说明对飞机功能的覆盖程度及相似性，确认仿真特征的逼真度是否满足符合性验证的要求。通常，分析说明的方法适用于以下几种情形：

- 工程模拟器采用的飞机的真实系统。在进行符合性验证阶段，工程模拟器采用的真实系统构型往往与系统取证构型存在一定差异。因此，需要分析其相关的构型差异对系统功能和性能的影响，说明对符合性验证的影响，对相应仿真特征逼真度是否满足要求进行评估。
- 通用模型。通用模型是独立于特定飞机型号设计特征的模型，如大气环境模型、风切变模型等。工程模拟器采用的通用模型可能是已经在工业界长期使用的成熟模型，因此，可以通过分析这些通用模型在工业界的应用和认可情况，说明模型的逼真度所达到的等级，确认相应仿真特征是否满足符合性验证的逼真度要求。
- 对于模拟器座舱布局和人机操纵界面。可以通过分析模拟座舱布局/人机操纵界面与飞机驾驶舱设计的一致程度来说明是否满足相应符合性验证的逼真度要求。

② 客观测试

客观测试是对工程模拟器及其组件、模型进行一系列的输入输出测试，通过对比工程模拟器的测试输出数据与能代表真实飞机特性的数据一致性，对工程模拟器特定仿真特征的逼真度进行评价。客观测试一般是与真实飞机及系统的试验数据进行客观的定量比较，具有较高的可信度。通常，对于飞机的飞行动力学特性、地面操纵特性、操纵系统等仿真特征相关的模型或仿真组件都需要通过客观测试来进行逼真度评估。在规划客观测试时，需要考虑以下要素：

- 测试项目的选择。即选择何种测试机动和测试条件进行输入输出测试。在选择测试项目时，需要考虑测试项目是否覆盖了符合性验证试验的试验条件，包括对飞行阶段、飞机构型和飞行包线范围、故障条件等的覆盖。

- 测试的通过标准。即工程模拟器输出数据和飞机数据差异的可接受标准。这需要根据前一节确定的仿真特征相关度等级来制定。
- 作为测试比较基准的飞机数据。用于测试对比的飞机数据是影响逼真度评价结论的关键要素，必须提前规划飞机数据的获取方法（如试飞）并确保其有效性和准确性。

在客观测试项目的具体选择上和容差标准等的确定上，ICAO9625，CCAR60 等飞行训练模拟器鉴定标准所列举的试验项目和评定通过容差标准，无疑是一个重要的参考，需要结合工程模拟器评定范围和符合性验证试验的科目内容进行考虑和选择，必要时需要和适航管理当局讨论确定。

③ 主观测试

主观测试由熟悉飞机特性的飞行员在工程模拟器驾驶座舱中进行一定科目的模拟试飞，按照一定的操作流程对飞机的特定功能和整体操纵特性进行评价。主观测试也是对工程模拟器各系统综合后的综合评价，通常结合分析/说明方法和客观测试方法来评估工程模拟器各仿真特征的逼真度，是进行符合性验证试验前的最后一个环节。主观测试的测试科目至少应包括所有符合性验证试验涉及的飞机功能和相应使用程序的操作，并覆盖符合性验证试验进行的飞行阶段、飞机构型、飞行包线范围、外界环境条件等。尽管主观测试依赖于飞行员主观评价，但可以通过设计评估检查单等方式来增强主观测试的规范化和标准化，明确主观测试的通过标准，提高主观测试结论的可信度。

3. 工程模拟器评定相关活动和文档规划

从以上工程模拟器的评定方法的讨论可知，对工程模拟器的评定需要从适航审定早期就开始工程模拟器试验需求的分析和讨论，并基于符合性试验的科目确定对工程模拟器评定的范围和具体的逼真度评估方法。在飞机开始地面试验或试飞后，需要获取用于模拟器评定的飞机数据，并在进行模拟器符合性试验前完成模拟器逼真度评估测试和分析。除此之外，由于工程模拟器的用途广泛，构型变化比较频繁，需要对符合性试验相关的模拟器构型项进行有效管控，规划相应的构型管理方案。在模拟器上进行符合性试验之前，还应发起对特定的模拟器仿真模型、软件系统和硬件系统按照符合性试验的要求进行制造符合性检查，确认工程模拟器构型与试验要求构型的一致性。从以上分析可以看出，工程模拟器的评定是伴随飞机设计及适航审定工作开展而逐渐推进的一项动态工作，不仅涉及多个专业，且时间跨度长。对于这项复杂的工作，有必要制定一份工程模拟器评定计划来对模拟器评定的过程和活动进行总体规划。工程模拟器评定计划应至少包括以下内容：

① 工程模拟器的软硬件架构和设计概述；

② 模拟器符合性试验科目；

③ 工程模拟器的评定范围分析；

④ 对评定范围内仿真特征项的逼真度评估方法和通过标准；

⑤ 用于评定的飞机数据获取方法规划；

⑥ 模拟器构型管理规划；

⑦ 制造符合性检查计划。

在完成所有的模拟器评定测试后，应编制工程模拟器的评定报告，对评定测试的结果进行分析，评定报告应包括以下内容：

① 评定测试的进行条件和模拟器的构型说明；

② 用于评定的飞机数据说明；

③ 主客观评定测试的结果和分析，包括模拟器测试输出数据与飞机数据比较的图表，主观评定测试驾驶员的评价；

④ 工程模拟器的评定结论。

工程模拟器的评定计划应与适航管理当局进行广泛的讨论，并提交适航管理当局认可。而在进行符合性试验前，应将模拟器评定报告提交适航管理当局批准。在适航管理当局对评定报告进行批准后，可以开展相应的符合性试验。适航审定中工程模拟器评定相关活动的进度规划如图 5-2 所示。

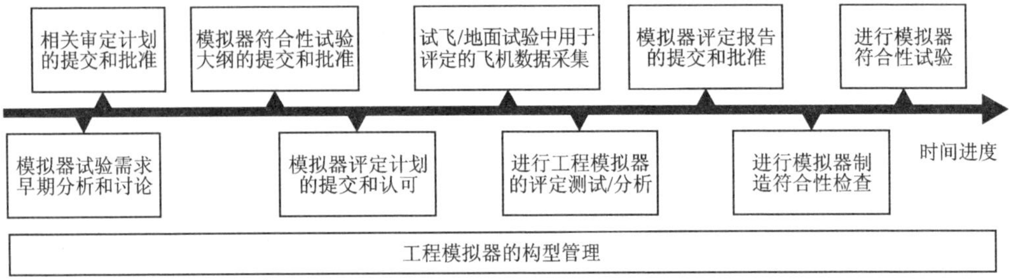

图 5-2 工程模拟器评定相关活动的进度规划

5.2.2 人体生理参数测量采集设备

人体的生理或生理心理参数测量被用于评估操作者的情景意识和工作负荷。生理测量技术用于测量被试者对于所要分析的任务所表现出来的生理响应上的变化。使用生理测量作为脑力工作负荷的指标是基于如下的假设，即任务需求增加时，被试者的多种生理系统都会表现出显著的变化。目前已有一系列生理测量技术被人为因素实践者所使用。心率、心率变异、自发眨眼频率、大脑活动、肌电响应、眼动和与事件相关的电位都被用来评估操作者的脑力工作负荷。以下对驾驶舱人为因素适航审定中需要采集的生理参数进行介绍，并对所需的设备进行描述。

5.2.2.1 眼动与眼动仪

眼动数据主要包括了扫视信息用时、注视时间、扫视频率、眨眼间隔、眨眼频率和瞳孔直径等参数。这些信息可用于精细地分析各种不同的眼动模式，进而揭示各种不同的信息加工过程和加工模式。此外，注视点感兴趣区域分析能够最具体、直观和全面地反映眼动的时空特征。根据这些数据的数值和变化可以估算出在完成任务过程中认知的需求和努力程度。这些参数都可以作为工作量测量的基础数据。

眼动仪通常分为桌面式和头戴式两种。桌面式眼动仪的优点在于其是固定在模拟器的面板上，不需要飞行机组进行佩戴，不会造成不适，同时，桌面式眼动仪的精度较高。桌面式眼动仪的缺点在于眼动仪本身是固定的，所以如果飞行机组的视线超出眼动仪的范围，则会引起数据缺失，另外桌面式眼动仪的安装需取决于模拟器的空间，须保证不会干扰飞行机组的操作。头戴式眼动仪更加灵活，不会由于飞行机组的运动而产生超出范围的问题，但是头戴式眼动仪如果长时间佩戴容易引起不适。

眼动仪的性能指标主要包括眼动仪本身的质量、精度、采样率、场景摄像机分辨率等。其中，眼动仪的质量不应超过 50 g，以减少飞行员由于过长时间佩戴而产生的不适和疲劳；眼动仪的精度需要≤0.5°；眼动仪的采样率需要大于 30 Hz，以保证采集的数据的有效性；眼动仪的场景摄像机可以拍摄被试者通过眼动仪所观察的信息，场景摄像机的分辨率应该足够保证感兴趣区域的确定。

5.2.2.2 生理多导仪

研究发现，一个人的脑力负荷变化时，与之相关的心理生理量指标也会有所变化。对操作者的认知活动进行心理生理测量是一个实时、客观的方式，其优势在于能在低脑力负荷到脑力超负荷的较宽范围内提供敏感性高的总体评价，例如，心率和心率变异(HRV)的测量被用于模拟空中交通管制的研究，发现其在脑力超负荷水平的评定中具有较高的敏感性。典型的方法如心电图(ECG)和心率的测量、心率变异(HRV)。心率变异是指窦性心率在一定时间内周期性改变的现象，HRV 主要受自主神经调节，同时亦受呼吸、血压、皮肤温度、肾素-血管紧张素等多种因素影响。该指标可以用于飞行行为对自主神经活性影响的研究，评价飞行员的应激反应水平和脑力负荷的变化等。生理多导仪设备主要分为心率仪和心率手表。其中，心率仪需要贴胸佩戴，能够更加有效地测量心率和心率变异；心率手表通过测量血通量得到心率的值，可以作为心率仪的一种补充。

心率仪的性能指标主要包括工作模式、心率测量范围、工作频率。心率仪应该具有两个工作模式：实时数据射频传递模式和数据记录模式，可以在线工作也可以离线工作，以适应不同的工作环境。心率仪的心率测量范围应该足够大以满足不同被试者的生理特征，通常心率的测量范围应该在 30～200 次/min。心率仪的工作频率需足够高，以满足 HRV 分析的要求，通常心率仪的工作频率应该高于 2 GHz。

心率手表的性能指标主要是采样率。因为心率手表是作为心率仪的补充，只记录心率数据，所以心率手表的采样频率要求不大于 1 Hz。

5.2.2.3 脑电图与脑电设备

脑电图(EEG)是利用现代电子放大技术，通过将自身微弱的生物电放大记录形成的一种曲线图。因为脑电图能够直接反映脑部活动的变化，目前已经成为脑力疲劳研究中广泛采用的评定中枢神经系统变化的重要依据。在飞行过程中，通过测量飞行员左右脑各频段脑波的波幅，可以了解飞行员在飞行过程中脑力疲劳的产生及恢复。此外，飞行员脑电图的研究还有助于对飞行员的决策研究以及飞行员的选拔等。

脑电设备的性能参数包括脑电设备本身的质量、通道数、采样率、电极类型、持续工作时间等。脑电设备的质量不应该过大，不应超过 80 g，以减少飞行员由于过长时间佩戴而产生的不适和疲劳，以及对头部的压迫。脑电设备的通道数不应该少于 32 通道，以保证脑电数据的完备性。采样率应该大于 2 000 Hz，以保证采集数据的有效性。脑电设备的电极类型包括主动式、被动式和主动式干电极，尽可能选取干电极设备，这样就不需要在试验时涂抹胶状电极。脑电设备的持续工作时间应该不小于 2 h，以适合各种工作条件。

5.2.2.4 肌电图与肌电设备

肌电信号可以用来表征飞行员在操作飞机过程中的体力上的努力程度。飞行员在做不同动作的时候需要用到不同的肌肉，肌肉上的力的大小也是不同的。飞行员在操作飞机过程中所需测量的肌肉主要包括：腰部肌肉 2 块，竖脊肌和多裂肌；胳膊上的 6 块肌肉，右手三角肌、右手肱二头肌、右手肱肌、右手肱骨旋后肌、右手肩胛下肌和左手肱三头肌。通过对肌电信号的分析以及最大自主收缩力（MVC）参数的分析可以获得飞行员在执行任务时的体力消耗。

肌电设备的性能参数包括通道数、传感器延迟、采样率等。其中肌电设备的通道数应该不少于 16 个，以保证肌电数据的完备性。传感器延迟不应该超过 500 μs，以保证数据的及时性。采样率应该大于 3 000 Hz，以保证数据的有效性。

5.3 平视显示器的人为因素适航验证

本节以平视显示器的人为因素适航审定为例，介绍驾驶舱中所使用设备的人为因素设计符合性验证的过程。

5.3.1 概　述

平视显示器是安装在飞行员前方视觉范围内的一个平视的透明屏幕，提供主要的飞行、导航和指引信息。平视显示器最显著的优点就是飞行员能在观察主要的飞行信息的同时也能扫描地平线，从而获取对其他飞机、障碍物、天气、地形和跑道的信息。平视显示器信息的重叠能让飞行员在向前的视觉范围内保持对仪表（近范围内）和座舱外部（远范围）的感知。显示的内容常与座舱内位于仪表控制面板上被替换的下视显示（如主飞行显示）保持一致。平视显示器的类型和其特征对解释被显示的信息和决定飞行员的绩效起到重要作用。从原理上讲，同时扫描设备数据和窗外的情景是能优化飞机操纵和控制的，但由于飞行员分配远近范围的注意资源产生竞争会导致诸如“注意干扰”等现象，从而为平视显示器带来了安全隐患。

5.3.2 平视显示器功能描述

平视显示器的作用包括为飞行员提供高科技手段的信息显示，营造更安全高效的飞行条件，以及在一些特定极限条件下作为主要设备来使用，所以要结合平视显示器的使用类型来描述其功能。

① “替代”使用类型：在特定任务或运行条件下，平视显示器是作为一个主要飞行仪表来使用。呈现在平视显示器上的信息是作为完全替代下视显示器而被使用的，可以完全依赖平视显示器的信息就能完成任务，具有增强运行能力的目的。

② “补充”使用类型：对能够使用自动驾驶仪进近的飞机，平视显示器提供一些直观的、清晰的、大致的飞行信息。平视显示器被作为特定的仪表在目视气象条件下辅助飞行，在仪表气象条件下监视自动飞行。这些指导信息不是必需的，这时平视显示器就是可选的，根据机组人员的喜好来选择。

③ “升级”使用类型：这种使用类型改善了飞机的运行性能，使用平视显示器能够使以Ⅲa类型进近的飞机以Ⅲb类型进近。这种情况下，平视显示器提供的信息也不是必需的，在低于决断高度下手动进近的情况也不需要呈现指导信息，对飞行员来说，粗略的信息和参考下滑道就足够让飞机着陆了。不过在极端条件下使用平视显示器来达到“升级”使用的目的，那么这种情况下的审定是必需的。

5.3.3 相关的适航条款

对平视显示器进行人为因素审定，涉及如下10个条款：

① 25.771 驾驶舱；

② 25.773 驾驶舱视界；

③ 25.777 驾驶舱操纵器件；

④ 25.1301 功能和安装；

⑤ 25.1303 飞行和导航仪表；

⑥ 25.1309 设备、系统及安装；

⑦ 25.1321 布局和可见度；

⑧ 25.1333 仪表系统；

⑨ 25.1381 仪表灯；

⑩ 25.1523 最小飞行机组。

5.3.4 符合性验证方法

针对平视显示器审定时所适用的符合性验证方法及关注内容进行分析。

5.3.4.1 飞行机组工作负荷

与飞行机组工作负荷相关的条款、符合性验证方法及评估手段见表 5-3。

表 5-3 与飞行机组工作负荷相关的条款、符合性验证方法及评估手段

相关条款	内容	符合性验证方法	评估手段
25.771(a)	每个飞行员空间和其设备必须允许最小机组能执行他们的职责，而又不会有不合理的精神集中和疲劳	分析、模拟器评估、试飞	工作负荷审定报告
25.1523	必须考虑下列因素来规定最小飞行机组，使其足以保证安全运行： (a) 每个机组成员的工作负荷； (b) 有关机组成员对必需的操纵器件的可达性和操作简易性； (c) 按第 25.1525 条所核准的运行类型。 附录 D 阐述了按本条要求确定最小飞行机组时采用的准则	模拟器演示、试飞	演示报告、试飞报告

模拟器评估用于测量低能见度下进近时的任务时间和错误率，同时也采用主观评价的方法来测量任务难度和工作负荷。评估结果与没有安装平视显示器的情况相比较，减小工作负荷是平视显示器的目标之一。进行工作负荷评估就是为了表明系统的优点，同时进行任务时间和错误率的比较。结合平视显示器的各种使用类型的情境来进行试验，说明平视显示器在满足功能时的工作负荷问题。

5.3.4.2 内部和外部视觉

与内部和外部视觉相关的条款、符合性验证方法及评估手段见表 5-4。

表 5-4 与内部和外部视觉相关的条款、符合性验证方法及评估手段

相关条款	内容	符合性验证方法	评估手段
25.773(a)(1)	对于无降水情况，采用下列规定： (1) 驾驶舱的布局必须给驾驶员以足够宽阔、清晰和不失真的视界，使其能在飞机使用限制内安全地完成任何机动动作，包括滑行、起飞、进场和着陆	相似性	视觉审定报告
25.1321(a)	必须使任一驾驶员在其工作位置沿飞行航迹向前观察时，尽可能少偏移正常姿势和视线，即可看清供他使用的每个飞行、导航和动力装置仪表	系统描述、分析、试飞	安装图纸、视觉审定报告、试飞报告

平视显示器一般采用对空速和高度的数字信号的模拟显示和正形投影。研究显示正形投影的图形标志比非正形投影的图形标志在视觉扫描上更有优势，而图形标志的混乱性是由平视显示器的显示重叠在外部视景上引起的，从而应评估“注意干

扰”问题和标志的可见性。

5.3.4.3 驾驶舱照明

与驾驶舱照明相关的条款、符合性验证方法及评估手段见表5-5。

表5-5 与驾驶舱照明相关的条款、符合性验证方法及评估手段

相关条款	内容	符合性验证方法	评估手段
25.773(a)(2)	对于无降水情况，采用下列规定： (2)驾驶舱不得有影响(按第25.1523条规定的)最小飞行机组完成正常职责的眩光和反射，必须在无降水情况下通过昼和夜间飞行试验表明满足上述要求	地面试验、 分析	照明审定报告
25.1321(e)	驾驶舱不得有影响(按第25.1523条规定的)最小飞行机组完成正常职责的眩光和反射，必须在无降水情况下通过昼和夜间飞行试验表明满足上述要求	相似性、 试飞、 地面试验	系统描述以及 相似性声明、 试飞报告
25.1381(a)(2)	灯的安装应做到： (ii)使驾驶员看不到有害的反光	地面试验	试飞报告

当前平视显示器采用的是传统的单色绿色荧粉标志，其亮度水平的可接受范围有专门的技术标准。作为驾驶舱的显示器，在黑暗条件下为了避免被外界视景所模糊，就需要测试最小的可接受的亮度水平。另外，也应在极亮的水平下(飞向明亮的云层或向着太阳飞)评估平视显示器的亮度调整水平。需要评估的两点包括：平视显示器的彩色质量是否达到正确解释图形标志的作用；极端照明条件下图形标志和背景之间的对比度是否达到可见性的要求。

5.3.4.4 驾驶舱布局

与驾驶舱布局相关的条款、符合性验证方法及评估手段见表5-6。

表5-6 与驾驶舱布局相关的条款、符合性验证方法及评估手段

相关条款	内容	符合性验证方法	评估手段
25.777(a)	驾驶舱每个操纵器件的位置必须保证操作方便并防止混淆和误动。	地面试验、 试飞	驾驶舱人体 测量学审定报告
25.777(c)	操纵器件相对于驾驶员座椅的位置和布局，必须使任何身高158 cm(5 ft&2 in)至190 cm(6 ft&3 in)的(按第25.1523条规定的)最小飞行机组成员就座并系紧安全带和肩带(如果装有)时，每个操纵器件可无阻挡地作全行程运动，而不受驾驶舱结构或最小飞行机组成员衣着的干扰	地面试验	驾驶舱人体测量 学审定报告

平视显示器的控制器件的位置必须保证飞行员在正常就座时能识别，以及评估它们的可用性。需要具有代表性的人群来测试平视显示器控制器件的可达性。在地面试验中测试平视显示器的安装和飞行员任务之间的兼容性。

5.3.4.5 失 效

与失效相关的条款、符合性验证方法及评估手段见表5-7。

表5-7 与失效相关的条款、符合性验证方法及评估手段

相关条款	内 容	符合性验证方法	评估手段
25.1309(c)	必须提供警告信息，向机组指出系统的不安全工作情况并能使机组采取适当的纠正动作。系统、控制器件和有关的监控与警告装置的设计必须尽量减少可能增加危险的机组失误	危险评估、 模拟器演示	故障树系统、 安全性评估、 演示报告

在高度整合的系统内判断平视显示器的失效是非常困难的，危险评估包括显示功能和所有影响显示功能的因素。安全评估的方法包括功能危险评估(FHA)、初步系统安全评估(PSSA)和系统安全评估(SSA)，并且平视显示器的失效评估是基于特定飞行阶段和使用概念的，在这样的评估中飞行员的绩效评估是必要的。

5.3.4.6 功 能

与功能相关的条款、符合性验证方法及评估手段见表5-8。

表5-8 与功能相关的条款、符合性验证方法及评估手段

相关条款	内 容	符合性验证方法	评估手段
25.1301(a)(1)	所安装的每项设备必须符合下列要求： (1)其种类和设计与预定功能相适应	系统描述、 模拟器演示、 试飞	系统描述文档、 演示报告、 试飞报告

平视显示器的预期功能是提供信息给飞行员以完成某种飞行任务和操作。在大多数情况下，平视显示器是被作为主要飞行显示的额外参考，能使飞行员快速理解姿态、发动机状况和飞机的位置等信息。平视显示器的预定功能是由其使用概念决定的。

5.3.4.7 飞行仪表的特点

与飞行仪表相关的条款、符合性验证方法及评估手段见表5-9。

表 5-9　与飞行仪表相关的条款、符合性验证方法及评估手段

相关条款	内　容	符合性验证方法	评估手段
25.1303(b)	每一驾驶员工作位置处必须安装下列飞行和导航仪表： (1)空速表。如果空速限制随高度变化，则该表必须指示随高度变化的最大允许空速 VMO； (2)高度表(灵敏型)； (3)升降速度表(垂直速度)； (4)带有侧滑指示器(转弯倾斜仪)的陀螺转弯仪，但按有关营运条例装有在 360°俯仰和滚转姿态中均可工作的第三套姿态仪表系统的大型飞机，只需有侧滑指示器； (5)倾斜俯仰指示器(陀螺稳定的)； (6)航向指示器(陀螺稳定的磁罗盘或非磁罗盘)	系统描述、 试飞	系统描述文档、 演示报告、 试飞报告
25.1321(b)	第 25.1303 条所要求的飞行仪表必须在仪表板上构成组列，并尽可能集中在驾驶员向前视线所在的垂直平面附近。此外，必须符合下列规定： (1)最有效地指示姿态的仪表必须装在仪表板上部中心位置； (2)最有效地指示空速的仪表必须直接装在本条(b)(1)所述仪表的左边； (3)最有效地指示高度的仪表必须直接装在本条(b)(1)所述仪表的右边； (4)最有效地指示航向的仪表必须直接装在本条(b)(1)所述仪表的下边	图纸、 检查	图纸描述文档、 检查报告
25.1333(a)	第 25.1303(b)条要求的，各驾驶员工作位置处的仪表，其工作系统应符合下列规定： (a)必须有措施，能使正驾驶员工作位置处的仪表与独立的工作系统相连接(独立于其他飞行机组工作位置处的工作系统或其他设备)	系统描述	系统描述文档

对于25.1303(b)款,要考虑平视显示器显示元素和下视显示器的图像标志之间的兼容性。平视显示器的标志应是自然的、直观的,并在达到正确解释时具有合理的训练和学习曲线。平视显示器的另一个重要作用是能根据平视显示器上的显示构建空间认知,进而从不正常的姿态中恢复操作。平视显示器应向飞行员表达正确的空间表征。25.1303条中所要求的飞行仪表信息显示在平视显示器时应遵循"Basic T"的原则,从而达到和下视显示的兼容性,以及最小化工作负荷和训练时间。

第6章　最小飞行机组工作负荷符合性验证

最小飞行机组工作负荷是驾驶舱人为因素重点关注的问题之一。本章的内容包括最小飞行机组适航要求和解析，机组工作负荷设计与评估，机组工作负荷的分析和测量，最后介绍某型号飞机最小飞行机组审定计划。

6.1　最小飞行机组适航要求和解析

民用运输类飞机最小飞行机组的设计和审定问题来自中国民用航空规章有关最小飞行机组的相关适航要求，其核心条款是CCAR25.1523，同时还包含一些相关的适航要求。

适航规章设立25.1523条的目的是为了防止在飞行过程中飞行员工作负荷超载以及针对先进驾驶舱自动控制系统可能引发的不安全问题，因为在使用自动控制系统时有时会产生难以预料的工作负荷增量。

工作负荷常用来描述一个人执行任务的能力(心理和/或生理)和与执行任务相关的系统和环境要求匹配之间的关系。这一基本概念与人为操纵者的资源数和完成任务所需的资源数之间的差异密切相关。那些需要许多人力资源(能力)的任务即为高载荷任务。相反地，那些只需较少人力资源(能力)的任务即为低载荷任务。

工作负荷和工作绩效的关系总体上呈反U型曲线分布，工作负荷太高或太低都会影响工作绩效。全自动控制系统工作负荷水平往往太低以致操纵者在很大程度上就像自动控制进程的监视者一样。在这种情形时会引起操纵者/飞行员精神疏忽和/或疲劳，这种情形通常称为负荷欠载(task underload)。相反地，工作负荷太高又会导致飞行员遗漏重要信息、不能执行相关任务、犯错，或者机组成员为减少工作负荷而放弃相关任务(task shedding)。虽然认为自动控制装置能减少工作负荷而在飞机上广泛使用，在某些时候其作用很小或者反而会引起工作负荷的增加。虽然自动驾驶仪能把飞行员从相关任务中解放出来，但同时它也会引起与操作自动驾驶仪相关的额外工作负荷的增加。如对高度自动控制系统，当自动驾驶仪失效时，飞行员工作负荷会显著增加。

对于系统设计者来说，关键是要既能保证飞行员有足够警戒，同时又不会引起不必要的工作负荷增加，还能对意外情况做出及时迅速的反映。另外，对工作负荷的分析需要包括自动驾驶仪失效、飞行员必须执行相关功能时的情况。因此，当引入新的复杂的集成航空电子系统时，不论其自动化程度的高低，都需要对其进行包括人为差错检验在内的评估。

人为差错往往与工作负荷相关，人为差错总是伴随着额外工作负荷的增加而发生，需要强调的是，低工作负荷也会引起人为差错的发生。当记录飞行机组差错时，可根据以下因素评定飞行员表现：

(a) 错误发生数；

(b) 错误导致结果；

(c) 改出错误时间；

(d) 由操作失误引起的后续不正确行为的数量；

(e) 从错误中改出，参考手册所用时间。

根据25.1523条，为保证安全运行，针对运输类飞机必须按照以下几点确定最小机组：

(a) 最小机组运行条件下，每个机组成员的工作负荷；

(b) 相关机组成员对必需的操纵器件的可达性和易用性；

(c) 25.1525条所规定的运行类型。

25部附录D阐述了按25.1523条要求确定最小飞行机组时应采用的准则。为验证25.1523条和25部附录D的符合性，以下不同类型审定对象，其验证程序复杂度不同。

(1) 新机型；

(2) 后续机型；

(3) 对已颁布型号合格证的机型，为减小其现有机组规模而进行的修改；

(4) 预期会对任一飞行机组成员工作负荷产生实质增加的型号设计变更或补充型号认证项目。

最小机组人数一般是申请人在型号研制的初期，综合考虑设计驾驶舱界面机组工作负荷、飞行员个人经验和其他需考虑因素后确定的。但是，最终的最小机组人数需要经过对飞机功能和集成系统的充分评估后方可确定。因为驾驶舱设备和驾驶舱界面对机组工作负荷和机组表现有着直接的影响，应通过地面测试、模拟器和飞行试验等方法对其进行系统评估。相关的评估工作应由不同背景、不同机型的飞行员完成，以获得该机型的平均机组工作负荷。另外，相关的评估工作应在能反映飞机实际运行环境的状态下进行；通过在典型环境下的飞行评估可以反映是否需要过度的机组工作负荷，从而对机组工作负荷进行充分分配；或通过典型环境下的飞行评估发现设计、运行、培训或操纵程序中需改进的问题。

25.1523(a)款所指的工作负荷指每个机组成员的基本职能：飞行航迹控制、防撞、导航、通讯、飞机发动机和系统的操作和监控、指挥决策。

为确定最小飞行机组而分析和验证工作负荷时，主要考虑下列工作负荷因素：

(a) 对所有必需的飞行、动力装置和设备操纵器件（包括燃油应急切断阀、电气控制器件、电子控制器件、增压系统操纵器件和发动机操纵器件）进行操作的可达性和简便程度。

(b) 所有必需的仪表和故障警告装置（例如火警、电气系统故障和其他故障的指示器或告戒指示器）的可达性和醒目程度，并考虑这些仪表或装置引导进行适当纠正的程度。

(c) 操作程序的数量、紧迫性和复杂性。特别要考虑由于重心、结构或其他适航性的原因而强制采用的专用燃油管理程序，以及发动机自始至终依靠单一油箱或油源（其他油箱如果贮有燃油，则自动向该油箱或油源输油）供油而运转的能力。

(d) 在正常操作以及判断、应付故障和应急情况时消耗精力和体力的大小和持续时间。

(e) 在航路飞行中，需对燃油、液压、增压、电气、电子、除冰和其他系统进行监控的程度。

(f) 需要机组成员离开原定工作岗位才能完成的动作，包括：查看飞机的系统、应急操作操纵器件和处理任何隔舱的应急情况。

(g) 飞机系统的自动化程度。自动化是指系统在发生故障或失效后，能自动切断、自动隔离由此引起的障碍，从而减少飞行机组为防止丧失能源（飞行操纵系统或其他主要系统的液压源、电源）所需的动作。

(h) 通讯和导航的工作负荷。

(i) 由于任一应急情况可导致其他应急情况而增加工作负荷的可能性。

(j) 当适用的营运规则要求至少由 2 名驾驶员组成最小飞行机组时，1 名机组成员因故不能工作。

6.2　机组工作负荷设计与评估中的主要任务

本节阐述了机组工作负荷设计与评估过程中需要执行的主要任务。

6.2.1　工作负荷分析

申请者应在设计过程的早期对工作负荷进行合理的分析。在选取相应的分析方法时，对于特定的驾驶舱布局，应对选取方法的有效性、可靠性和适用性进行评估。如果条件允许，分析应包含所评估机型与其他相似机型之间的驾驶舱比较。分析的重点应集中在驾驶舱更改部分和新设备上。对于驾驶舱重大修改，如更改驾驶舱布局、更改飞行员操纵界面、更改飞行员任务或运行程序等，则需进行更加综合详细的评估。适航管理当局鼓励申请人及时将分析结果提交至有关验证部门，及早发现潜在的问题。

AC25.1523 中指出，时间线分析方法（time-line analysis）是一种可接受的工作负荷评估方法，同时该咨询通告还提供了其他一些可接受的分析方法，详见附录 3。

6.2.2 评估试验的计划和准备

对机组数量和机组工作负荷的评估是一个反复迭代过程，开始于型号设计的早期。整个设计和评估过程中会用到多种相关的试验台、模拟器直至最终构型下的目标飞机。由于在研发阶段的试验台试验和模拟机试验对获得初步的性能评估非常有效，因此有必要仔细规划相关试验台、模拟机的建设。

对任一新机型或重大改型飞机，都需利用已通过适航管理当局批准的试验计划对其进行评估。验证 25.1523 条符合性的方法包括适航管理当局认可的分析方法、模拟器验证和/或飞行试验。对于新机型或重大改型飞机，应通过合理的分析、评估和验证程序来确定其最小机组工作负荷。

6.2.3 参试人员的选拔和确定

由于参试人员的绩效影响到整个人机系统的性能，也即参试人员的一些特征与他们在完成系统操作和维护任务中的工作绩效有关联，因此需要考虑人给系统性能带来的变化。在选择参试人员时需要根据任务要求考查其相关特征，获得这些特征的测试数据，如参试人员的经历数据、体检数据、职业数据等。

此外，为了更科学地做出评估，在选择参试人员时，参与评估的飞行员应不仅仅限于生产商试飞员和适航管理当局试飞员，还应该包含可代表具有类似飞行经验和培训背景的目标飞行员，而他们通常为飞机更加合理的预期使用者。此外，还可以包括航线飞行员参与评估工作。对飞行员的选拔，至少需要考虑以下几个方面的因素。

6.2.3.1 飞行员的种类

根据飞行时间的长短、专业能力的高低和飞机运行类型等因素，飞行驾驶人员可分为学生驾驶员、商用驾驶员、私人驾驶员、航线运输驾驶员、飞行教员和试飞员等。下面主要介绍飞机研发和评定过程中可作为评定样本的几类飞行人员。

1. 学生驾驶员

学生驾驶员是指依照 CCAR－61 部相关要求取得学生驾驶员执照的飞行人员，又称飞行学员。学生驾驶员的飞行时间和训练时间一般较短，机型驾驶经验和应急处理能力一般也相对较弱，因此在运行中，对学生驾驶员一般有以下限制。

学生驾驶员不得从事下列行为：

- 在载运旅客的航空器上担任机长；
- 在以取酬为目的载运货物的航空器上担任机长；
- 为获取酬金而担任航空器机长；
- 在空中或地面能见度白天小于 5 km、夜间小于 8 km 的飞行中担任航空器机长；
- 在不能目视参照地标的飞行中担任航空器机长；
- 在违背授权教员对于该驾驶员飞行经历记录本中签注的限制的情况下担任航空器机长。

学生驾驶员不得在航空器型号合格审定或实施该飞行所依据的规章要求配备一名以上驾驶员的任何航空器上担任飞行机组必需成员，但在飞艇上和适航管理当局批准的某些航空器上接受授权教员的飞行教学，并且该航空器上除飞行机组必需成员外没有任何其他人员时除外。

2. 航线运输驾驶员

航线运输驾驶员是指依照 CCAR－61 部取得航线运输驾驶员执照与等级条件的飞行人员。相比于学生驾驶员，航线运输驾驶员在航空知识和运行经验上的要求都要高得多。通常，航线运输驾驶员需掌握规章、气象、空气动力学、导航、航空器运行与空域、重量和平衡的计算和对飞行特性的影响、飞行性能、机动飞行操作程序和应急操作、航空医学、人为因素和机组管理等适用于所申请航空器类别和级别等级的航空知识。另外，航线运输驾驶员一般必须具有至少 1 500 h 的飞行经历时间，其中至少包括：

- 500 h 转场飞行时间。
- 100 h 夜间飞行时间。
- 75 h 实际或者模拟的仪表时间，其中至少 50 h 是在实际飞行中的仪表飞行时间。
- 250 h 在飞机上担任机长或者在飞行检查员或飞行教员的监视下履行机长职责的飞行时间，其中担任机长的飞行时间至少为 100 h。该飞行时间至少包括 100 h 转场飞行时间和 25 h 夜间飞行时间。
- 上述飞行经历要求可以包括不超过 100 h 在飞机飞行模拟机或飞行训练器上的训练时间，但这些飞行模拟机和飞行训练器必须是在经批准的训练课程中使用的。

3. 飞行教员

飞行教员是指依照 CCAR－61 部取得飞行教员执照与等级条件的飞行人员。

飞行教员必须持有商用驾驶员执照或者航线运输驾驶员执照，并带有相应于所申请飞行教员等级的航空器类别和级别等级。除需掌握与飞行相关的专业知识外，飞行教员还需掌握相应的教学理论和知识，主要包括：

- 针对基础、经验和能力水平各不相同的学员，准备和实施授课计划；
- 评价学员的飞行完成情况；
- 飞行前指导和飞行后讲评；
- 飞行教员责任和出具签字证明的程序；
- 正确分析和纠正学员的常见飞行偏差；
- 完成并分析与所申请飞行教员等级相应的标准飞行训练程序与动作。

4. 试飞员

试飞员是专门担任飞行试验任务的飞机驾驶员。我国暂无关于试飞员的执照和等级评定准则。现代飞机日益复杂，尽管有了先进的机载测试设备和地面试验设备，但在评定飞机性能、监控飞机各系统的工作情况等方面，试飞员的作用仍然十分重要。试飞员通常是从飞机设计的初始阶段就参加工作，从使用和安全的角度对设计方案提出意见。在试飞中，试飞员除按要求安全地完成飞行动作外，还要从理论上解释各种飞行现象，准确地报告飞行情况，提出改进建议。在遇到异常现象时，试飞员应能准确判断和及时妥善处置，因此试飞员必须具有熟练的驾驶技术、较高的理论水平、应急处理能力和对问题的诊断处理能力。试飞员一般是从有经验的飞行员、航空院校毕业生和工程技术人员中挑选，经过专门的、严格的培训后从事相关工作。

6.2.3.2　不同飞行员的差异

1. 操作技能的差异

根据前面所述，不同的飞行员具有不同的培训和运行经历，因此他们的飞行经验和操纵技能也有差异。通常来说，飞行学员的飞行经历最少，相应地他们的飞行技巧和运行经验都较弱；航线运输驾驶员和飞行教员由于具有较多的航线运行经验，他们的运行能力和处理飞机正常运行中遇到的问题的能力都较强；而试飞员由于其相对独特的培养模式，他们的应变能力、处理特殊飞行时间的能力都较强。

2. 情境意识的差异

当驾驶员处在变化的情境中，并且对变化的情境有比较准确的了解，就能在动态和变化的环境中进行有效的计划或解决问题。情境意识之所以重要，是因为它与支持情境意识的显示器件和告警器件等的设计有关，同时在探索灾难和事故的原因中也有重要作用。例如，在南美洲哥伦比亚某个山谷发生的客运航班撞毁悲剧，就是因为飞行员失去了对地形地理位置的知觉所造成的。

情境知觉与工作记忆有直接的联系。人们对变化情境的知觉大多存在于工作记忆中，因此，当某个时段（如紧急情况等）飞机所需工作负荷增加，驾驶员所需工作精力增多时，情境意识的水平就会出现下降。但是，诸如飞行教员、试飞员等在遇到这些情况时，由于在长时间记忆中保持了与变化情境有关的信息，因此当需要时，仍然能够根据经验，提取相关信息，做出良好的反映。

情境意识是相对于特定领域而言的。不能简单地说某人“具有良好的情境意识”，而需指出特定的对象，比如飞行、驾驶、演讲等。通过良好的专业知识的学习、严格的训练和模拟环境的演练等都可以增强情境意识。因此，相对于飞行学员和航线运输驾驶员，飞行教员和试飞员往往具有更好的情境意识，在遇到紧急情形和突发事件时，往往能够更好地发现问题和解决所遇到的困难。

3. 诊断能力的差异

由于不同飞行员之间技能和情境意识等的不同，他们在应对不稳定的、动态的和异常的情况时，解决问题的能力是不同的，也就是发现故障以及诊断故障的能力是不同的。通常来说，飞行教员和试飞员往往有着更好的故障诊断能力。而在试飞阶段，由于飞机本身的原因以及飞行条件的相对不确定，这种诊断能力的差异非常重要，有时甚至会影响安全。在试飞阶段，为发现飞机存在的问题和解决这些问题，飞行员的主观评价和改进建议对于飞机设计人员来说往往更加直观、有效。

6.2.3.3　试验机组的选取

为了保证试飞结果和飞行员对飞机评价的准确性，应选择具有不同经历和背景的飞行员作为试验机组完成飞行试验。参与最小机组工作负荷试飞的试飞员应包括：航线飞行员和试飞员（按照规章要求，飞行学员不能参与试飞试验）。其中，航线飞行员又应包括参考机型（相似机型）的航线飞行员和非参考机型航线飞行员；试飞员则包括参与研发试飞的申请人试飞员和适航管理当局试飞员。根据统计学规律，为保证试验结果具有较高的置信率，建议至少应选择 10 组以上的飞行机组。

不论所选取飞行机组的背景如何，参与最小机组工作负荷试验的飞行机组都应进行针对评估机型的专门培训，以保证其对飞机和飞机操作程序的了解。同时，在进行最小机组评估试验前，试验机组应在模拟机或飞机上进行一定时间（建议 10～25 h）的熟悉性飞行。另外，在进行最小机组评估试验期间，需要为试验机组配备特定的数据采集设备（如心率测量设备和眼动跟踪仪等），在进行熟悉性试飞时就应该要求飞行员配备相关采集设备，以避免试验时由于试验机组对相关采集设备的生疏和不适应而对评估结果产生影响。最后，在制定试验计划时如确定了所采用的评估方法（如 Bedford 评估方法、最小机组 BRS 等级评分法、NASA - TLX 评分法等），需在试验前对试验机组进行相关的培训。

总之，只有经过具有相应资质的、有经验的现役飞行员试飞验证后，方能决定飞机所需的最小机组数。

6.2.4 评估策略的确定

申请人需要根据以往经验以及具体型号的设计特征，在研发早期着手考虑采用何种策略进行工作负荷的设计和评估工作，评估工作负荷主要有三大策略：直接比较、间接比较和独立评估。申请人应与适航管理当局就此问题充分讨论，并达成一致。

直接比较和间接比较都属于比较评估，通过对比新系统与已通过安全验证的现役飞机系统来检验“飞行员-系统”的性能和符合性。通常，如果新系统所需工作负荷被评估为与参考系统相当或低于参考系统，则可以认为新系统所需工作负荷是符合要求的。比较评估包括：新系统与参考系统就指定任务和飞行阶段完成状况进行直接比较；仅对新系统进行试验评估，而根据飞行员对另一飞机系统的性能和操作经验，来完成两系统间的间接比较。利用比较法进行评估时应注意：如果之前已通过验证的系统存在某些功能/运行缺陷或其他不合理特性，则该系统并不能作为“好”的参考系统来进行比较。在进行任何比较评估时，都需对参考系统进行全面系统的安全性评估和服役表现评估，以确保用于比较的参考系统不存在任何安全问题或其他缺陷。

另一种评估方法是将评估系统作为一个相对独立的系统部件来进行评估，此方法无须与其他系统进行比较，而只需评估该系统本身的优缺点。但是，在使用此方法时，应保证所评估系统作为整个驾驶舱的一部分来进行评估，因为在进行系统集成时，此系统可能对其他驾驶舱系统任务性能和工作负荷产生影响。在进行独立评估试验前，对每一试验点，需制定相应的试验标准。例如，在利用 Bedford 等级法进行主观工作负荷评定时，在试验之前，评估者需制定“不符合”所对应的评定标准。尽管所记录的数据可能显示对于特定任务，该系统工作负荷过高或不符合所制定标准，但是在进行最终抉择时，对于该系统的工作负荷或性能，应由试验评估小组来决定是否需要进行设计、程序和/或培训更改。对于那些仅有一两个评估人员认为不符合的问题，评估小组经过评定可将其归结为由于技能水平、培训经历、知识水平和经验差异等因素所引起的，这能保证差异不是由系统缺陷所引起的。

1. 直接比较(direct comparisons)

使用此方法时，最好是建立有组织的试验体系，通过试验评估人员对新设计与之前已通过验证的系统间特定任务间的性能比较，记录比较数据来完成评估；通过设计可全面反映新设计特性的试验场景来完成特定评估。在进行直接比较时，如何合理地组织和设计试验任务，以保证评估试验在两个对比系统中的准确性和可重复性，是评估是否成功和准确的关键因素。另外,应尽量保证两系统进行同一评估任务间的时间间隔最小。

2. 间接比较(indirect comparisons)

有时由于条件所限,并不能实施两系统间的并联评估来进行直接比较。对此,一种可接受的评估方法是通过评估飞行员的"心理感受"(根据其对参考系统的性能和工作负荷的记忆和经验)来进行新系统与经验证系统间的间接比较。在利用此方法进行结果分析时应特别谨慎,因为相比于通过直接比较法所得到的数据,此方法所记录的数据并不准确可靠。因此,需对此方法所得到的数据进行仔细评估,以保证所得结论的合理性和一致性。

3. 独立评估(standalone evaluations)

此方法适用于当新设计系统与现存的所有已验证系统有着本质的不同,没有合适的参考(基准)系统来进行直接或间接比较时使用。例如,当新的设计会造成飞机自动化程度或机组职责的重大改变时,参考设计比较法的有效性则会大大降低。此时,没有合适的基准系统用于比较,而只能通过评估该系统本身的优劣性来决定其是否满足用户需求和规章要求,应根据其预期功能,在所有可能的运行条件下,设计充分完整的评估任务要求来完成该系统的功能评估。

6.2.5 测量方法的确定

目前用于工作负荷评估的方法从类别上包含主观测量方法、绩效测量方法和生理机能测量方法。如果再细分,每类方法下又存在多种具体的实现方法,如主观测量方法中包括SWAT方法、NASA-TLX方法等,生理机能测量方法包括心率测量、眼位测量,等等。这些方法各有优缺点,因此确定测量方法之前需要首先确定工作负荷评估方法的选择判据(selection criteria for workload assessment techniques),申请人应就测量方法及测量方法选择判据与适航管理当局充分沟通,并达成一致。

可从效度(validity)、信度(reliability)和可用度(applicability)三方面给出相关判据,具体要求如下。

1. 效度判据(validity criteria)

"效度"指某种评估方法具有的定量评估工作负荷水平的能力。"效度"又分成多种情况,每种情况都会对评估方法最终的可用性(usefulness)和可接受性(acceptability)产生影响。当选择评估方法时,如果不考虑效度问题,将使被选的评估方法承担更多的、产生错误结果的风险。事实上,设计飞机时信息少总比信息错误要好。在测量方法选择、试验和评估过程中，应至少考虑下列效度类型情况：

① 内容效度(content validity)。明确操作相关的工作负荷类别是一件非常重要的事情。通过重点关注已发现的驾驶舱操作中的重要工作负荷类别，对选择和使用正确的工作负荷评估方法有重要意义。

② 预报效度(predictive validity)。预报效度也叫判据相关效度(criterion related validity)，指评估测量方法能否以预报的形式确定工作负荷水平。预报效度是对于申请人最重要的一种效度，因为其是系统设计过程中进行费用/利润决策的一项基础。

③ 构成效度(construct validity)。构成效度是指工作负荷评估方法的广度，即该方法可以测量工作负荷的理论上的构成。既然工作负荷是无法被直接观测到的，仅存在理论上的构成，因此必须表明测量方法能够反映工作负荷构成在何种预测环境下的改变。为了在工作负荷测量方法上有保障，须表明工作负荷是否根据任务要求或操作员变化所定义。构成效度不能通过单次试验完成或决定，需要从变化的来源中逐步获取信息。

④ 界面效度(face validity)。界面效度指从表面看评估方法测量什么，而不关心其真实的测量结果。界面效度之所以重要，是因为其决定了人们是否能够很好地使用评估方法。假如要求飞行员或工程师使用或管理某个工作负荷测量系统，但该系统对于这些飞行员或工程师来说没什么意义，那么使用者按照规则使用时很可能觉得非常困难。

2. 信度判据(reliability criteria)

“信度”是指某种工作负荷测量方法在重复使用过程中产生相似结果的能力。如何保证测量方法在给定的相同测量条件下，始终产生相同的结果？当进行工作负荷试验和评估时，下列信度类型应予以考虑：

① 试验-再试验信度(test-retest reliability)。确定评估方法信度的最显而易见的方法是重复试验条件，然后评估在相同实例下的差异。该信度可以通过计算相同的人使用该工作负荷评估方法得到的两组值的相关性进行量化，然后将获得的信度系数与设定的标准值比较，以做出某些客观性的评价。

② 分半可靠度(split-half reliability)。分半可靠度也是用来确定评估技术一致性的方法，对于样本，将其分成可对比的两半，同时计算两个集合之间的相关性。

③ 评级者间可靠度(inter-rater reliability)。评级者间可靠度用以确定不同人在使用相同评估技术产生结果时的一致性的方法，该方法将每位飞行员的工作负荷评分与其他所有飞行员(或某些有代表性的飞行员)在相同试验情况中的工作负荷评

分相比较，计算评分的相似性。

对于飞机制造商来说，上述可靠度类型的定义对于工作负荷测量是合适的。例如，假设某种评估技术被用于区分工作负荷的高、低水平，其应当在另外的情况下以相同的方式区分工作负荷的高、低水平。

3. 可用度判据(applicability criteria)

"可用度"是指工作负荷测量方法影响运输类飞机任务性能的可能程度和实际情况。如果称工作负荷测量方法适用于某个飞行运行环境，其需要满足一系列要求。如下要求可能并非在绝对意义上都能满足，但是可以将它们作为指导：

- 评估方法应尽可能保持非唐突性，即不应增加飞行乘员额外的工作负荷，也不应干扰真实的被测过程。
- 评估方法应尽可能保持非干扰性，即不应危及飞行乘员安全，也不应干扰他们的正常工作。
- 评估方法不能影响飞行乘员职业生涯(例如，使用生理测量方法收集数据时应不包括医学诊断信息)。
- 评估方法应尽可能对其他审定试飞活动产生最少的影响。评估方法应适用于审定项目中某些特定的阶段和目标。评估方法的时间限制来自审定项目计划、产品计划和交付计划。
- 评估测量技术的相关花费应当控制在合理的范围之内。费用来自测量设备、设备安装及准备、时间和进度影响、飞行和仿真、数据处理和分析，以及结果的存档。
- 设备限制来自有限的硬件空间、有限的面板空间、飞行员和数据采集设备之间的长距离、潜在的信号干扰，以及无法更改的驾驶舱构型等因素。

6.2.6　场景设计

申请人设计试验场景(scenario)时，需要充分考虑 25.1523 条要求及 25 部附录 D 的要求。AC25.1523-1 中指出，申请人为表明符合 25.1523 条和 25 部附录 D 相关规定，在拟定试飞试验大纲时需包含下列因素。

① 航线。试验航线应综合考虑航海营救、机场、仪表进近和空中交通管制等因素。

② 天气。航线的选择应能保证在遭遇不利天气状况(如仪表飞行气象条件、夜间飞行、湍流、结冰等)时飞机仍能够正确地实施操作。

③ 机组工作计划。根据设计飞机的运行类型，合理地安排试验机组工作计划，

使其与飞机设计运行类型相一致。该计划应包括连续工作天数、预计最大离港和到港数量、夜间飞行数、最大允许工作时间和机组最小作息周期。

④ 最低设备清单。在制定飞行试验大纲时，申请人需综合考虑典型的签派放行形态。这些典型的签派放行形态和可能与其对应的后续模拟故障模态构成了很多评估场景的基础。

⑤ 空中密度。飞机需在仪表飞行气象条件（IMC）和目视飞行气象条件（VMC）下，模拟空中高密度运行，但同时也需考虑精密和非精密进近、复飞、转场等情形。

⑥ 丧失活动能力机组成员：

- NTSB 事故数据显示，从 1980 年 1 月至 1989 年 7 月期间，共发生了 262 起与 91 部相关的机组丧失活动能力事件，并导致 180 起灾难性事故。所有这些灾难性事故都可归结为单个飞行员操作。NTSB 数据显示，同时期共发生了 32 起与 135 部运行相关的飞行员丧失驾驶能力事件，并导致 32 起灾难性事件。所有这些灾难性事件也都应归结为单个飞行员驾驶。相反地，在同时期第 121 部飞机运行中共发生了 51 起单个飞行员丧失活动能力而由另一飞行员将飞机改回至正常运行状态的案例。
- 在任何实际运行标准下都需要至少 2 名最小飞行机组，验证程序中需包括任何飞行条件下 1 名机组成员完全丧失活动能力时的操作程序的验证。需证明通过剩余机组成员，飞机仍能安全地运行至目标机场或其他备用机场着陆。丧失工作能力机组成员试验无须进行其他“签派放行形态及相应失效”场景试验。某个机组成员丧失活动能力应归结为签派放行形态所对应的一两种“后续失效”场景的例子，这一签派放行形态对应从最低设备清单中所选择的相应的设备。虽然 25 部中并没有明确指出不允许单个飞行员进行运输类飞机取证，但综合考虑运输类飞机的使用范围，运输类飞机可能因为飞行员丧失活动能力所引起的灾难性结果，以及上述历史事故记录，对 25 部运输类飞机，适航管理当局并不允许单个机组成员。

⑦ 系统故障。试飞大纲中应对飞机由正常状态改变至失效模态时所引起的结果进行说明。同样地，试飞大纲应考虑初始系统和备用系统，各种典型的失效模态组合也应在试飞大纲中有所说明。

⑧ 应急情形及非正常情形。在试飞大纲中应列举各种应急情形和非正常情形的案例，来说明它们对机组工作负荷的影响。注意：在确定将在试飞大纲中进行评估的系统失效前，需进行模拟或相关分析，并且需明确应急情形或非正常情形时机组工作负荷的分配，以确保选择合适的失效情形。

此外，AC23.1523 中还要求考虑机组差错情况，需要评估驾驶舱设计以确定工作负荷是否为造成飞行员差错的重要因素。控制和显示设计上的不足是造成飞行员差错的重要因素。进行机组差错分析同时也能保证在遭遇该情形时不会导致不安全或灾难性事件的发生。

某型号飞机最小飞行机组审定场景设定参见附录 4。

6.2.7　数据采集、处理和分析

工作负荷设计和评估所采集的数据包括客观绩效度量标准、通过调查表记录的主观(感官)绩效评估和各任务的飞行员评价，以及试验实施者、试飞工程师或人为因素工程师的观测报告。通常，相比于主观数据，应优先记录客观数据(完成任务的时间、差错率、独立动作的数量等)。但是，从主观信息，如主观经验，观测报告以及飞行员和试验人员意见中往往能得到更多信息。另外，在某些情形中，由于试验计划或其他不能被试验小组控制或克服的可变因素的限制，不能准确地记录客观数据，这时，只能通过记录主观评价数据来证明对 25.1523 条的符合性。当利用所记录的主观评价数据进行评估时，申请人需考虑 25 部附录 D 中所列的、可感知的工作负荷评定要素的定性评定等级。建议在评估时应综合采用所有可能的评估方法(主观的和客观的)，通过评估方法的组合，可得到关于操纵界面的合理性、工作负荷和飞行员掌握和使用飞机系统能力等的有价值的信息。验证部门应负责根据试验大纲所记录的所有数据，经过分析评估来决定所验证系统是否满足规章要求；在进行评估时，应重点关注工作负荷、任务持续时间、没有完成的任务和差错率等因素。

6.2.8　评估结果批准和/或认可

在新系统或部件研发的整个过程中，申请人都应进行驾驶舱设计和飞行员绩效评估。如果申请人可表明整个评估过程中所评估系统/零部件的一致性，适航管理当局可授权其进行相关试验。尽管申请人必须证明评估过程中所用零部件或系统的一致性，但相关证明可在评估完成之后进行。申请人在验证过程早期对系统所进行的有效的、综合的评估，可减少后期试飞试验的数量和适航管理当局的介入范围。关于此类评估的授权应在试验前与适航管理当局有关责任部门或授权代表协商以获得。

6.2.9　第三方参与

数据采集的前期准备及后续的数据分析应由申请人负责。适航管理当局应保证机组工作负荷评定大纲中所使用的机组工作负荷评定方法是被有关专家认可的、能代表当前知识和技术发展水平的、有效且可靠的评定方法。适航管理当局及申请人应致力于与政府和工业界其他专家广泛地交流与合作以达到此目标。

6.3 机组工作负荷分析和测量的方法

6.3.1 机组工作负荷的分析方法

当前用于工作负荷分析的主要方法是时间线分析法(time-line analysis)。时间线分析法对所执行任务进行百分比划分,是用来分析操作者时间特性的最有效的方法。时间线分析主要用于两个方面:首先,可以用来对时间与关键顺序进行评价,以检验能否在可用时间内完成必要的操作;其次,通过时间线分析可以得到一个完整的任务时间表,通过该时间表可以判断不相容的任务或动作片段。同时,时间线分析可以作为工作负荷评估的基线。为了确定时间线的基准,以前系统的数据可作为有效的参考资料,因此申请者应特别注意对以往型号和系统使用数据的收集,建立完备的数据库。如果没有可用的时间标准数据,可用预定时间标准。

根据易于辨识的重要的时间节点,将所执行任务适当地划分为一系列飞行阶段,这一方法适用于与显著的飞行任务(如飞行操纵和数据输入)相关的驾驶舱更改评估。为保证该方法的符合性,应在一定范围内仔细地选取典型运行要求下(包括正常、非正常和应急程序)的飞行场景和时间段。

当所执行的任务有严格的运行时间限制时,采用时间线分析法可得到非常有效的数据。对所需时间的精确评估是此方法是否有价值的关键。此方法所确定的时间度量不应视为绝对的标准,但是所记录数据可用于后续模拟机飞行或试飞试验中以确定所增加的工作负荷需求,并可与现役飞机所需的机组工作负荷进行比较。对于可能影响非正常和应急程序的驾驶舱设计更改,则需进行专门评估。

6.3.2 机组工作负荷的测量方法

工作负荷的测量方法主要有:主观测量方法、绩效测量方法、生理机能测量方法等。主观测量方法的原理在于假设:增加的人力付出与可察觉的努力有关,并且人力付出可以被个人以适当方式评估出来。绩效测量方法的原理在于假设:任务难度的任何增长,将导致操作要求的增长,从而降低操作员的绩效。生理机能测量方法的原理在于假设:可以通过测量操作者对所分配的工作任务产生的不同生理反应来评估其工作负荷。

主观测量方法是基于体验的后验性方法,能够总体表征测量机组工作负荷的大小,但不易区分各任务阶段工作负荷的变化;相对来说,生理机能测量方法具备实时测量的能力,能够表征工作负荷随任务过程变化的关系,但测量方法的构建较为复杂,且数据采集有可能对飞行机组的操作产生影响。

6.3.2.1　主观测量方法

主观测量方法重在评估操作员功能及因素，相对于其他方法缺点较少。并且评估操作员工作量的评定量表有很多优点，比其他所有方法更易于使用，工作负荷评定量表也总是作为标准使用，并作为其他测量方法的参考评判依据。

根据量度等级可将工作负荷评定量表分为：名义量表、顺序量表、区间量表、比率量表。大部分评定量表都有顺序量表或区间量表。在顺序量表中，必须使用非参数统计，在区间量表等级中可以使用参数统计方法，该方法可以更好地使用试验数据的信息。

工作负荷评定量表的另外一个分类方式分为：一维量表、多维量表和分级量表。一维量表只能测量一维的事物并给出工作负荷的整体评价，而不能提供关于工作负荷来源的诊断性信息，常作为最初的筛选试验，因为它们可以很容易管理并且不需要长时间；多维量表有几个分量表，可得到诊断性信息，然而缺点是维数越多分级越困难，因为分级可能干扰主要任务；分级量表（如改进的 Cooper-Harper 量表）的优点是，量表是通过分层次决策程序一步一步做出来的，它使得评估过程变得更容易，然而它的缺点是没有给出诊断性信息。

大多数工作负荷评定量表共同具有的优点是：

- 高度的有效性；
- 高度的表面效度；
- 最小的成本；
- 容易实现；
- 可以应用在广泛的任务中；
- 任务结束后使用时具有非干扰性；
- 在系统开发阶段可先进行预测；
- 当操作系统的安全性受到威胁时，可以只评估任务的记录，或者由观察员评估操作员的工作负荷。

大多数工作负荷评定量表共同具有的缺点是：

- 被试验者的特征，如偏差、反应定势、过失、试验前的态度都将影响评定量表的结果；
- 当评估者可能伪造结果、情绪低落、有偏见和随机猜测等情况时，不建议使用工作负荷评定量表；
- 评估者之间的差异变化性相对较高；
- 评定者在汇集量表之前，必须熟悉或训练使用量表；
- 评定量表没有提供连续的工作负荷测量，最多只是周期性的测量；

● 可能发生负面的记忆效应。

用于测试和评估的众多评估量表中，常用的方法包括：NASA 工作负荷指数法(NASA - TLX)，Bedford 量表法(Bedford Scale)，主观工作负荷评估法(SWAT)，改进的 Cooper - Harper 法(MCH)，连续评定量表法(ZEIS)，主观工作负荷支配法(SWORD)，具体描述如下。

1. NASA - TLX 量表

NASA - TLX 量表是美国国家航空航天局任务负荷指数(NASA-task load index)的简称。该量表由 6 个因素组成(见表 6 - 1)，即脑力需求(mental demand，MD)、体力需求(physical demand，PD)、时间需求(temporal demand，TD)、业绩水平(performance，Per)、努力程度(effort，E)以及受挫水平(frustration level，FL)，量表中对每一因素都有详细的文字说明，并用一条分为等分的直线表示，调查对象在直线上与其实际水平相符处划一记号，然后再将 6 个因素对总负荷的贡献进行排序(即予以权重)。

表 6 - 1　NASA - TLX 量表的 6 个因素

因素名称	端　点	描　述
脑力需求	低/高	脑力和知觉活动(如思维、决策、计算、记忆、注视、搜索等)有多大要求？任务是容易的还是困难的？简单的还是复杂的？苛刻的还是宽松的？
体力需求	低/高	体力活动(如推、拉、旋转、控制、启动等)有多大要求？任务是容易的还是困难的？缓慢的还是迅速的？松弛的还是紧张的？悠闲的还是吃力的？
时间需求	低/高	你感到任务或任务成分的速度或节律所造成的时间压力有多大？速度是缓慢和悠闲的还是迅速和紧张的？
业绩水平	好/差	你认为你在达到试验者(或自己)设定的任务的目标方面做得如何？你对自己在完成这些目标中所获得的成绩有多满意？
努力程度	低/高	为了达到你的成绩水平，你必须工作(脑力和体力)得多努力？
受挫水平	低/高	在作业期间，你感到有多危险、多气馁、多恼怒、多紧张和多烦恼？或者多安全、多高兴、多满足、多轻松和多得意？

受试者根据自己的实际情况和感受，对每一个评价指标进行打分，从“Very Low”到“Very High”(“Performance”一项是从“Perfect”到“Failure”)，如图 6 - 1 所示。

NASA - TLX 法可应用于非常广泛的任务范围。当需要特别的诊断信息时应该采用此方法，也就是检测工作负荷的来源时，有可能借助这个方法的 6 个分量表。NASA - TLX 法具有良好的表面效度和结构效度。与其他评定量表相比较而言，NASA - TLX 法被证实为在较低工作负荷情况下的最为灵敏的方法。当这种方法用于 6 分

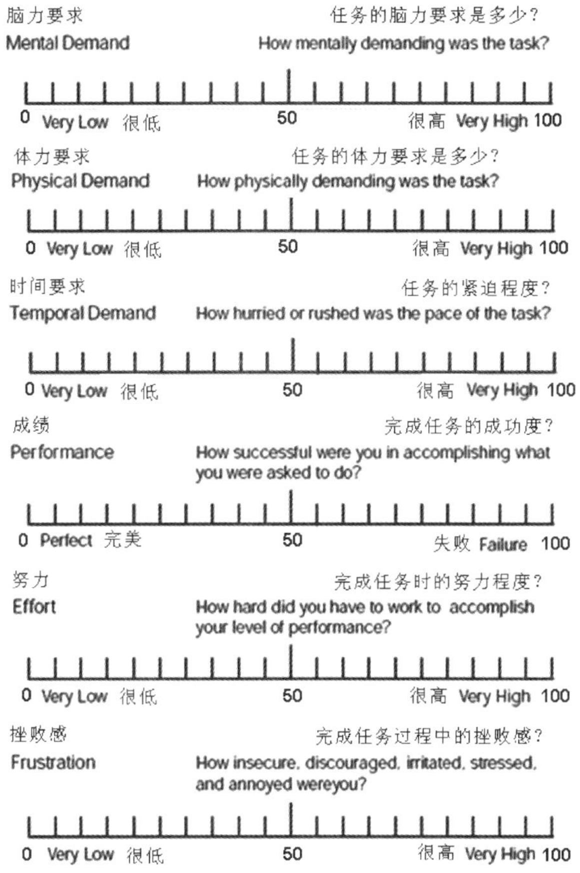

图 6－1　NASA－TLX 评分表

量表的工作效能评比时,可能会对主要任务造成干扰,尤其在高工作负荷的情况下。

方法的优点:

- 良好的表面效度,容易得到评估者的认可;
- 广泛的适用性;
- 区间量表,可使用参数检验;
- 可以预报的方式应用;
- 没有下限效应。

方法的缺点:

- 原始指令过于宽泛;
- 6 个分量表的 NASA－TLX 法部分显示了重要的组间关联;
- 在一些试验中,分量表的"失效沮丧"和"生理要求"与工作负荷的关系很小;

- 当不同的被试者给不同的量表加权 0 时，这些被试者的平均加权工作负荷分值严格来说不能再进行比较；
- 任务执行期间，NASA - TLX 法可能对主要任务造成干扰。

2. Bedford 量表法

Bedford 量表来自于 Ellis 和 Roscoe 的 Cooper - Harper(CH)量表，并且使用相同的决策树方法。Cooper - Harper 量表用于评估有经验的飞行操纵品质，而 Bedford 量表通过评估飞行员技能的熟练运用，集中于工作负荷测量，如图 6 - 2 所示。相比于其他分级的量表，Bedford 量表允许半评级(例如 5.5)。Bedford 量表受到军用和民用航空公司飞行员的普遍欢迎，这种测量方式可以被大多数飞行员接受。

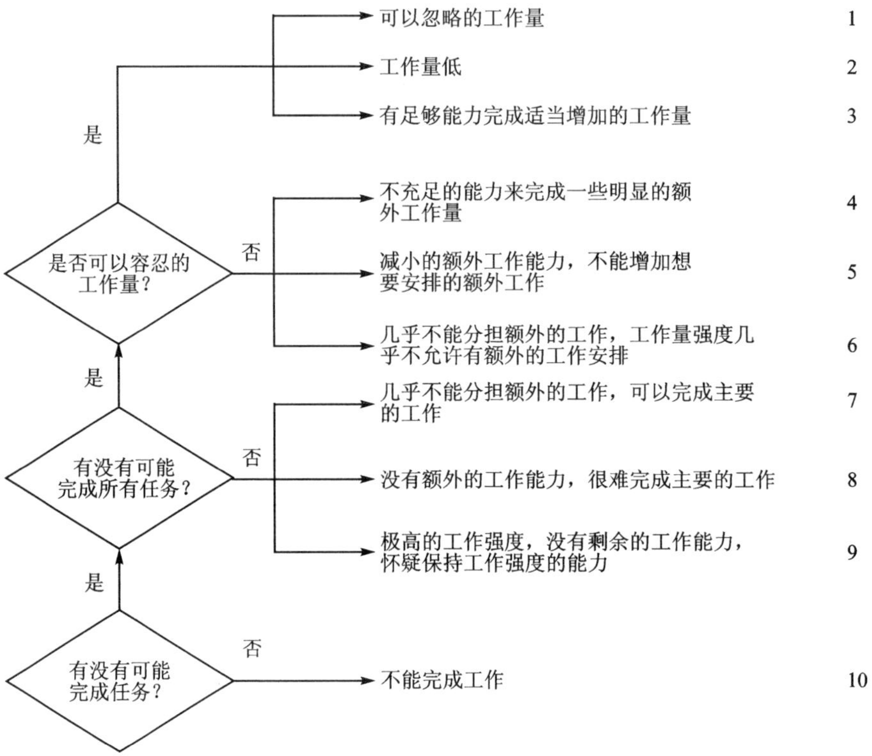

图 6 - 2　Bedford 量表

方法的优点：

- Bedford 量表用于整体工作负荷的评估；
- 该方法简单，也能很好地用于向缺少经验的人解释测试结果；
- 可被大多数飞行员接受；
- 决策树通过顺序判定使评级更容易；

- 该评级节省时间，并且在执行工作时也能使用。

方法的缺点：

- 该方法的有效性和可靠性的数据库不充分；
- 该方法简单，每项回应都含有对评级和描述不同的意思；
- 飞行员趋向于对他们执行的任何飞行任务做较低的评级；
- 小范围内灵敏度低，在 1 到 3 的评级范围内，不能很好地区分工作负荷；
- 诊断性差，一旦出现问题，很难查明哪块出现了问题，所以必须要有额外的技术。

3. 主观工作负荷评估技术(SWAT)量表

SWAT 量表是主观工作负荷评估技术(subjective workload analysis technique)的简称。该方法提出了一个包含 3 个维度的工作负荷多维模型，这 3 个维度是：时间负荷(time load)、脑力努力负荷(mental effort load)、心理紧张程度(psychological stress load)，每个维度均分为 3 个等级，量表中对每个维度的各个等级有具体描述。调查对象先根据自己的实际情况选择每个维度的相应等级，然后对这 3 个维度的重要性进行排序。评级时，研究者先根据排序情况将调查对象归入各个组别，最后换算成 0～100 之间的分数，分值越高，负荷越重。

SWAT 同样可应用于大多数工作中。但是相比于 NASA - TLX 法，这种方法在低工作负荷情况下灵敏度不高。由于 SWAT 只有三个分量表，它也可以用于对主要任务的干扰较小的任务绩效评估中，但是工作负荷来源的信息受到限制，且存在操作员工作负荷的 SWAT 预测临界值，其结构效度和表面效度比 NASA - TLX 法的低。

SWAT 的应用有两个阶段：量表开发阶段和事件评分阶段。在量表开发阶段，被试者必须根据他对工作负荷增加的个人感知，按等级排列每个维数的三个级别的所有 27 个组合。为此，被试者用 27 张卡片描述这 27 个组合，每张卡片描述一个组合。然后，使用计算机程序检测，看卡片的排序是否与一系列数学定理一致，以确保可以使用联合测量法和量表程序。但是，允许针对一些数学公理存在偏离。在以上试验之后，SWAT 技术使用联合分析法将卡片排序的评级数据转换成 0～100 的区间量表。在此 100 个节点的量表上，每个组合得到的结果都有一个固定值。SWAT 的复杂数据处理程序需要使用软件完成。在某些忽略量表开发阶段的研究结果显示，没有这个阶段，SWAT 也同样有效。

方法的优点：

- SWAT 用区间量表测量；
- 事件评分可以在执行主要任务的时候来做，但不能在关键工作负荷时期来做；

- SWAT 可以预先使用；
- SWAT 可以用于非常广泛的任务范围中；
- SWAT 可用于时间和资源紧张的时候；
- 在实验室和实际中都得到应用。
- 具有“红线”值(记录何处性能趋于衰减)。

方法的缺点：

- SWAT 的维数来自于直观感受；
- 在所有 SWAT 维数之间有很重要的组间关联；
- 每个被试者需要进行 1.5h 的 SWAT 培训和卡片排序训练；
- 卡片排序可能出现问题，它需要良好的语言能力，并且执行该项任务的积极性有时很低；
- 没有精确说明允许的例外的数学定理的数目；
- 在低工作负荷水平下，SWAT 的灵敏度低；
- SWAT 要求试验者做出决策，指定量表的类型和适用性。

4. 改进的 Cooper-Harper(MCH)法

Cooper－Harper 量表已成功用于评估飞机操纵性任务和其他(如汽车)任务。在更复杂的自动化系统中，人在操作系统中的角色已经改变了，很少再参与系统的主动控制，人们更多的是参与如感知、监测、评估、通信和解决问题的活动。由于最初的 Cooper－Harper 法没有用于评估这样的活动，于是 Wierwille 和 Casali 改进了这个方法，使得它可适用于现代自动化系统的任务和特性。这个改进的 Cooper－Harper(MCH)法保留了最初的 Cooper－Harper 量表的决策树，但是改变了措词。作者假定 Cooper－Harper 法至少在一个相对可靠的基础上给出了对工作负荷的全面评估。

MCH 法给出了一个整体的工作负荷的估计，但却没有诊断性信息。研究对比得出，MCH 法的灵敏度低于 NASA－TLX 法和 SWAT 法的灵敏度。

方法的优点：

- 决策图表允许逐次判定，使评级变得更容易。
- 该评级非常节省时间，而且也可以在执行任务时使用。

方法的缺点：

- MCH 量表用顺序量表来测量；
- MCH 量表认为绩效和努力程度直接相关，这一点是值得怀疑的；
- MCH 量表没有诊断性。

5. 连续评定量表法(ZEIS)

连续评定量表最初用于评估有经验的司机驾驶车辆的操作难度，从人体工学设计原理和试验中得到如下 14 个量表设计准则：

- 使用连续量表格式，而不是分类量表格式；
- 在刻度点使用语言描述和数字表示；
- 在所有主要刻度标记上使用描述符；
- 使用水平刻度格式而不是使用垂直刻度格式；
- 在端点，要么使用极限描述，要么不描述；
- 使用简短、准确、不含数值的描述符；
- 使用经验决定的、排列有序的描述符；
- 选择并使用等距的描述符；
- 使用心理量表的描述符；
- 只能用正数；
- 具有能趋向于合理的优良品质；
- 使用没有评估要求和偏向的描述符；
- 使用 11 个或更多的刻度点作为有效的、许可的描述符；
- 借助合适的辅助来最小化评估的工作负荷。

尽管这一设计是为了更好地评估车辆操作，但该评定量表可以应用到更广泛的任务中。Torgerson 发现连续评定量表具有区间量表属性，这允许对评级数据进行参数统计。量表图中的描述可以适用于每项工作，该方法通过两级量表协助被试者，被试者被要求依次做出两个判断，第一次是粗略判断，第二次是更精确的判断。第一次是根据三个基本类别“难”、“中等”、“简单”做出判断，然后转换到完全持续量表的较详细的合适部分，目的是通过在合适点画线做出一个精确的评级。这两个量表部分包括较少的点，因此被试者的工作负荷减少。可以用短量表粗略地评级，较长的量表进行精确评级。问题以及向导指令可以尽可能快地集成到量表中，以确保所有的被试者接收到同一的指令，确保了时效性，因此增强了量表的客观性。

方法的优点：

- 可在任务完成期间测量工作负荷，因为事件得分只需要一点时间即可；
- 连续评定量表得到评估者的广泛认可。

方法的缺点：

- 连续评定量表的评级没有诊断性；
- 评定量表的有效性受到限制。

连续评定量表给出了一个没有任何诊断信息的整体工作负荷评估。在对比评价结果中，连续评定量表的有效性相对较高，但其有效性目前仅主要限于汽车行业。由于连续评定量表和 MCH 法都是线性方法，它们也可用于工作性能的测量，并且不干扰主要任务。

6. 主观工作负荷支配技术(SWORD)

主观工作负荷支配技术（SWORD）来源于 Saaty 开发的层次分析法（AHP）技术，可以评估任何方面。Lidderdale 第一个将该方法应用到主观工作负荷评估上面。与最初的 AHP 相比较，该方法已经有所改进。AHP 使用特征向量矩阵算法，将原始数据转变成评定量表的值，然而 Lidderdale 使用几何平均数方法，更容易理解和计算，并且可获得对比的结果。Lidderdale 也使用一个不同的评定量表，其较 AHP 有更少的量表刻度点。SWORD 使用 Saaty 建议的量表与几何平均数转换相结合的技术，这种转换的结果本质上与使用特征向量矩阵计算出来的结果一样。与其他大多数量表相比，其他量表是基于绝对比较（不参照其他工作条件），而 SWORD 使用相对比较，即每项工作单独与所有其他工作进行比较。此外，当使用 SWORD 时，需要在所有工作完成之后再评估之前的工作，而使用其他方法（例如 SWAT，NASA - TLX）时需要立刻评估工作，一个接着一个，以避免负面的记忆效应。最后，SWORD 法有比率量表，然而大多数其他方法只有区间量表或顺序量表。因此，在分析统计数据时使用 SWORD 法没有任何限制。

SWORD 方法基于成对比较，并且有三个主要步骤：

① 搜集原始判断数据。在所有工作执行完后，评估者必须在所有可能的关于工作负荷的任务组合中进行成对比较。每项比较使用一个含 17 个离散步骤的评定量表。一项任务出现在量表的左端，另一项任务出现在量表的右端。当评估者认为两项任务的工作负荷相等时，评估者在量表中间标上“相等”。某项任务越重要，离“主要任务”的端点越近，评估者应在量表的相应类别作标记。为描述两项任务中哪个任务的工作负荷相对占优，采用 9 个文字描述符，中间是“相等”，中间往左右两边依次是“弱”、“强”、“较强”、“最强”（如图 6 - 3 所示）。

② 构造判断矩阵。在判断矩阵中，行和列对应的是两个两个进行比较的任务。矩阵中的每个方框显示的是对应行任务和对应列任务进行成对比较的结果。对角线上显示的是每项任务与它本身的比较结果，为 1。矩阵的右上方部分，当进行比较的任务有几乎相同的工作负荷水平时为值 1，当左边部分的工作占主导地位时，方框中的值为 2，3，4，5，6，7，8 或 9(2 表示最低的主导地位，9 则表示最高主导地位)，当右边部分的工作占有主导地位时，方框中的值为这些数的倒数（1/2，1/3........1/9，1/9 表示最高主导地位）。矩阵左下角的值为对应矩阵右上角值的倒数（如图 6 - 4 所示）。

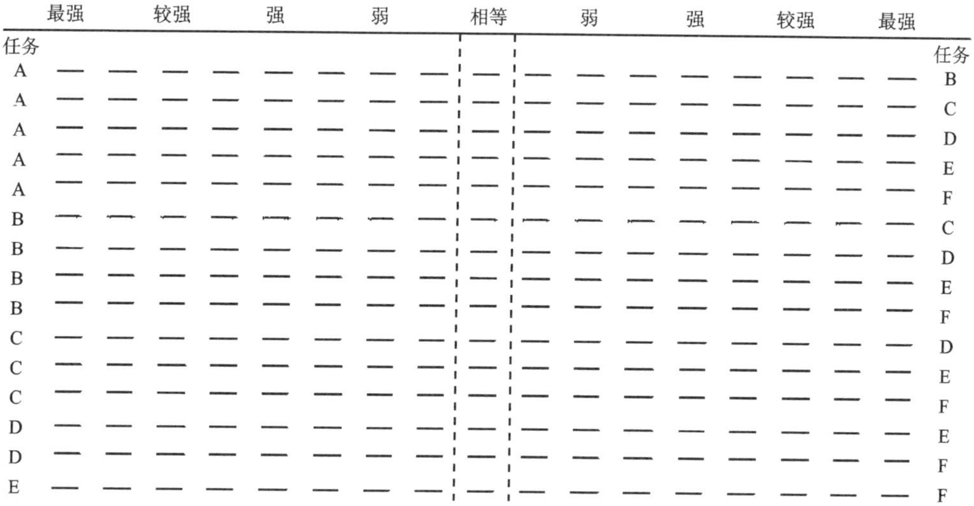

图 6-3　主观工作负荷支配技术(SWORD)评估表

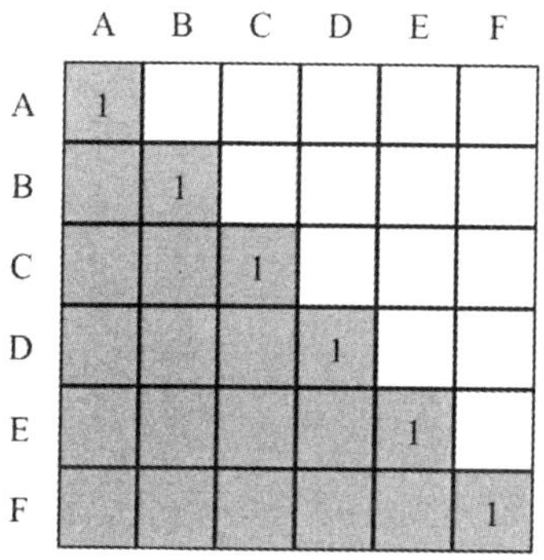

图 6-4　主观工作负荷支配技术(SWORD)判断矩阵

③ 计算评级。对矩阵的每行计算几何平均数，然后对这些值进行标准化，结果得到每项任务的工作负荷评级。评级不一致则说明出现问题。如果任务 A 是任务 B 难度的两倍，任务 B 是任务 C 难度的 3 倍，那么任务 A 应当是任务 C 难度的六倍。

方法的优点：

- SWORD 具有比率量表；
- 比绝对比较容易执行，因为被试者可以只关注两个条件之间的关系；
- 由于 SWORD 基于回顾性评级，它比像 NASA－TLX 这种立即做出评级的方法具有更好的再试验可靠性；
- 比 NASA－TLX 和 OW(单维工作负荷量表)有更高的灵敏度；

- 可以测量评估者判断的一致性。

方法的缺点：

- 由于 SWORD 基于成对测试，所以可以比较的任务数目受到限制，任务的数目必须是 n(n－1)/2，若需要比较太多任务的话，就超出记忆的范围了；
- 在任务完成期间不可以使用 SWORD；
- 由于 SWORD 基于回顾性评级，记忆效应可能影响结果；
- 在评估表中必须能够识别进行成对比较的任务。

6.3.2.2 绩效测量方法

绩效测量方法是某一组织建立的一种用以判断其方案、绩效、收益等是否达到预期目标的评估程序，该评估程序需要使用统计证据以确定特定的绩效目标。

绩效测量方法有如下的原则：

- 必须测量所有重要的任务；
- 不采用无法测量或评估的任务，因为没有客观信息来确定其价值；
- 确定测量任务的预期绩效输出，对评估和量化绩效是必要的；
- 必须经常进行绩效报告和差异分析，以便及时纠正，满足有效的管理控制。

1. 主任务测量法(primary task measure)

主任务测量法(相对于辅助任务法)，用以评估试验者完成标准任务的绩效。因为系统绩效是评价的目标，所以把与系统有关的任务称为主任务。把绩效作为脑力负荷的指标，它直接反映了操作者努力的结果。一般通过增加任务数量、任务密度或复杂度来不断增加任务难度。开始时，试验者能够跟上不断增加的任务负荷，但后来随着工作负荷超过了试验者的能力，其完成标准任务的绩效降低了。

主任务测量法的缺点：对于许多复杂任务，没有公认的方法来客观评估试验者完成主要工作任务中的绩效，除非是设定某些容易识别的灾难性的绩效失效点。在实际的高风险性领域中，不容许主要任务的绩效降低，更不能有灾难性的失效。主任务工作绩效与操作者技能、经验、疲劳状态、努力程度以及任务的难易度有关，工作绩效与脑力负荷往往不能用简单的线性关系来衡量。

2. 辅助任务测量法(secondary task measure)

辅助任务测量法是评估与主要任务绩效相关工作能力和操作人员局限性的一种工具。在执行主要任务的同时，要求操作员执行辅助任务。该方法基于一个假设，即作为信息处理系统的操作人员只有有限能力，而主要任务剩下的备用能力由辅助任务来弥补。辅助任务中绩效的衰减越大，主要任务中操作人员剩下的备用能力越低，操作人员的工作负荷就越大。相比于外部辅助任务，嵌入式辅助任务(例如当驾驶飞机时的无线电通信)是标准系统功能的一部分，能够减少传统外部辅助任务的主要缺点(如妨碍主要任务、操作员接受程度低、高实施要求等)。

在测试和评估阶段需考虑的因素：

- 辅助任务应当采用与主要任务相同的能力资源；
- 为避免遇到传统辅助任务带来的问题,建议使用嵌入式辅助任务；
- 如果一些主要任务的工作负荷太大,不能使用辅助任务；
- 无论与主要任务同步或者不同步,都需要针对辅助任务进行充分的培训；
- 应始终仔细考虑辅助任务对主要任务的妨碍,在操作系统中不能忽略安全问题。

方法的优点：

- 工作负荷评估具有客观性,主观因素影响最小；
- 当使用不同的辅助任务时具有良好的诊断性；
- 可用一些辅助任务进行持续工作负荷的测量；
- 区间量表的测量可以更好地利用信息。

方法的缺点：

- 辅助任务可能干扰主要任务,引起主要任务绩效的衰减,以致影响系统运行的安全性；
- 针对辅助任务需要进行充分的培训,操作员通常对辅助任务很难认可；
- 辅助任务和主要任务之间的关注度分配可能不稳定,导致结果可能无效；
- 如果不使用嵌入式辅助任务,则实施花费可能较高。

6.3.2.3　生理机能测量方法

用生理学技术测量操作员的工作负荷是基于以下假设,即工作负荷可以通过中枢神经系统、自主神经系统、体壁系统以及内分泌系统的生理反应显示出来。生理测量有两个层次:情绪和生理活跃的测量(如心率、瞳孔变化和眼动特性),感觉和精神过程的测量(如相关的电位和凝视方向)。生理机能测量的结果可以作为机组工作负荷的定量表征,可通过对结果的分析确定工作负荷的程度与变化。

关于辅助任务的说法也同样适用于生理学工作负荷测量方法:每项技术都显示具有灵敏度,但几乎每项技术都有不足之处。从这一点得到,生理学方法只可用于除了主观工作负荷测量方法之外的工作负荷测量。如果试验现场条件下实施要求较低时,或者当需要进行非干扰性和持续性的工作负荷测量时,可以使用生理学测量方法。

测试和评估阶段需考虑的因素：

- 不同的生理学测量方法测量工作负荷的不同方面；
- 当各小组独立试验时,某些涉及基线测量和负荷测量的方法(例如心电图测

量)必须使用相对值,因此必须设定基线度量;

- 生理学方法可能存在伪差;
- 生理活动可能影响生理测量(如心率);
- 生理学测量方法可能限制操作员的移动性(如通过电线、头枕等);
- 在试验开始之前,操作者应当适应研究环境(否则心率等会增加)。

方法的优点:

- 借助其他方法,可以进行持续的工作负荷测量;
- 不需要被试验者参与,就可对工作负荷进行客观性评估;
- 可以预测工作负荷反应和工作负荷结果;
- 可评估持续操作后工作负荷的长期影响;
- 借助一些方法(如心电图)可同时得到不同的测量结果,分别为工作负荷评估的不同方面(如心率和心率的不规则性);
- 可同时应用多种不同的方法;
- 被试者不能随便影响结果;
- 该方法对主要任务没有干扰。

方法的缺点:

- 结果数据可能存在伪差;
- 有些生理学方法的实施要求很高(如皮层诱发电位);
- 大多数生理方法的有效性相互矛盾;
- 生理方法容易受身体和情绪因素影响;
- 操作者的移动性受到限制(如当测量眼球移动时需使用头枕);
- 数据分析很麻烦(如皮层诱发电位)。

6.4 某型号飞机最小飞行机组审定计划

6.4.1 引 言

某型号飞机最小飞行机组审定计划是描述某型号飞机合格证申请方符合性验证工作的基础性文件。本审定计划由申请人编制,提交审查方批准。本申请人相关验证活动具体人员和时间等安排见审定计划实施计划。

6.4.2 范 围

本审定计划规定了某型号飞机最小飞行机组审定计划。

本审定计划适用于某型号飞机最小飞行机组及相关专业的符合性验证工作和有

关研制活动。

6.4.3 依据性文件

1. 适航规章

CCAR25-R4 运输类飞机适航标准；

CCAR91 一般运行和飞行规则；

CCAR121 大型飞机公共航空运输承运人运行合格审定规则。

2. 咨询通告

AC25.1523-1 Minimum Flight Crew；

AC25.773-1 Pilot Compartment View Design Considerations；

AC25-11A Electronic Flight Deck Displays；

AC25.1322-1 Flight Alerting；

AC20-175 Controls for Flight Deck Systems；

AC25.1329-1B Approval of Flight Guidance Systems。

3. 工业标准

SAE ARP 4033 Pilot-System Integration；

SAE ARP 4102 Flight Deck Panels, Controls, and Displays；

SAE ARP 450D Flight Deck Visual, Audible, and Tactile Signals；

SAE ARP 5289 Electronic Aeronautical Symbols；

SAE ARP 571C Flight Deck Controls and Displays for Communication and Navigation Equipment for Transport Aircraft；

SAE ARP 5898 Human Interface Criteria for Flight Deck Surface Operations Displays；

SAE AS 290B Seats for Flight Deck Crewman—Transport Aircraft；

SAE AS 425C Nomenclature and Abbreviations for Use on the Flight Deck；

SAE AS 580B Pilot Versatility from the Flight Deck Design Objectives for-Commercial Transport Aircraft；

SAE AS 8031A Personal Protective Devices for Toxic and Irritating Atmospheres Air Transport Flight Deck (Sedentary)。

4. 条款内容

FAR/CCAR25.1523 最小飞行机组

必须考虑下列因素来规定最小飞行机组，使其足以保证安全运行：

(a) 每个机组成员的工作量；

(b) 有关机组成员对必需的操纵器件的可达性和操作简易性；

(c) 按第25.1525条所核准的运行类型。

附录D① 阐述了按本条要求确定最小飞行机组时采用的准则。

6.4.4 系统安全性要求

本审定计划将针对某型号飞机的飞机级功能危险性评估结论中提及的每一项系统功能失效状态对机组工作负荷的影响进行分析，并将选取典型的系统功能失效场景，采用试飞(MC6)和模拟器试验(MC8)加以验证。本审定计划将考虑机组由于系统功能失效而引起增加的工作负荷因素。

6.4.5 构型管理

某型号飞机的研制已经构建了完整的、行之有效的构型管理体系。影响最小飞行机组审查的构型项已被列入构型管理体系，在某型号飞机研制过程中，影响最小飞行机组审查的相关设计更改会得到有效控制。

通过有效的构型管理，实现对驾驶舱系统设备更改的控制，保证驾驶舱内系统设备满足总体设计要求，确保各系统设计方案协调统一，满足驾驶舱设计的可跟踪性和可追溯性。

6.4.6 运行要求

某型号飞机规定的最小飞行机组要满足CCAR91部和CCAR121部中规定的目视飞行规则运行、仪表飞行规则运行、夜间和云上运行、跨水运行、在结冰条件下运行、缩小垂直间隔标准空域内的运行等运行要求，在验证场景设置过程中需要考虑CCAR91部和CCAR121部中提及的运行要求。

6.4.7 审定基础

本审定计划适用的CCAR25部条款共包括2项条款、1个附录，详见表6-2。

表6-2 CCAR25部适用条款

序 号	条 款	标 题
1	25.771(a)	驾驶舱总则
2	25.1523(含附录D)	最小飞行机组

---

① 此部分内容为25部条款的引用，附录D特指25部附录D。

6.4.8 符合性验证

6.4.8.1 CCAR25.771(a)

通过图纸进行符合性说明、通过机组人员在模拟器和飞行试验中进行实际操作试验表明符合性。

6.4.8.2 CCAR25.1523

1. 符合性验证思路

最小飞行机组条款采用说明性文件(MC1)、飞行试验(MC6)和模拟器试验(MC8)表明符合性,符合性验证思路可按下述三个阶段进行:

① 工作负荷分析阶段

确定参考机型,选用同等级别的飞机(运行成功的)作为评估对象的机组成员工作负荷比较的基准。

对某型号飞机驾驶舱内的操纵器件和控制面板的可达性、操作简易性以及有关操纵程序和参考机型进行对比分析,形成分析报告。

② 模拟器演示试验阶段

确定试验场景,场景的设置应涵盖 FAR/CCAR25 部附录 D 中规定的机组基本工作职能、工作负荷因素和核准的运行类型。

记录被评估飞机在工作程序、眼和手的动作以及正常和非正常操作的时间,对比分析某型号飞机工作负荷相对于参考机型的增减程度。

在某型号飞机的模拟器试验中,采用机组工作负荷主观评估法进行评估;由有经验的驾驶员、适航管理当局的驾驶员和参考机型的航线飞行员,按 CCAR25 部附录 D 的准则进行主观评估打分。

③ 飞行试验阶段

确定试验场景,场景的设置应涵盖 FAR/CCAR25 部附录 D 中规定的机组基本工作职能、工作负荷因素和核准的运行类型。根据试验场景确定试飞科目、编制试飞规划。

记录被评估飞机在工作程序、眼和手的动作以及正常和非正常操作的时间,对比分析某型号飞机工作负荷相对于参考机型的增减程度。

在某型号飞机的模拟器试验中,采用机组工作负荷主观评估法进行评估;由有经验的驾驶员、适航管理当局的驾驶员和参考机型的航线飞行员,按 CCAR25 部附录 D 的准则进行主观评估打分。

2. 参考机型选取

参照“工作负荷”的构想,目前没有绝对的基准来测试。工作负荷有很多构成因素，例如当前的任务、设备使用的简易性、工作和飞行条件、自动化等。任务负荷是可以预测的，但是工作负荷需在飞行中测量。

用于工作负荷评价的数据是在同等测试条件下，与已知/或可接受的实验设计的对照。例如，心率的基线，可以在放松状态、标准计算工作、轻松的飞行阶段（如在另一熟识的飞机上巡航或保持相同情景飞行）的情况下测得。

总体来说，推荐的方法要求飞行员用已审定的机型和待审定的机型在相同的场景飞行。如果得到的机组工作负荷和操作的简易性相似，则可申请审定。

一般选用同等级的飞机（运行成功的）作为评估对象的最小飞行机组比较的基准。对比机型的确定需考虑飞机的类型和构型、预期使用用途、驾驶舱布局、驾驶舱系统的功能、机组操作程序等方面的相似性。由于最小飞行机组的试验需要在对比机型的模拟器上进行，所以对比机型选择时还应考虑该机型在国内是否有可用的模拟器。

最终参考机型的选择需要在审定的初级阶段由申请人和适航管理当局达成共识。

3. 机组程序、飞行手册和检查单

在设计机组程序时，考虑飞行机组在正常飞行条件下平均分配任务量，或在非正常和应急的条件下重新分配任务量。在系统设计之后，这些程序决定或影响了机组成员可预知的任务量。机组程序的好坏直接影响飞行机组的工作负荷。飞行手册也影响到机组操作飞机的方式，复杂的飞行手册导致低的效率和安全性。试验/检查单的培训应当说明有关的飞行场景和条件，包括根据最小设备清单要求的不同飞机配置。

4. 确定试验场景考虑因素

场景的设置将涵盖FAR/CCAR25部中规定的机组基本工作职能和工作负荷因素。另外，根据AC25.1523-1，在拟定试验场景时，还将考虑以下因素：

① 航路。试验场景中选择的航路将在导航手段、机场条件、仪表设备和适航管理当局的空中交通管制等方面具有综合代表性。

② 气象。选择的航路将能提供飞机预计运行条件下（例如仪表飞行气象条件IMC、夜间飞行、扰流和结冰等）可能遇到的不利气象条件。

③ 机组工作计划。将向试飞机组提供代表研制飞机运行类型的日常工作计划。包括工作日持续时间，预计出发和到达的最多次数，夜间起飞次数，允许驾驶员出勤的最多次数和最少的休息间隔时间。

④ 最低限度设备主清单。申请人将在建议的试验场景中列入具有代表性的派遣构型，与模拟的故障相组合，构成未来进行评估的评估条件。

⑤ 空中交通密度。飞机将在仪表飞行气象条件和目视飞行气象条件(VMC)下在典型的空中交通高密度区的航线上飞行。同时也将包括精确和非精确进近、等待着陆、中断着陆和转向备用机场等。

⑥ 机组人员失去工作能力。试验场景将考虑到在飞行中任何时候，当一名驾驶员完全失去工作能力后，其他驾驶员仍能安全地驾驶飞机并能在预定或非预定的目的地安全降落的演示内容。

⑦ 系统失效。在试验场景中将考虑系统从正常模式转为失效模式时所造成的影响。不仅要考虑主、次系统的失效，也将包括具有代表性的组合失效情况。

⑧ 应急和非正常情况。试验场景中将列有典型的应急和非正常情况，以研究它们对机组工作负荷的影响。在试飞计划中列入需评估的系统失效前，将对它们先进行模拟和分析研究，以保证选择合适的失效模式。此外，AC23.1523 中还要求考虑机组差错情况。对驾驶舱设计进行评估时，重点关注工作负荷高的场景是否会导致飞行机组差错。

场景的设计还得考虑某型号飞机的安全性分析结果。根据安全性分析，失效状态的影响等级分为 5 类，即：无安全影响的、较小的、较大的、危险的和灾难性的。各影响等级对机组的影响分别为：没有影响，机组使用正常程序，轻微增加工作负荷；机组使用非正常程序，身体不舒适且增加工作负荷较大；机组使用应急程序，并处于危险状态，工作负荷极大增加，完成任务的能力极大降低或丧失能力。根据安全性分析结果和科目的风险程度，选定用于模拟器试验的场景和用于飞行试验的场景。

5. 试验/试飞机组的确定

为确保机组工作负荷试验/试飞结果的有效性和可信度，试验/试飞机组的选择将考虑不同的年龄、飞行经验、身体特征等要求，确定若干个试验/试飞机组，包括某型号飞机试飞员、适航管理当局试飞员、对比机型航线飞行员、其他航线飞行员等各若干名。为保证试飞的安全性，试飞时 2 人机组必须有 1 名某型号飞机的试飞员，且避免 2 人机组均为某型号飞机申请人试飞员的搭配原则。此外，对于航线飞行员，在试验前 1 周内需要完成 15～25 h 的航线飞行。最小机组的试验/试飞验证过程中，还需配备 2～3 名资深飞行员作为观察员(试验/试飞时选取 1 名就座于观察员座椅)，记录飞行过程中的机组差错。记录机组差错的目的是找出飞机设计的不足，以改进飞机的系统设计和/或程序编制。

6. 试验设备的选取

根据试验/试飞数据的采集要求，试验将在飞机上安装摄像机、摄像头对试验过程进行记录；配备人体生理数据采集装置采集飞行员的心率数据，配备眼动追踪仪记录试飞过程中飞行员的眼睛活动。这些设备将在试验、试飞大纲中说明型号、工作频率、功率、安装位置、供电方式和产品认证标准。

7. 试验/试飞前的机组培训

由于需要在某型号飞机和对比机型上进行试验/试飞，因此在试验/试飞前需要对机组进行某型号飞机和对比机型的培训，培训内容将至少包括飞机总体介绍、系统功能介绍、机组程序/飞行手册/检查单介绍、模拟器飞行、试验设备功能介绍等方面。

8. 工作负荷评价方法

① 任务负荷分析。

输入：

- 高等级任务清单；
- 飞行手册和飞行程序；
- 经 CAAC 认可任务时间序列的飞行情景。

输出：

- 任务时间序列清单，包括子任务、活动和使用的设备；
- 估计任务所需时间与可用时间的对比。

② 任务时间线分析。AC 25.1523－1 建议，由飞机和飞行制度赋予飞行员的任务负荷可以评价为完成特定任务所需时间与完成任务可用时间(时间线分析)的百分比。这种技术对场景或者操作有时间约束的条件下非常有用。

这种方法对于有明显的飞行员动作(例如控制运动和数据输入)存在的飞行任务的评价是令人满意的，但是对于更明显的、认知方面(计划、计算、做决策等)的飞行任务是不适用的。这部分工作负荷可以通过其他测量方法进行评价。

③ 其他测量方法。评估工作负荷的测量方法主要有：主观测量方法、绩效测量方法、生理机能测量方法和辅助任务法等。主观测量方法是基于操作员对与工作绩效有关的工作负荷的判断来评估工作负荷。绩效测量方法是通过测量工作绩效来评估工作负荷。生理机能测量方法是通过测量操作者对所分配的工作任务产生的不同生理反应来评估其工作负荷。主观测量方法是基于体验的后验性方法，能够总体表征测量机组工作负荷的大小，但不易区分各任务阶段工作负荷的变化。相对来说，生理机能测量方法具备实时测量的能力。主观测量方法相对于其他方法缺点较少，尤其是评估操作员或观测员工作判断的评定量表有很多优点，比其他所有测量方法更易于使用。

用生理学技术测量操作员的工作负荷是基于以下假设，即工作负荷可以通过中枢神经系统、自主神经系统、体壁系统以及内分泌系统的生理反应显示出来。生理测量有两个层次：情绪和生理活跃的测量（如心率、瞳孔变化和眼动特性），感觉和精神过程的测量（如相关的电位和凝视方向）。生理机能测量的结果可以作为机组工作负荷的定量表征，可通过对结果的分析确定工作负荷的程度与变化。

9. 试验/试飞数据的采集

在试验/试飞过程中，需要采集和记录下述三类数据：

① 记录在整个飞行过程中机组操作、机组错误、通讯不成功等（观察员记录、摄像机记录）；

② 飞行员在整个飞行过程中的生理参数；

③ 飞行员在整个飞行过程中对工作负荷的主观评估。

10. 模拟器要求

模拟器逼真度的要求如下：

① 驾驶舱一般构型要求。模拟器应当具有一个所模拟飞机驾驶舱的全尺寸复制品，其操纵装置和设备、能够看到的驾驶舱指示器、跳开关、隔板等的位置要合适且功能要准确，并可对飞机进行复现。操纵装置和开关的移动方向应与所模拟的飞机一致。影响操作程序或导致可视的驾驶舱指示的跳开关，其位置应当与实际的完全一致、功能应当准确。

② 模拟器编程。飞行中通常遇到的阻力和推力的各种组合对空气动力变化的影响应符合实际飞行条件，包括飞机姿态、阻力、推力、高度、温度、全重、重心位置和构型变化的影响。

③ 设备操作。模拟的飞机各个系统的工作应当与飞机各系统在地面和飞行中正常、非正常和紧急条件下的工作相同。

模拟器为驾驶员提供的操纵装置的操纵力和行程应当与所模拟飞机的一致。在相同的飞行条件下，模拟器对操纵的反应应当与飞机的相同。

④ 运动系统。运动系统应当有驾驶员可以感知的运动（力）提示，该提示代表了飞机的运动。模拟器应当具有至少能产生相当于 6 自由度具有协调性的运动（力的提示）平台系统。

⑤ 视景系统。模拟器应当装有提供驾驶舱外部景象的视景系统。

⑥ 声音系统。驾驶员的操纵动作导致的驾驶舱声响应与真实飞机在相同情况下发出的声响一致。模拟器应当准确地模拟降水、风挡雨刷声响和正常操作期间驾驶员能感觉到的其他重要的飞机噪声，包括飞机坠毁的声响（当模拟器以非正常姿态着陆或超过起落架结构极限时），正常发动机和反推声响，以及收放襟翼、起落架和扰流板的声响。

11. 符合性方法

某型号飞机最小飞行机组审定计划的符合性方法见表 6-3。

表 6-3 某型号飞机最小飞行机组审定计划的符合性方法

符合性方法表 Compliance Matrix													
规章 Regulations	条款 Section	符合性方法										验证说明	备注
		0	1	2	3	4	5	6	7	8	9		
CCAR25	25.771(a)		1					6		8			
	25.1523(a)(b)		1					6		8			
	25.1523(c)		1										
	25 部附录 D		1					6		8			

12. 对持续适航的说明

某型号飞机最小飞行机组模拟器试验和试飞试验场景的设置需要考虑主最低设备清单下的派遣构型，这种派遣构型与模拟的故障相组合构成后续评估的评估条件。

13. 制造符合性检查

某型号飞机最小飞行机组审定计划中涉及 2 类试验：模拟器试验和飞行试验。

① 某型号飞机最小飞行机组模拟器试验。

- 试验验证的系统

  检查模拟器驾驶舱内各控制板、操作手柄、显示装置的位置是否有偏离。

- 试验改装

  本试验无须改装。

- 相关测试设备

  本试验需要用到的测试设备有人体生理数据采集装置和眼动追踪仪，试验前需要对测试设备的型号、安装位置、供电方式和产品认证标准等信息进行检查和记录。

② 某型号飞机最小飞行机组飞行试验。

- 试验验证的系统

  检查模拟器驾驶舱内各控制板、操作手柄、显示装置的位置是否有偏离。

- 试验改装

  本试验无须改装。

- 相关测试设备

  本试验需要用到的测试设备有人体生理数据采集装置和眼动追踪仪，试验前需要对测试设备的型号、安装位置、供电方式和产品认证标准等信息进行检查和记录。

附录1　25.1302 供飞行机组使用安装的系统和设备的设计与审定

飞行机组对航空运输系统起着积极的作用，他们要依靠自己的能力评估不断变化的环境和条件，分析潜在的可能，并做出合理的决策。但是，即使是训练得当的、合格的、健康的、警觉的飞行机组也会犯错。有些差错是由于受到了设备系统（甚至是经过谨慎设计的系统）设计及其相关的人机交互作用的影响。虽然大部分的差错并不会引起重大的安全事故，或是被及时发现并加以修正，但是事故分析表明，在大部分各种类型的航空事故中，人为差错是最重要的影响因素。事故通常是由于一系列的差错或是由与差错相关事件（如设备故障、天气状况）的结合而引起的。分析指出，飞机驾驶舱及其他系统的设计会影响驾驶员的行为及飞行员差错发生的频率和结果。

一部分规章的存在是为了通过对驾驶舱及其设备的设计提出一定的特性要求以提高航空安全性。在 25.1302 供飞行机组使用安装的系统和设备之前的适航条款中规定了与飞行机组差错相关的驾驶舱设计所需达到的基本要求，如 25.1301(a)款、25.771(a)款和 25.1523 条。不过，这些条款基本都未给出潜在的人为缺陷与差错发生情况下设计者应如何应对。

25.1302 供飞行机组使用安装的系统和设备是对现有的适航条款的补充，它并没有替换或者取消现有的适航条款。现有的适航条款有的是针对特定系统的，如 25.777 条、25.1321 条、25.1329 条、25.1543 条等，有的是针对总应用的，如 25.1301(a)款、25.1309(c)款、25.771(a)款等，还有关于建立最小机组的 25.1523 条。新增加的 25.1302 条通过增加更加明确的与飞行机组行为相关的设计属性的需求，包括规避和管理飞行机组差错，增强了现在已有条款总的应用规则。此外。其他规避和管理差错的方法通过管理飞行员和飞机操作的资格进行规定。

1　25.1302 条与其他适航条款的关系

先前的与驾驶舱人为因素相关的适航条款是基干案例为基础的，反映了对过去安全事件的考虑以及事故调查委员会对安全性的推荐方法，这是一种被动的方式，为了针对新技术或者新的预期的运行环境所产生的问题，需要一种主动的、积极的方式，因为不管是适航管理当局还是工业界都无法预期将来会发生什么。通过对先前的适航条款的研究，发现这些条款对于人为因素来说还不是完备的，这些条款无法完全提供与飞行机组行为以及在预期运行条件下或所有设备和系统与飞行机组交互时的飞行机组差错相关的设计需求，主要局限在于：

- 25.671 (a)款仅适用于飞行控制；
- 25.771 (a)款仅提出避免非理性的注意力集中和疲劳，而没有涉及其他导致飞行机组差错和能力下降的原因；
- 25.771 (c)款仅要求控制飞机的方法必须在职能上与每个飞行员的位置相同，而并没有设置这些方法的标准；
- 25.777 条只定义了操纵器件的布局(定位)和物理属性，没有考虑操纵特征对飞行机组能力和差错的影响；
- 25.779 条只定义了操纵器件动作和效果，同样没有考虑其操纵特征对飞行机组能力和差错的影响；
- 25.1301 条非常概括，无法持续性应用于人为因素的安全问题审定；
- 25.1309(a)款仅适用于所需的设备，因为过于概括，无法持续性应用于人为因素的安全问题审定；
- 25.1309 (c)款定义了仅在设备失效情况下可用的需求，而不是所有期望的运行环境(正常和非正常情况)；
- 25.1523 条和附录 D 只为建立最小飞行机组要求飞行机组工作负荷，而仅依靠工作负荷对完全解决最小飞行机组的大小和构成是不充分的。

由于 25.1302 条是对以往的人为因素相关条款的补充，所以在进行驾驶舱设计以及进行适航审定的过程中，考虑从控制器件、信息显示、系统行为、飞行机组差错管理以及集成化等方面进行分析。

2　25.1302 条款实施

25.1302 条的实施主要包括认证计划、设计注意事项与指导以及符合性验证方法。其中认证计划是申请方与适航管理当局之间的活动和沟通。设计注意事项与指导确认了人为因素相关设计问题，为控制、显示、系统行为、系统集成的设计与评估提供建议，并为差错管理提供设计指导。符合性验证方法则描述了符合性验证活动所采用的方法。

2.1　背　景

事故往往是由一系列差错和安全相关事件的组合产生的(例如设备故障和天气条件)。事故分析表明，驾驶舱和其他系统的设计对飞行机组成员任务的执行力、飞行机组成员差错的发生概率会产生影响。

目前的一些法规要求改善航空安全性，通过驾驶舱和装备的设计使其具备一定的能力和特点。驾驶舱系统与飞行机组差错相关的设计审批已经由特定系统或通用的符合性要求解决。然而，很少或者没有现存的指导文件说明申请人如何解决潜在的机组缺陷和差错，这就是为什么25.1302条和相应的指导性文件得以发展的原因。

25.1302条和相应的指导性文件描述了一种结构化方法，用于选择和发展符合性验证方法，这对协助标准化认证实践是很有帮助的。

2.2　条款原文

本条适用于供飞行机组成员在驾驶舱正常的坐姿下操纵飞机需使用而安装的设备。此类设备必须表明，具备该设备使用培训资格的飞行机组成员能安全地完成与该设备预定功能相关的任务，该设备单独或与其他这样的设备相组合时的设计应满足以下要求。

(a) 所安装的驾驶舱操控组件必须能完成这些任务且必须提供完成任务的必要信息。

(b) 供飞行机组使用的驾驶舱操控组件和信息必须：

(1) 以清楚的和明确的形式呈现，分辨度和精确度与任务相适应。

(2) 飞行机组对信息的可达和使用应与完成任务的紧急性、使用频率和持续时间协调一致，并且①。

(3) 如果对安全运行而言情景感知是必要的话，则应让飞行机组知晓飞行机组动作后飞机或系统的反应。

(c) 安装设备与运行相关的特性必须是：

(1) 可预知的和明确的，并且

(2) 设计成使飞行机组能够以与其任务相适应的模式干预。

(d) 在可预料的使用范围内，在假设飞行机组不违规操作下，安装设备必须有能力使飞行机组管理差错，差错来自飞行机组与服役中被合理预期使用的设备之间的各种交互作用。本款不适用于与飞机手动操纵相关的技能性差错。

2.3　认证计划

认证计划描述了型号申请人适航管理当局之间的活动、沟通，以及应当遵循的验证方法。

型号申请人应当尽可能早地对型号进行申请，并在设计阶段与适航管理当局取得联系，这可以就设计中潜在的关于人为因素相关的问题及时达成协议，从而降低申请人在设计特征阶段可能不被适航管理当局认可的风险。

很多活动会发生在一种新产品、新的驾驶舱系统或者功能的开发阶段，发生在有效认证数据提交之前。这些数据的目的是体现与设计要求之间的一致性。申请者可

① 原文如此。为保持原意，没有按照中文表达方式修改。

以选择从基础信息的角度与适航管理当局讨论或者分享这些活动,在适当情况下,适航管理当局可能希望参与评估申请者正在建立的实物模型、原型机和模拟器试验等。

作为认证计划的一部分,对人为因素以及驾驶舱设备的详细鉴定、分析、评估将成为设计符合性的一部分。这种鉴定、分析、评估被称为认证信用。

附图 1-1 所示为人为因素设计认证计划的条理性方法,这些方法在认证过程中同时被使用。

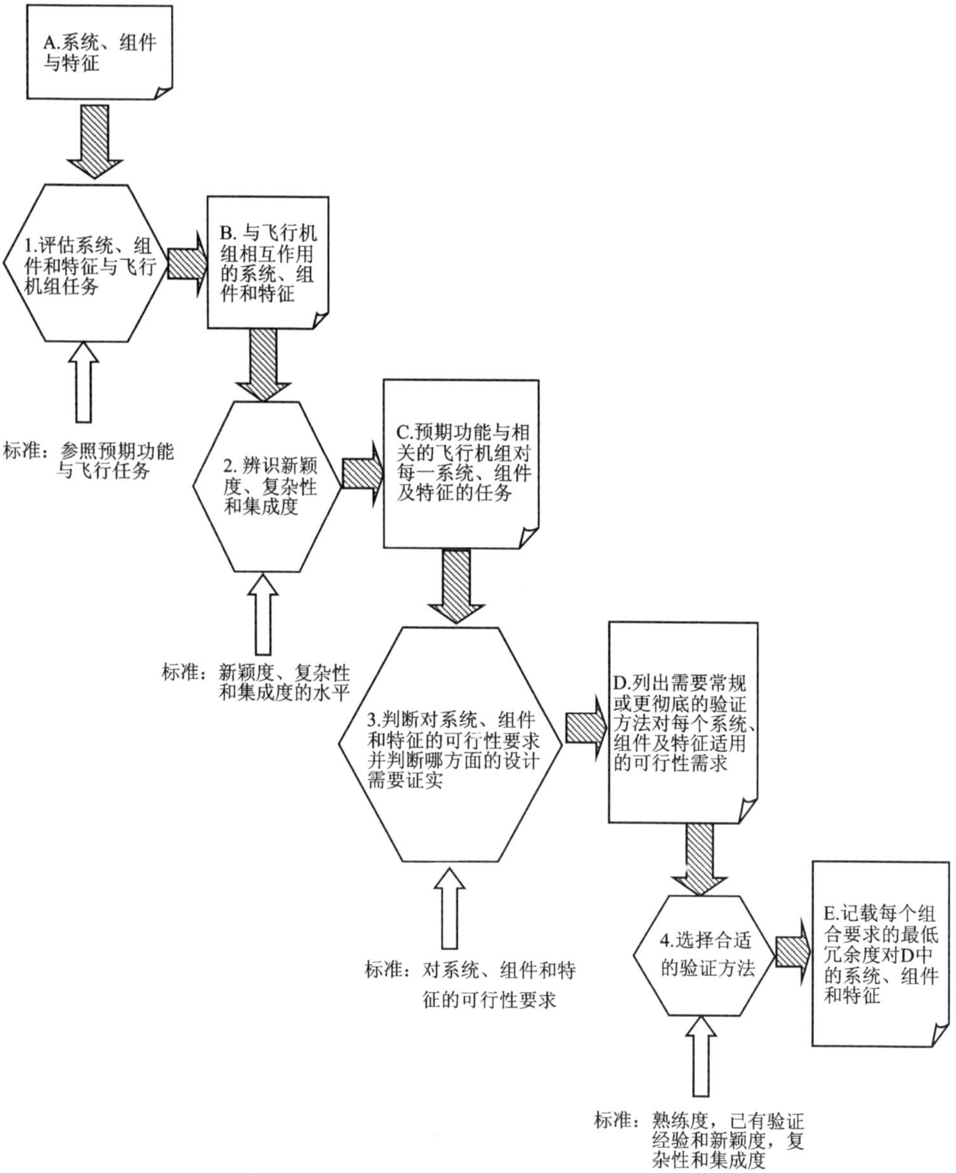

附图 1-1　关于人为因素设计认证计划的条理性方法

2.3.1 驾驶舱认证计划的范围

型号申请人应当考虑驾驶舱控制器件、信息和系统行为以及与飞行机组成员的相互作用，应当将系统功能、组件和特征与飞行机组成员的任务联系起来。当引入新的系统、组件和特征时，应当理解飞行机组成员的任务是如何被更换或修改的。

认证计划可能受到设计特征的集成度、复杂性和新颖性的影响，每一因素的描述见下文。型号申请人应当将这些因素考虑在内，同时与适航管理当局就驾驶舱控制器件的使用范围、信息和系统行为取得一致意见，这些在认证过程中须进行特别仔细的检查。型号申请人应当注意到新颖特征的作用会受到复杂性以及驾驶舱其他设备集成度的影响，新颖但是简单的特征可以不如新颖但是复杂的特征那样接受严格的审查。

① 集成度

系统集成度水平是指在影响飞行机组成员操纵飞机时，系统相互作用或相互依赖的程度。型号申请人应当对系统中系统集成度水平做出描述，因为这可能会影响到符合性验证方法。驾驶舱中集成度可以理解为特定系统如何与驾驶舱集成为一体，以及集成度程度如何影响符合性验证方法。

② 复杂性

飞行机组成员所期望的系统设计的复杂性是人为因素认证活动中可能影响符合性验证方法的重要因素。复杂性有多重维度，飞行机组成员可以将信息量(例如在同一显示板上的信息量)作为复杂性的一种度量。系统集成度也可作为飞行机组成员所期望的系统复杂性的一种度量。同样，控制器件的设计也可以是系统复杂性的一种度量，例如，同一个旋钮有多种控制模式。

③ 新颖性

型号申请人应当基于以下因素确定驾驶舱中设计的新颖程度。

- 新技术是否为已制定或新的驾驶舱设计引进新的操作方式?
- 由于新技术的引进，是否需要特定的或额外的操作程序?
- 设计是否为飞行机组成员与系统的相互作用引进一种传统或新颖的方式?
- 设计是否为现有的系统改变飞行机组的职责引进新的方式?

基于上述的问题，型号申请人可以确定驾驶舱中设计的新颖程度并进行新颖性特征描述。大多数的新颖性特征可能在认证过程中要求进行特别仔细的检查。极少部分的新颖性特征必须证明与相关条款是符合的，但通常会遵循典型的认证过程。

2.3.2 适用性要求

型号申请人应当确定设计要求适用于每一个系统、组件和特征，并且均被证明符合验证性方法。这可以通过确定影响飞行机组成员的具体表现，对飞行机组成员可能出现的差错实现预防和管理的设计特征实现。

根据分析的结果，列出与设计要素相符合的问题清单，这些设计要素要被仔细检查过。问题清单也将是确定符合性验证标准的基础。

2.3.3 选择合适的符合性验证方法

至于如何表明适航性，型号申请人应当选择合适的符合性验证方法。通常，符合性验证方法审查的严格程度会随着新颖新、复杂性和设计的集成度的增加而增强。

后面将具体讨论在很多认证项目中已经使用的通用符合性验证方法，并且讨论这些方法的选择、用途和限制。型号申请人可以提出其他的一般性认证方法，但必须经过适航管理当局批准。

一旦确定了人的行为能力问题，选择了符合性验证方法，并提交给适航管理当局，适航管理当局就可以将对人为因素的具体鉴定、分析、评估作为验证符合性活动的一部分。型号申请人使用标准认证程序将分析和试验数据提交到适航管理当局，并得到适航管理当局的认可，就可被授予认证。这些数据必须与条款相符合，并成为型号申请人最终记录的一部分。

2.3.4 认证计划的内容

型号申请人应该记录认证过程、认证结果以及对型号与要求的描述，这可以列入一个单独的计划，或并入到一个更高级的认证计划中完成。以下是认证计划可能包含的内容：

- 新飞机、系统、控制器件、信息或特征；
- 正在评估的设计功能以及这些功能是否新颖；
- 新功能的集成度和复杂性；
- 受影响的飞行机组任务或者任何引进的新任务；
- 任何新的飞行机组程序；
- 必须遵守的具体要求；
- 适航符合性验证方法(一种或多种)；
- 提交数据到局方的方法。

2.4 设计注意事项和指导

本节包含了对 25.1302 条的讨论、与其相符合的指导和其他要求。

型号申请人应首先完成下列步骤：

- 确定可能受条款影响的系统、组件以及新设计的特征；
- 使用初始步骤评估新颖性、复杂性和集成度。

一旦完成这些步骤后，则应当确定如何验证适航符合性。

为了遵守规章的要求，驾驶舱的设计应当妥善处理可预见的飞行机组的能力和局限性。为帮助申请人符合这一总体目标，本节分别就以下几方面的内容进行阐述并提供指导意见：

- 适用性和25.1302条的解释材料；
- 预期功能以及相应的飞行机组任务；
- 控制器件；
- 信息显示；
- 系统行为；
- 飞行机组差错管理；
- 集成度。

每个部分的内容都论述了为建立符合性要求所应当呈现的设计特性，在行业里被称作最佳方法，但是显然，并非所用的标准都能够满足所有的系统，如果其中有一些在某种情况下发生冲突，型号申请人和适航管理当局应当应用一些判断和经验，确定不同指导在什么情况下适用于设计的哪些部分。

飞行机组成员的差错在意外事件中起着重要的作用。25.1302条提供了基础的法规，而符合性方法则提供了解决设计相关层面障碍的指导，指出通过以下做法管理飞行机组成员的差错：

首先，通过提供可以减少或者避免飞行机组成员差错相关的设计特征指导，解决飞行机组成员的能力和局限性。通过确保飞行机组成员执行任务所需的信息和控制，与提供的安装设备的预期功能相联系，并且以一种可用的形式提供，25.1302(a)～(c)款中的要求就是为了减少设计对这种差错的影响。此外，相关系统行为必须是可理解的、可预测的、支持飞行机组成员的任务。这一指导意见是为了避免由设计引起的机组差错。

其次，25.1302(d)款指出一个事实，即使是训练有素、娴熟的飞行机组成员在操作精心设计的系统时，也会发生飞行机组成员的差错，那么设计就必须支持管理这些差错，以避免不安全的后果。

2.4.1 适用性和25.1302条的解释说明

25部规章中包含了驾驶舱设备的设计要求，有系统特定的，如25.777条、25.1321条、25.1329条、25.1301(a)款等，有普遍适用的，如25.1301(a)款、25.1309(c)款、25.771(a)款等，也有确定最小飞行机组成员的要求，如25.1523条，25.1302条对避免和管理飞行机组成员差错相关的设计属性增加了更多明确的要求，从而增强了先前存在的普遍适用性。其他避免和管理飞行机组成员差错的方式，有规范执照要求、对飞行机组成员和飞机业务的资格要求，这些补充措施提供了更高的安全度。

这些补充方法是重要的，因为工业界已经认识到设备设计、培训、许可、资格、经营、程序等每一步骤都对减低风险有重大作用,因此,在这些步骤之间需要一个适当的平衡。在过去,人们接受设计特征对飞行机组成员差错的作用,认为培训或程序可以降低出现飞行机组差错的风险,但是这种做法往往是不恰当的。同样,由于不可预期的后果,要求设备设计成能够提供全面的风险缓解也是不恰当的。如果飞行机组成员误解了控制器件的活动,并不表示适航管理当局就应当形成数据链,或者把其他的设计方案作为认证规范。目前的操作规则要求设备提供一定程度的差错缓解能力,但这不并作为适航要求的一部分。

对 25.1302 条进行的解释说明如下。

① 引　言

25.1302 条的引言中指出:本条款适用于安装设备的每个条目,这些设备是供飞行机组成员在通常的工作位置上操纵飞机时使用的。

“供飞行机组在通常的工作位置上操纵飞机时使用”,是指安装设备的预期功能能够提供给飞行机组操纵飞机时使用。这种设备安装的一个例子是提供显示器给飞行机组浏览信息。

“飞行机组”是指为了组成最小飞行机组的任何人或所有人,以便同 25.1523 条相符合。“在通常的工作位置”是指飞行机组坐在他们通常的位置操纵飞机,这一短语是为了限制要求的使用范围,因而它没有指出在正常和非正常情况下操纵飞机时没有被使用的系统或设备,比如说,本条款并不适用于某些电路断路器或者供维修成员(以及不操纵飞机时的飞行机组)使用的维修控制器件。

“安装设备必须被显示”是指型号申请人必须提供足够的证据支持 25.1302 条符合性要求。因此,对于简单的驾驶舱设备或类似于先前审批的设备条款,并不期望表现出比 25.1302 条更好的适应性或者表现出更多的工作负荷以展示、试验和显示数据。

“独立地和其他设备相结合”是指当设备在驾驶舱中与其他设备一起安装时必须满足本条款的要求。安装的设备不能阻止其他设备符合这些要求。比如,型号申请人不能设计如下的显示器:显示器提供的信息同其他安装设备的信息不一致或相冲突。

此外,本条款规定使用安装设备的必须是受过合格训练的飞行机组,这意味着设计必须满足要求,在满足了操作规则资格要求时,飞行机组成员才能够被允许驾驶飞机。型号申请人应当记录所有新颖性、复杂性和高度集成的设计特征,假定这些设计有可能影响培训时间和飞行程序。这些要求和相关书面材料中的设计特征、培训方案(拟议或正在制定过程中)应当与适航管理当局进行协商。

设备的设计要做到飞行机组能够使用设备的预定功能并安全地执行任务,并且要求这些功能适用于正常和非正常的情况。在非正常情况下执行的任务一般是指在非正常(包括紧急)情况下执行飞行程序。“安全执行任务”是为了描述所要求的安全目标,要求的设备设计能够使得飞行机组准确、及时地执行任务,而不会不恰当地干预其他所需的任务。“与预期功能相关联的任务”是为了描述要求操作设备的任务或者设备的预期功能提供支持的任务。

② 25.1302 (a)款

本款要求型号申请人为25.1302条引言中所确定的所有驾驶舱设备安装适当的控制器件,并提供必要的信息,控制器件和信息显示必须能够让飞行机组执行任务。虽然这看起来很明显,但这其中包含了相关要求,揭示了驾驶舱控制器件和信息显示满足飞行机组需要的特定要求。这些要求没有在规章的其他部分反映,因此在这里明确说明很重要。

③ 25.1302 (b)款

本款为驾驶舱控制器件和信息显示提出了必要的和适当的要求,使飞行机组能够如25.1302(a)款所规定的完成他们的任务。本款旨在确保操纵器件和信息装置的设计可供飞行机组使用,通过增加信息显示和控制器件的设计要求减少由设计引起的飞行机组差错,本款中(1)～(3)指出了具体的设计要求。

对信息显示和控制器件必要的设计要求:

- 正确支持飞行机组执行任务;
- 使飞行机组能以适当、有效的方式执行计划好的行动;
- 使飞行机组对他们在飞行中活动的影响有合适的反馈信息。

25.1302 (b)(1)款明确规定了应当以清晰明确的形式,对任务提供具有适当的精度的控制器件和信息显示。对信息显示,“清晰明确”是指:

- 能正确感知(易读);
- 飞行机组任务的上下文能够被理解;
- 支持飞行机组在执行任务中的行动能力。

对控制器件来说,“清晰明确”的要求是指飞行机组能恰当地使用控制器件完成设备的预期功能,总体目的是增强操作直观性、设计对参数影响一致的设备控制器件,指出这种影响程度或者与驾驶舱其他控制器件设计是否相符。

25.1302(b)(1)款也规定了为实现任务的细节和准确性提供所需信息显示或者操作控制器件。分辨率偏低或精度不高将意味着飞行机组无法充分地执行任务,而分辨率过高则会因为信息的可读性或者完成任务需要的功能比实际更加精确而使任务难度增加,或者引起机组差错。

25.1302 (b)(2)款规定了控制器件和信息显示需提供与任务相匹配的紧迫性、

频率和持续时间供飞行机组读取和使用。例如，经常使用或紧急使用的控制器件必须能够随时进行访问，或者需要较少的步骤就可以执行任务。如果控制器件不是经常使用或非紧急状况下使用，那么较低的可访问性是可以接受的。不经常使用的控制器件不应当影响那些经常使用或紧急使用的控制器件，同样，需要较长时间交互的任务不应当影响紧急情况下对重要信息的访问。

25.1302 (b)(3)款规定设备需要提供信息，以告知飞行机组他们对飞机或系统活动的影响。这种告警对安全操作是必需的，目的是让飞行机组了解由于飞行机组活动对系统或飞机状态产生的影响，从而允许他们检测和纠正自己的差错。

新技术的引入增加了现有规章中没有解决的飞行机组界面问题。现有规章在人为因素方面的不足如下所述：

- 25.771(a)款只要求避免过分专注和疲劳，没有关于其他的造成飞行机组能力下降或飞行机组错误的要求；
- 25.771(c)款只要求供第二驾驶员使用的设施在任一驾驶座上以同等的安全性驾驶飞机，没有设置阈值；
- 25.777 条只定义了操纵器件的布局(定位)和物理属性，没有考虑操纵特征对飞行机组能力和错误的影响；
- 25.779 条只定义了操纵器件动作和效果，同样没有考虑其操纵特征对飞行机组能力和错误的影响；
- 25.1301 条非常宏观，作为人为因素的安全问题审定很难取得较为一致的结果；
- 25.1309(a)款是非常宏观的要求；
- 25.1309(c)款只关注设备的失效，而人为因素涉及所有的运行环境(包括系统和设备未失效的状况)；
- 25.1523 条和附录 D 只为建立最小机组要求飞行机组工作负荷。

④ 25.1302 (c)款

本款规定在设计安装设备时，设备的工效与飞行机组成员任务关系能够达到：

- 可预测和无歧义；
- 设计成使飞行机组成员能以恰当的方式介入到任务和预期功能中。

涉及集成和复杂信息以及控制器件的驾驶舱技术的改善，已经增强了飞机的安全性和性能，然而，这些技术同样引入了在飞行机组成员和系统之间确保适当交互的需要。服役经验表明，一些设备的工效(特别是自动化系统)过于复杂，或者依赖于没有被飞行机组成员很好理解或预期的逻辑状态或者传输模式，这样的设计特征会使飞行机组成员产生混淆，并且在实际飞行中证明对一些事件或事故有重大影响。

“操作相关的行为”是为了表达系统逻辑电路、控制器件的净影响，这是规划活动或操作系统所必需的。这样做的目的是为了把系统的运转状态与系统设计的功能化的逻辑电路区分开来，其中有很多是飞行机组成员不知道或不需要知道的，而有一些是必须让飞行机组成员知晓的。

25.1302 (c)(1)款规定系统行为应当能够让一个合格的飞行机组成员了解系统正在做什么和为什么这样做，要求运行相关的系统行为是可预测和无歧义的。这意味着飞行机组成员可以保留足够的信息以安全控制器件，这些信息是关于在可预测的情况下机组成员的活动或行为对系统造成的影响。系统行为必须是无歧义的，因为根据系统的当前状态和操作环境，飞行机组成员的活动对飞机产生的影响是不尽相同的。

25.1302 (c)(2)款规定设计应该使飞行机组成员能对系统采取一些行动或者以一种适合于任务的方式改变系统输入。

⑤ 25.1302 (d)款

本款阐述了如下的事实：即使是受过严格训练、娴熟的飞行机组成员在操纵精心设计的飞机时也会犯错。这样就要求设备被设计成能够使飞行机组成员管理这样的差错。“由飞行机组成员同设备相互作用引起”的差错是指，在某种方式与控制器件设计、设备工效、与提供的信息相关或由此引起的差错。会引起差错的设计或信息的例子有指示器、在驾驶舱中与其他系统矛盾的并且复杂的控制器件、程序与设备的设计相矛盾等。

设计中使飞行机组成员能管理差错是指：

- 飞行机组成员有能力检测或者恢复由他们与设备相互作用引起的差错；
- 此类飞机上的飞行机组成员差错的影响对飞行机组成员是显而易见的，继续的安全飞行和着陆是可能的；
- 飞行机组成员差错能通过开关保护、联动装置、确认行为或其他有效的方式被阻止；
- 差错的影响能被系统逻辑电路、冗余、稳健设计或系统容错设计排除。

管理差错的规定适用于那些可被合格和训练有素的飞行机组成员合理预期的差错。所谓的“在服役中合理预期”是指在服役中相同或类似的设备已经发生的差错，也指那些可预期的差错，这种可预期是基于一般经验和在评估中与使用控制器件的类型、信息或者系统逻辑电路相关的对人为能力、局限性的认识。

本款不适用于手动控制飞机相关的技能差错。这一条件是指排除由飞行机组成员控制飞行线路的熟练程度、主轴姿态、俯仰、偏航、推力控制和飞行控制系统引起的差错，这些问题在现有的规章中已经被充分考虑，但并不要求设计对飞行机组成员训练和经验中的缺陷进行补偿。

同时，本款排除了由于具有不良信誉的飞行机组成员所做的决策、行为、疏忽引起的差错管理，这是为了避免对设计施加规定，使这些设计容纳恶意或者有意犯下的差错。25.1302(d)款并不考虑由暴力或暴力威胁行为引起的差错。

这种不良行为的排除，也是为了避免在设计中强加一些同飞行机组成员因为无视安全问题造成差错相类似的要求。然而，人们意识到即使在有很好诚信的情况下，仍可能出现差错，但这些差错可以受某种情况下的设计特征影响，例如一个设计不当的程序同提供给飞行机组成员的控制器件或信息可能会不兼容。要求差错可控的目的只是为了经济性和操作实用性，要求差错只在一定范围内可控的目的是为了解决在经济和操作上的可行性。这是为了避免执行要求时没有考虑到经济可行性和相应的安全效益，也为了解决操作的可行性，比如有必要避免引进差错管理特征到设计中，因为这会不适当地影响在正常和非正常情况下飞行机组成员的行动或决定。比如，条款并不打算要求过多的保护或联动装置来关闭发动机，这会让飞行机组成员无法在可用的时间内可靠地做到这一点。同样，也不打算减少飞行机组成员干预或采取行动的权利，在可靠前提下他们有责任依赖他们的最佳判断。

FAA 与 EASA 对各自 25 部中 25.1302(d)款的描述存在差异。CS25.1302(d)允许假定飞行机组是“出于善意的行为”，而 FAR 25.1302(d)中却使用更加具体的描述替代了这一假设。但是，两者都是考虑“预期的动作导致非预期的结果”这样的差错。一个预期的、善意的差错的实例是，在出现有效的告警场景中，飞行机组并没有执行相应的程序，因为他们认为这是一个误警而非有效的告警。忽略有效的告警是一个预期的行为，这是一种差错形式。飞行机组错误地认为这是一个误警，这可能是由于设计的缺陷而导致经常性的误警出现，从而产生飞行机组差错。同样，也有可能由于其他的设计特征导致飞行机组成员产生类似的差错。

2.4.2 预期功能以及相应的飞行机组任务

25.1301(a)款规定：安装设备的每一项必须适合其预期功能的设计。25.1302 条规定：驾驶舱中安装的设备应当确保支持飞行机组成员在系统预期功能内执行任务。为了表明对 25.1302 条的符合性，必须了解系统的预期功能和飞行机组成员的预期任务。

型号申请人对预期功能的描述应当足够详尽、具体，这样适航管理当局才能评估系统是否与预期功能和相应的飞行机组成员任务相适合。例如，对一种新的“增强地形感知”的显示系统，必须进一步解释各种不同的显示系统以不同的方式增强地形感知能力，如地形告警、垂直剖面、甚至主飞行显示器。型号申请人可能需要在更高的新颖性、复杂性和集成度上对设计做更详尽的描述。

型号申请人应当对以下预期功能和相应的飞行机组成员任务做描述：

- 驾驶舱设备的每一项；
- 该设备的机组指示系统和控制器件；
- 该设备的单独特征或功能。

这种类型的信息通常由飞行员手册或操作指南提供，它们描述了指示系统、控制器件和飞行机组程序。

新颖性特征可能需要更多的细节，而先前审查的系统和特征通常要求不那么严格。具有新颖性特征的设计需要格外仔细检查其功能。型号申请人可通过以下问题评估与预期功能相应的飞行机组成员任务的描述是否详尽和具体：

- 是否每一特征和功能有声明的目的？
- 飞行机组任务是否同描述的功能相关？
- 基于系统提供的信息，希望飞行机组成员做出什么样的评估、决策和行动？
- 在集成系统中需要假定使用哪些其他信息？
- 系统的安装和使用是否影响飞行机组成员操纵其他驾驶舱系统的能力？
- 是否有关于设备使用的操作环境的假设？
- 在管理飞机操纵、培训、资质认证的规定之外，对飞行机组成员的能力做了何种假设？

2.5　控制器件

2.5.1 引　言

为满足 25.1302 条的要求，驾驶舱控制器件的设计必须充分考虑以下几个方面：清晰、明确的控制信息的可达性、可用性，以及充分的反馈和差错管理的设计。

控制器件的定义是为飞行机组操作、管理飞机而安装的系统以及其他操纵设备。如控制面板、光标控制设备、键盘、提供控制功能的弹出窗口、下拉菜单的图形用户接口等。

控制器件可以具有以下的形式：

a. 操纵杆；

b. 按钮；

c. 开关/把手；

d. 字母数字键盘；

e. 光标控制设备；

f. 触摸屏；

g. 声音控制设备。

2.5.2 控制器件相关信息清晰明确的表达

① 可识别的和可预测的控制器件

每个飞行机组应当能够识别和选择适用于当前任务速度与精度的控制功能。控制功能应当容易理解并且明确，控制器件操作的结果应当可以供飞行机组预测或者进行明显的评价，这包括飞行员能够使用单独的控制器件操作一个或多个共享设备的控制信息显示。每个控制器件通过形状、颜色、位置或者标签进行区分并预测功能。颜色编码通常不是唯一区分度最高的特征。

② 标　签

常见的控制器件标签要求可参考25.1555(a)款。在飞行员正常坐姿情况下，标签的位置应当在任何光照和环境情况下具有可读性。如果控制器件的功能不止一个，那么标签应当包含所有的功能，除非该功能是显而易见的。图形标签可通过光标控制设备获得，例如轨迹球应当包含在图形标签显示内。对于提供附加选项的菜单而言，菜单标签应当提供获取方法的选择。

标签可通过文字或者图标的形式表示。文字和图标应当能够对所表示的功能有区分度并且有意义。标准缩写、术语或者图标可以在驾驶舱中使用。

当使用图形标签而非文字标签时，图形标签的意思应该明确并且唯一，从而使得飞行员在操作控制器件时能够明确其功能。基于设计经验，提供图形标签的设计方法包括：

- 图形标签应该与所表示的目标相似；
- 图形标签应当表示飞行机组熟悉的用途；
- 如果存在已经建立的标准，那么图形标签应该遵循这些标准，并且表达通用的含义。

在所有的情况下，如果使用图形标签代替文字，那么应该至少保持和文字相同的理解速度和差错率，否则图形标签会产生更多的差错并且会增加完成任务时间，这样对于提高安全性、减少飞行机组混淆或者工作负荷会产生负面的影响。

③ 多控制器件交互

如果飞行机组操纵多个控制器件完成同一任务，那么控制器件应该向飞行机组提供明确的信息表明当前的功能。当使用双重控制器件修改相同的参数时，应该向飞行机组给予提示。

2.5.3 控制器件的可达性

如25.1523条所要求，应当表明每架飞机上的最小飞行机组对所有必需的控制器件的可达性。可达性是决定控制器件是否支持飞行机组使用设备预期功能的一个因素。从飞行机组正常坐姿的固定位置保持肩膀不动，如25.777(c)款所规定，任一飞行员能够操作另一名飞行员无法操作的控制器件，并且控制器件必须是可视的、可达的。

每一个驾驶舱控制器件应当在不需要与其他驾驶舱控制器件、设备或者结构交互的情况下提供完整的、不受限的操作。

每种信息，例如菜单的使用或者多级显示，不应当妨碍飞行机组辨别最重要的控制器件的位置。可达性的表明应当考虑系统故障条件和最小设备清单。

控制器件的位置和运动方向应当根据飞行机组成员最佳操作位置确定，应当保持兼容性、控制以及显示。例如，一个头部上方的控制器件可能需要飞行机组成员头部向后运动才能进行操作，那么应该考虑控制器件的操作方向。

2.5.4 控制器件的可用性

① 影响控制器件的环境因素

扰动或震动以及极端的光照环境都不应当妨碍飞行机组以可接受的绩效水平和工作负荷执行任务。此外，如果在寒冷天气中执行任务时使用手套，那么设计时应当考虑对精度和控制器件大小的要求。即使在极端恶劣的操作情况下，控制器件的灵敏度也必须能够让飞行机组完成任务。环境问题分析对于表明符合性是很有必要的，但是对于新的控制类型或者技术，或者控制器件本身不是新的，但是控制器件拥有全新的用途，仅仅分析环境问题是不充分的。

此外，在所有的环境条件下，包括浓烟和强烈的震动中，要求重新获得飞机或者系统控制并保持安全飞行是可以实现的。

② 控制-显示兼容

一个控制器件和它所对应的显示之间的关系以及相互的交互必须是明确的、容易被理解的，并且是有逻辑的。在很多实例中，控制输入是由于显示信息反馈的需要或者是改变显示器上参数的需要，例如当使用一个没有任何明显“增大”或“减小”功能的旋钮时，这个控制动作应当通过飞行机组的期望和在驾驶舱中与之协调工作的其他控制器件进行评价。

当一个控制器件是可移动范围内移动的制动器，那么制动器位置的反馈应当在相关任务要求的时间内提供。

专用显示控制器件应当尽量安装在靠近显示或控制功能附近。通常最好将控制器件安装在显示器下方，因为在多数情况下将控制器件安装在显示器上方会导致飞行机组在操作控制器件的过程中遮挡显示器。控制器件和它所对应的显示器在空间位置上应当是分离的，但是控制器件和显示器之间分开的距离过大则会引起可用性的问题，特别是如果一个控制器件离显示器非常远，那么应当证明控制器件对于任务的可用性。一般情况下，应当避免控制器件遮挡视觉信息，如果控制器件临时遮挡了视觉信息，那么应当说明这个信息要么在这段时间是不必要的，要么是在别的地方可以提供的。

2.5.5 适当的反馈信息

为了向飞行机组提供控制行为的感知，控制输入的反馈是必要的。每个控制器件都应当向飞行机组提供进行菜单选择、数据输入、控制行为或者其他输入的反馈。这种反馈可以是视觉的、听觉的或者触觉的。任何形式的反馈应当能够告知飞行机组控制行为已经执行，功能正在运行，或者与控制器件相关的行为正在被初始化。反馈类型以及反馈的适当性应当依据飞行员任务和完成操作所需的具体信息而定。例如，如果需要真实系统相对应的或者行为导致的系统状态反馈，仅使用开关位置是不够的。

当飞行机组注视窗外或者当他们的视线不在相关显示器上时，则应当使用触觉反馈。小键盘在任一键按下时都应当提供触觉反馈。在触觉反馈被关闭的情况下，应当使用恰当的视觉反馈或者其他形式的反馈告知系统已接收到输入并且如预期响应。

不同类型的视觉反馈不仅对开关和按钮位置有重要作用，并且在图表控制器件如下拉菜单和弹出窗口中也起到重要的作用。当与图形按钮进行交互时，应当给予用户正面提示，例如分级菜单项已经被选择、图形按钮已被激活或者其他输入已被接受。

在飞行机组完成设备预期功能的相关任务时，所有形式的反馈信息应当给予明确和清晰的说明。

2.5.6 控制和差错管理

控制器件应当可以让飞行机组实现任务目标并进行差错管理。以下是几种可行的飞行员进行差错管理的方法：

- 考虑驾驶舱任务和控制器件布局，要求能帮助管理飞行机组差错行为，例如，在飞行前设置非正常程序中需要使用的控制器件。
- 预防疏忽操作，通过覆盖、阻止或者其他物理方式，例如需要连续动作、明确的选择/启动按钮、控制触摸屏的时间等。
- 使用软件逻辑单元或者物理或电子控制的连锁控制，使得仅在某个具体的飞行阶段控制器件被激活的概率最小化（如反推装置或者着陆用螺旋桨）。
- 使用逻辑判断进行差错检测和差错恢复，以防止在任何时间出现类似键盘、触控屏、光标控制相似的输入设备输入可能的差错数据。
- 控制模式指示，包括控制状态和执行，在正常或非正常情况下便于理解和避免差错。

- 快速唤醒控制输入恢复的规则,例如,“撤销”功能可以改变飞行机组之前做出的动作并恢复到先前状态。

2.6 信息显示

2.6.1 引　言

面向飞行机组的信息显示应当是可视的或者是可听的。在集成驾驶舱里的信息显示,应当充分说明信息的可达性和可用性。

2.6.2 信息显示清晰明确

① 定性和定量的显示形式

当与速度和精度相关时,显示形式应当包含飞行机组为完成任务所需要的信息类型。如果监视非正常值的唯一方法是通过显示器上的数值,应当使用定性显示形式,因为这样能更好地传递趋势信息。当需要执行精确数值的任务时,最好使用定量的信息显示形式。定性显示中包含数字标尺或者当前值时,应当使得数值的单位和刻度是可用的。

② 一致性

相似的信息在多个地方或以多种形式呈现时,信息显示内容应当是一致的。系统信息显示的一致性可以降低飞行机组发生差错的可能性。如果驾驶舱中信息显示不一致,应当表明这种不一致性不会导致差错率的增加或者与安全性相关的操作时间变长,并且不会引起飞行机组的混淆或者工作负荷的增加。

③ 字符、字体、线条和标志大小

显示形式特征,例如字体、符号、图标和标志,应当使得飞行机组在正常坐姿情况下,仅依靠头部正常运动即可视,并且显示内容是清晰的。在某些情况下,也要求驾驶舱具有交叉可读性,例如显示设备故障或者交叉检查飞行仪表。可读性必须在阳光照射情况下也得到满足,并且应当在其他极端恶劣条件下,如震动中,也能够满足。

④ 颜　色

应当避免使用不同的颜色表达显示器上相同意思的信息。灵活使用颜色可以有效地减少显示信息获取和理解的工作负荷和时间。颜色可以将逻辑电子显示功能和数据类型进行分组。在驾驶舱中建立通用的颜色标准是必需的。如果不同的显示器使用不同的颜色系统,所选用的颜色系统应当不会引起飞行机组的混淆和误解。不适当的颜色编码会增加飞行机组识别和选择显示内容的响应时间,降低响应精度和响应速率,并且会增加出现差错的可能性。不建议在非告警状态或者不存在安全隐患情况下广泛地使用红色或琥珀色,以避免出现警戒和警告时,飞行机组的警惕性降低。

不建议将颜色作为唯一的信息呈现方式,但是如果涉及任务的临界信息则是可以接受的。当作为任务基本信息时,颜色应当对例如纹理或光照强度差的情况起补充作用。应当表明显示器上的层次信息不会因为颜色标准和符号的使用增加混淆的可能性。

⑤ 符号、文本和听觉信息

显示器中的符号和位置也对飞行机组具有意义。若一个符号不在显示器某个特性区域连续或重复显示,那么会引起理解时间和出现差错的可能性增加。对于符号的优先权应当给予特别的关注,以保证优先权高的符号一直可见。应当根据飞行机组成员的认知、区分和习惯检验新符号。

文本和听觉信息对信息显示是有意义的。应当根据信息显示的含义评价文本和听觉信息,驾驶舱中应当使用标准化的缩写或术语。

2.6.3 信息的可达性和可用性

① 信息的可达性

某些信息可能不是在所有的飞行阶段都是必要的。有必要说明在不同的飞行阶段,飞行机组所使用的专用多功能显示信息是可以管理的。任何保障飞行或安全着陆的信息应当在失效后以相应的传统模式显示,在这些情况下应当评价显示信息的必要性,另外,应明确补充信息不能代替甚至干扰必要信息。

对于一个全新的显示管理方案,把分析作为唯一的符合性验证方法是不够充分的。应当在飞行场景中,使用模拟器仿真或者飞行试验验证飞行机组有能力管理可用的信息。

② 信息杂乱

信息杂乱是一种会使飞行机组从主要任务中分散注意力的信息显示方式。视觉和听觉信息杂乱是不期望出现的,信息应当以简单和有序的方式传递,这样可以减少信息的理解时间,有效地呈现飞行机组当前进行任务所需的信息。如果飞行机组允许选择附加信息,那么基本的显示模式不应当出现杂乱。

为了减少视觉杂乱而自动隐藏信息的显示选项可能会向飞行机组隐藏必要的信息。如果在紧急条件下,设备使用自动数据模式以增强飞行机组的绩效水平,那么应当向飞行机组提供所需的信息。

由于听觉信息呈现形式是短时的,因此需要避免听觉信息发生冲突。优先顺序和时间次序可以避免这种潜在问题。

信息的优先顺序应当与任务的紧迫程度相一致,低优先级的信息不能覆盖高优先级信息,并且较高优先级信息应当容易获得、方便识别并且可用。但这并不意味着显示形式需要根据飞行阶段的不同而发生改变。

③ 控制输入的系统响应

在控制输入和系统响应之间较长或变化的响应时间会对系统的使用产生不利的影响。控制输入的响应(例如数值设定、显示参数或者移动图形显示器上的光标符号)应当足够迅速,使得飞行机组能够很好地完成飞行任务。对于需要知晓系统处理时间的任务,应当对系统响应给予提示。

2.7 系统行为

2.7.1 引 言

系统被定义为飞行机组为了完成指定任务而使用的具有一种或者多种功能的软件和硬件的总称。飞行机组的需求随着系统设计的特性不同而变化。系统针对飞行机组成员不同的输入而做出不同的响应。在机械系统中,这种响应是直接和唯一的。响应也可以作为中间子系统的函数变化。一些系统甚至可以实现自主响应以获得或维持理想的飞机或者系统状态。与飞行员任务相关的系统设备的设计要求必须满足:可预见性和明确性;能够允许飞行机组以适合任务和预期功能的方式进行干涉。

可预见性和明确性主要用于系统行为必须被合格的飞行机组所了解,并且知道系统正在做什么以及为什么要这样做。可预测性和确定性要求飞行机组成员能够在由于操作或变化而产生的可预见环境下获得关于系统的足够信息,从而正确地控制器件。这一要求是为了使得飞行机组能够从系统设计的功能逻辑中区分出系统行为,因为很多逻辑是不需要飞行员知道的。

可预测性和确定性的第二个要求是飞行员的干涉是系统功能的一部分,这种干涉包含作动和改变系统的输入,系统必须因此进行相应的设计。

技术的进步在增加系统安全性的同时,也须确保飞行员和集成、复杂信息控制系统能够保持正确的匹配。如果飞行员不能正确理解系统的行为,就可能发生差错。

由于系统具有自主性,因此系统行为也包含自动化系统的行为。自动化系统定义为可以执行一种或者多种功能且能够自主地或在飞行员监控下运行的硬件或软件。由于这种系统涉及人的任务,为了保持安全有效的飞行状态,仍然需要飞行员进行监视。例如飞行管理系统、电气控制系统和燃油控制系统。另外,所谓自动化系统,在一定程度上需要非常少或不需要操作者的干涉,只有这样才能被称为自动化系统。只有开关或者全自动的系统不在考虑的范围之内,例如电传控制器件、全权发动机数字控制系统、飞行偏航阻尼器等。

实际操作经验表明,飞行机组成员的困扰可能是由于自动化系统功能过于复杂,过分依赖于逻辑状态或者模式转换,从而导致飞行机组不能具备正确的情景意识,这种设计特性有可能会导致事件和事故的发生。

2.7.2 系统功能分配

系统行为取决于分配的功能,同时功能分配也直接影响飞行机组的任务,因此两者必须紧密联系起来进行考虑。系统功能分配的结果是系统功能以及飞行员任务的描述，这种任务通常单独分配给系统、飞行员或同时分配给两者。通常的做法是将功能分配作为设计过程的一部分，同时这种分配应当与驾驶舱的设计理念相一致。

功能分配是需要进行审定的目标设计，应当按照以下方式进行功能分配：

- 无论是在正常或者非正常操作条件下，或者在可接受的工作负荷极限范围内，飞行员可以完成分配的任务；
- 飞行员与系统交互时，飞行员能够了解实际飞行情况，同时及时发现故障，并且在允许的情况下能够进行干预；
- 在正常和非正常情况下，必须考虑不同的飞行员之间的任务分配和共享。

2.7.3 系统功能特性

系统的功能逻辑通过飞行员能够感知的系统性能进行体现。系统性能是通过飞行员和自动化系统之间的交互产生的，由以下两个因素所决定：

- 系统的功能和逻辑及其操作；
- 用户界面，包括控制器件和飞行员进行系统输入与系统提供反馈之间交互的信息显示。

设计时应当同时考虑系统功能和用户界面，并且应当避免管理系统行为的功能性逻辑设计对飞行机组绩效产生不可接受的影响。系统功能性逻辑和系统行为对差错的影响包括：

- 控制激活和数据输入界面的复杂度，以及所对应提供给飞行机组的系统显示的复杂度；
- 飞行机组由于模式选择和模式转换而导致对系统行为产生不充分的理解和不正确的预期；
- 飞行机组对系统的未来状态和表现产生不充分的理解和不正确的预期。

对于系统功能设计应当满足以下条件：

- 可预测的、明确的并且与飞行员协调；
- 使飞行员以合适的方式干预任务；
- 飞行员能快速、准确地理解系统性能。

2.7.4 自动化系统控制

自动化系统应当能够执行飞行员选择的任务，并且接受飞行员监视。自动化系统的控制提供系统管理功能。控制的设计应当满足：

- 飞行员安全地为需要执行的任务或后续执行的任务准备系统，准备一个新任务不应当和自动化系统正在处理的任务相混淆；
- 根据飞行员的期望，使用与当前被控系统不混淆的方式启动适当的系统；

● 当操作条件需要时,可以人工干预任意的系统功能,或恢复手动控制。

自动化系统可以在最少的飞行机组成员干预的条件下执行各种任务,但前提是必须由飞行员进行监视。为确保有效监视和维持飞行员对系统当前状态和未来状态的感知,显示器应当提供以下方面的反馈:

● 飞行员进入系统的记录,使飞行员可以检测并纠正差错;
● 自动化系统或操作模式的当前状态;
● 系统为实现或维持一个理想状态所采取的行动;
● 自动化系统规划的下一步状态;
● 系统状态的过渡。

自动化系统设计时应当考虑以下方面:

● 实际的数据能够使飞行员依据自身的期望决定是否开启自动化系统;
● 如果自动化系统达到操作权限的极限,或者在特定情况下发生不正常的操作或无法执行时,应当向飞行员提供告警;
● 确保系统状态的共享,从而支持飞行员的协调与合作;
● 能够使飞行机组成员检查和确认命令的准确性,这对于复杂输入任务的自动化系统非常重要。

2.8 飞行机组差错管理

2.8.1 显示符合性

即使是训练有素、经验丰富的飞行员使用设计完美的系统也会出现差错。因此,在可预见的使用范围内,在假设飞行机组不违规进行操作的条件下,安装设备必须有能力使飞行机组管理差错。差错来自飞行机组与服役中被合理预期使用的设备之间的各种交互作用。设计应当满足:

● 能够使飞行员检测差错或从差错中恢复;
● 确保飞行员的差错对飞机性能的影响是显而易见的,并且保证飞行员继续安全飞行着陆是可以实现的;
● 通过系统的逻辑、冗余、稳健以及容错设计防止飞行员差错,或使用开关、联锁、复合确认等动作排除差错的影响。

差错是和设计的相关。当证明符合性时,应当评估在正常和非正常条件下的飞行任务,虽然在这两种条件下,许多设计特点都是相关的。例如,不管在正常或非正常条件下,监测、通信、导航和飞行任务都存在,但是任务的复杂度在不同的条件下是有差异的,因此不能简单地认为飞行机组差错在两种条件下相同,这需要在期望任务的变化评估中得到体现。

通过不同的审定计划和符合性方法能够帮助理解差错发生的机理,这些方法包括：

- 相似性声明。相似性声明能够表明飞行员处理差错的能力不会有显著性的变化。经验数据也经常能够识别相似的飞行界面或系统行为中普遍存在的差错。作为声明的一部分，需要阐述在新设计中避免了相类似的差错。
- 设计说明。设计说明可以表明各种类型的差错被设计、处理、缓解或管理。设计者遵守成熟、有效的设计理念描述也可以证明设计是有效的，即飞行员可以正确地处理差错。
- 计算和工程分析。通过对控制器件、显示、系统行为以及相关的飞行任务进行分析说明差错管理的方法。这些分析对象也包括潜在的差错以及飞行员处理差错的方法。在大多数情况下，飞行机组差错的可能性是不可预测的，因此，在使用定量分析时，应当表明方法的有效性。
- 评价、演示和试验。评价识别差错的可能性，从而在设计或训练中进行缓解。在任何情况下，在进行评价、演示和试验前，应当明确地说明场景的目标和假设，从而在结果分析中可以对预期的差异进行讨论和解释。

评价、演示和试验应当使用合适的场景反映预期的功能和任务，包括在正常和非正常条件下使用设备。场景应当考虑飞行机组差错，如果使用不恰当的场景或没有考虑重要条件，则容易导致不正确的结论和结果。例如，如果在一个评价中没有出现差错可能意味着场景过于简单。另一方面，如果发生了差错，这可能意味着设计、程序或培训应当被修改，即场景是不现实的，或在评估之前的培训不足，这样的评估不适于建立标准。

2.8.2 差错检测

设计的设备应当提供信息让飞行员意识到由于系统动作导致的差错或者飞机/系统的状态。这些信息应当对飞行机组可用，能够充分被检测，并且表明飞行机组动作和差错之间明确的关系，从而使差错能够及时恢复。

差错检测信息可以使用以下 3 种基本形式。

① 在正常的监视任务中提供给飞行机组的信息。例如，如果使用一个不正确的按钮，导致非预期的航向变化，航向可以通过目标值的显示进行检测。在被接受之前向飞行机组提供临时的飞行计划检查是另一种提供检测差错的方式。

② 如果显示本身包含通常所使用的信息并且以容易获取的方式提供，那么在正常运行条件下，主视界内仪表上的显示是充分的。这可能包含了模式通告和正常的飞机状态信息，例如姿态或航向。其他的位置信息可能依赖于飞行机组任务，例如当任务需要处理飞行计划时，在控制显示单元上呈现。

③ 提供差错信息或者飞机系统状态的飞行机组指示。如果告警是直接与差错

相关并且是合适的，那么在飞行机组差错出现后激活告警是有效表明差错的存在以及差错被检测到的方式。如果告警的内容不是与差错直接相关的，可能导致飞行机组相信告警不是由于差错引起的。

如果告警与差错有直接的联系，飞行告警的存在主要取决于有足够的差错信息可以被探测到。提示信息应该包括和差错有直接联系的内容。与差错没有直接关系的提示可能使飞行员错误地认为差错情况并没有发生。

告警主要包含集成性的差错，例如外部危险、飞行包线或操作情况。典型的例子包括诸如地形告警系统（TAW）、空中交通防撞系统（TCAS）等。

下面的问题也需要进行充分的考虑，特别是当确定差错可以完全被检测，与差错有关联的信息是否要提供给飞行员时：

- 一些差错的影响是由系统所决定的，另外一些却不然。在其他情况下，差错可以通过设计和监控的信息安排而被检测到，例如在正常运行情况下在同一方向上安排指针（如发动机转速）。
- 飞机告警与指示系统可能无法检测动作是否存在差错，因为在很多操作情况下，系统无法获悉飞行员的意图。在这些情况下（例如，选择一个新的高度或航向，或改变飞行计划飞行管理系统），往往依赖于飞行员扫描和观察的能力。对这种性质的差错，检测取决于飞行员对有用信息的理解。训练、飞行员资源管理和监控系统（如地形告警系统和空中交通防撞系统）可以多方位提供安全性，防止飞行员或飞行机组成员不能检测到差错。
- 从设计的角度，高度以及燃油状态等信息，应当是即时显示的，而不是出现危险时才立即提供告警。

确保建立的信息是可用的，同时如果有先例或者有合理的模型存在，那么这些差错可以通过设计描述进行阐述。在有些情况下，驾驶评价需要包括所提供的信息是否是可利用和可检测的。

2.8.3 差错恢复

假设飞行成员检测到差错或其影响，下一个合乎逻辑的步骤是确保差错可以恢复，或差错的影响在一定程度上可以得到缓解，从而使飞机回到一个安全状态。

差错恢复时，可恢复和可接受的方式是：

① 可利用的控制和迹象

- 直接修正差错行动使飞机或系统返回到原来的状态；
- 减轻差错的影响，使飞机回到一个安全状态。

② 飞行成员预期可以使用这些控制器件和迹象及时纠正

建立适当的控制和提示，能够使系统从差错中恢复，诸如系统描述和飞行界面就十分有效。

对于简单或熟悉的系统接口，与飞行界面相关的描述是可接受的符合性方法。对于复杂的系统接口，则需要合适的程序。

为了确保飞行员能够如预期使用控制器件和提示及时地进行差错纠正，在模拟驾驶舱中进行评价是有效的方式。这应当包括对常用术语、警报信息、控制以及其他提示的检查，以及程序的执行对其他系统的影响。

2.8.4 差错的影响

差错的影响（例如，飞机状态的相关影响）需要确保：

- 对飞行员来说是显而易见的
- 不产生对安全性不利的影响（例如，不妨碍继续安全飞行和着陆）。

在飞机和模拟机上的飞行评价是相互关联的，特别是在产生故障之后，要通过判断飞行员操作才能决定是否继续飞行或者着陆。评价和/或分析必须表明，飞行员有足够有效的信息，并且飞机有足够的能力继续飞行和着陆。

2.8.5 防止差错

差错是不可逆的，有潜在的安全问题，因此需要使用防止差错的方法。可接受的防止差错的方式包括开关、联锁或复合确认。例如，飞机上的发电机驱动控制器能够防止开关被无意驱动。另一个复合确认的例子是，飞行员在确认信息之前需要进行重新检查。误导性的信息显示，其中可能包括不准确的信息（如传感器故障），可以通过删除不准确的信息后再进行显示。申请人应避免对一个故障使用冗余的保护，如果它阻碍了飞行员的判断和行动，可能有意外的安全问题，特别是在没有预期同时又处于关键时期的环境下。有些保护措施并不被飞行员所喜欢，他们通常通过使用设计良好的工具进行规避。

2.9 集成度

2.9.1 简　介

本节讨论的系统是在驾驶舱中安装和集成的，以及加载了一个新的或者修改的功能的系统。许多系统，如飞行管理系统，从物理上和功能上植入到驾驶舱并且可能和其他驾驶舱系统交互。因此，对系统设计的考虑不能是孤立的，要考虑整个飞行过程。集成的问题包括显示器或控制器的安装，如何与其他系统交互并通过多功能显示器达到内部功能性一致以及与驾驶舱上的设备相一致。

2.9.2 一致性

一致性需要考虑的对象是一个给定的系统和驾驶舱。不一致的结果可能会增加工作负荷和差错，尤其是在有压力的情况下。例如，一些飞行管理系统需通过不同的显示页面进行经度和纬度的输入，使得飞行员容易出现差错或至少增加飞行员的工作负荷。此外，如果经度和纬度的信息显示方式与显示方式最常用的图表格式不同，也可能导致差错。下面所讨论的是交互系统中的协调性因素：

- 符号、数据项公式、格式、颜色理念、术语和标签。
- 功能和逻辑。例如，如果多个系统执行相同的功能那么应当始终使用相同的界面风格。
- 在驾驶舱上显示的信息和与其具有相同类型的信息。例如，当在电子地图上使用一种新的符号时，应当考虑驾驶舱内其他图标或者纸质资料上图标的使用。
- 操作环境。例如，当飞行管理系统符合操作环境时，进入系统的步骤和在空中交通管理系统中应当相同。

只有充分贯彻驾驶舱设计理念，才能够使系统和整个驾驶舱设计相协调。

另一个手段就是使设计的各个方面都标准化，如采用可接受的、已经出版的行业标准。然而，不恰当的标准化，对创新和产品改进可能是一个障碍。

2.9.3 一致性的权衡

即使遵循驾驶舱设计理念和原则，一致性的权衡可能会产生不利的工作负荷影响。所有的听觉告警可能遵循驾驶舱告警设计理念，但告警数量可能是不可接受的。此外，单个的任务需求可能需要数据以不同的显著性格式进行显示。例如，气象显示只能显示当前环境的一部分，而移动地图则可以显示360°的视角。在这种情况下，对界面设计和飞行任务的要求是一致的，数据显示可以单独使用，也可以与其他数据接口共同使用，但在系统和功能上必须互不干扰。

此外：

- 应当提供对每一段数据和信息的分析，证明数据以一致的方式进行显示，以及信息是否正确、合适；
- 在信息不一致的情况下，不一致性要显而易见，而不应当妨碍对故障信息的理解；
- 当系统设计偏离驾驶舱设计理念时，需要考虑对工作负荷和差错的影响；
- 应当描述飞行员期望得到的结论，以及当所显示的信息和驾驶舱的信息有冲突时应当如何采取动作。

2.9.4 驾驶舱环境

应当认识到被植入飞机系统的物理特性以及环境特征对驾驶舱的影响和所对应的环境特征。驾驶舱系统是受湍流、噪声、环境光、烟雾和振动影响的系统。设计时应当意识到这些环境特征可能会影响系统的可用性、机组工作负荷以及飞行员的任务绩效。例如，湍流和光线可能会影响显示器的可读性，驾驶舱噪声可能影响听觉信息获取。非正常情况下的驾驶舱环境也必须予以考虑，例如不正常的姿态恢复或者重新对飞机和系统恢复控制。

驾驶舱环境还包括布局，例如飞机的设备、控制器件和信息显示器。布局应当考虑到以下的要求：

- 控制的可达性；
- 显示器和标签的可视性和可读性；
- 面向任务的位置和人机交互元素分组。

2.9.5 工作负荷和飞行机组差错

当集成功能和/或设备时，设计成员应当意识到集成化设计对飞行员的工作负荷和差错管理会有后续潜在的影响。系统的设计和评估都必须从独立和集成的驾驶舱系统进行考虑，从而确保飞行员能够探测、消除、修复差错。当集成系统采用更高级别的自动化设备、高度交互的系统以及与其他驾驶舱系统相互依赖时，系统集成将是一件非常有挑战性的工作。

集成设计在整个飞行过程中应当不会对工作负荷或飞行机组差错产生不利影响。控制，特别是多功能控制或新的控制方式，会出现潜在的机组差错，并且会增加反应时间。附带隐藏功能的多功能控制可能会增加飞行机组成员的工作负荷和潜在的差错，因此通常应当避免使用。

以下是两个对机组差错和工作负荷不产生影响的集成设计的实例：

① 通常使用两种不同的属性表达信息会增加工作负荷。例如，使用磁带或者刻度盘表达高度信息。但是，不同的信息表达形式根据设计和飞行员任务的不同也可能是合理的。例如，用模拟显示屏显示发动机每分钟转数可以提供快速浏览，然而用数字形式显示可以帮助精确的输入。

② 冲突信息的表达。工作负荷和机组差错的增加可能是由于驾驶舱中同时出现两种矛盾的高度信息导致。例如，系统可能在不同的驾驶位置表现出细微的差别，但是所有的这些差别应当予以具体评价以确保可能产生的信息理解差错是最小的，或者保证飞行机组成员有办法检测不正确信息，或者保证这些差错的影响可以被消除。

集成设计的功能应当不会由于驾驶舱其他信息和任务分散机组注意力而引起总体安全性问题。虽然如此，在某些情况下，增加工作负荷的系统设计有时是可以接受的。例如，驾驶舱中显示器的增加可能会由于增加飞行员额外的观察仪表的时间而增加工作负荷，然而，这种额外信息是以保证安全性为目的的，是可以接受的。此外，由于驾驶舱集成的新系统可能对工作负荷产生积极或消极的影响，应当单独或与其他系统结合起来进行评价。

3 25.1302条款符合性方法

这一节讨论在选择25.1302条符合性方法时要考虑的问题。通常，在审定过程中，有五种常用的可接受的符合性方法。合适的可接受的符合性方法应当建立在具体分析的基础上，并且由具体的符合性问题共同确定。可接受的符合性方法应当由型号申请人研究并提出，然后提交适航管理当局批准。

3.1 选择符合性方法

本节中阐述的符合性方法包括：

- 相似性声明；
- 设计描述；
- 计算和分析；
- 评估；
- 试验。

对一个具体的工程来说，没有通用的办法去决定合适的符合性方法。选择一个合适的符合性方法或选择不同方法的组合取决于工程的具体因素。

一些认证可能会需要不止一种方法来展示一个特别要求的符合性。例如，当不能对审定的飞机进行飞行试验时，可能会提出联合设计检查和部分任务的仿真评估。

回答下面的问题将会对选择符合性方法有帮助：

- 使用哪一种符合性方法会使得获取所需要的认证数据成为可能？
- 一个单独的符合性方法会提供所有的数据吗？多种符合性方法是用串行方式还是并行方式？
- 要求设备应该具备什么程度的精确度去采集所需的数据？
- 参与者是谁？
- 在作为一个参与者之前应该具备什么水平的训练？
- 评估获得的数据应该如何展示满足符合性验证？
- 演示的结果会提交吗？
- 如果需要完成一个实验，要使用哪些符合要求的设备？

3.2 与适航管理局关于符合性演示的讨论和协议

申请者关于符合性方法的提议必须与适航管理当局达成一致以满足所有的认证要求。这包括预期的方案，研究飞行员行为所必需的模型，以及开展评估的试验条件和试验环境。

3.3 符合性方法的描述

以下为五种用于演示与飞行控制面板设计相关的、通用的、可接受的符合性方法，具体方法描述如下。

3.3.1 相似性声明

详见附表 1-1。

附表 1-1 符合性方法描述——相似性声明

描述
相似性声明是一个对即将验证的系统的描述和一个对已验证系统的描述。这个描述是关于符合要求的物理的、逻辑的和操作相似性
可交付性
相似性声明可以是认证报告的一部分，包括了目前的认证数据/文件的参考资料
参与者
不适用的
一致性
不适用的
使用
通过和已经具备鲁棒性系统相比较，证明一个设计是否符合要求以及是否能被飞行机组成员接受，这些鲁棒性主要是关于是否缺少飞行机组成员差错控制以及/或者飞行机组成员管理是否产生差错
局限性
在使用相似性声明去展示符合性时必须要谨慎。飞行控制面板应该作为一个整体来评估，而不仅仅是一组单独的功能或系统。当在一个单独的飞行控制面板上联合时，在分离的项目中得到验证的两个功能或特性可能是不兼容的。改变一个飞行控制面板的特性时其他的特性需要有相应的改变去保持一致性和防止混乱
例子
如果一个新飞机的窗口设计与一个已存在的飞机是相同的，相似性声明应该是满足 CS25.773 的可接受的符合性方法

3.3.2 设计描述

通过描述设计方案，申请者可以证实设计满足一个具体条款所提出的要求。申请者传统上使用绘图、配置描述和设计理念展示符合性，详见附表 1-2。参与者和一致性的选择与符合性无关。

附表 1-2 符合性方法描述——设计描述

a. 图纸
描述
设计图的绘制或工程图的绘制描述硬件或显示图形的几何排列
可交付性

续附表 1-2

绘图可以成为验证报告的一部分
使用
当飞行控制面板的变化很简单或直接时，申请者可以为非常简单的认证项目使用绘图。绘图也可以用来支持更复杂接口符合性验证
局限性
绘图的使用仅限于物理设置和图形相关
b.配置描述
描述
配置描述是规定的项目的设计图、通用设置、运动方向的描述，也可以通过参考资料给出具体的描述(例如具有相同设计图的其他工程)。它可以用来显示飞行设备的相对位置，控制功能编组，给显示器和警告的颜色分配代码
可交付性
成员接口的功能性解释:认证项目的文本描述和系统的成员接口的功能方面
飞机评估
该评估在实际飞机中进行
使用
配置描述一般情况下没有工程绘图正式。它是用来指出支持符合性认定的设计的特性。在一些情况下，这样的配置描述对符合性认定来说，可以提供足够的信息。但更常见的是它们提供重要的背景信息，然而最终的符合性验证是通过其他方法来实现的，如演示或试验。配置描述所提供的背景信息可以显著地减少与演示或试验相关的复杂性和风险。申请者可以表明系统是怎样使用配置描述表来工作的以及任何可能可以协调过的论述或假设
局限性
配置描述表可以为满足一个具体要求的符合性验证提供充足的信息。但更常见的是它们提供重要的背景信息，然而最终的符合性验证是通过其他方法来实现的，如演示或试验
c.设计理念
描述
设计理念可以用来演示一个以安全为中心的理念，就像产品/系统或面板中应用的设计规范
可交付性
验证项目的文本描述和系统的成员接口的功能方面(最好有数据和绘图)和它们与整体设计理念的关系
使用
记录一个设计满足一个具体要求的能力
局限性
在大部分情况下，这种符合性方法作为唯一演示符合性的方法是不充分的
例子
如果新的警告与已存在的可接受的警告理念相一致的话，当一个新的警告加到飞行控制面板时，设计理念可以作为一种符合性方法

3.3.3 计算/分析

详见附表1-3。

附表1-3 符合性方法描述——计算/分析

描述
计算和工程分析(手工评估)不要求参与者与设备的物理表示进行直接交互
可交付性
报告详述了分析、组成部分、评估假设和做出决定的基础。报告详述了结果和结论
参与者
由申请者实施
一致性
不适用
使用
给产品/系统/飞行控制面板的人机接口部分的具体和总体方面提供一个系统评估。指导材料会对此具体化
局限性
在仔细考虑用来进行分析的评估技术的有效性时不要依赖咨询材料或已接受的工业标准方法。申请者可能会被要求去确认用在此类分析中的任何计算工具。如果分析包含了对测量性质与源于已存在的研究的推荐标准(内部的或公开的)进行比较的话,可以要求申请者去证实项目数据的适用性
例子
申请者可以通过视觉分析的方法去展示飞行机组成员对窗口外有一个清楚和未失真的视野。类似的一个分析方法也应该展示出飞行、导航和动力装置从飞行机组成员的位置处是清晰可见的。申请者应该通过地面或飞行试验来证实分析的结果

3.3.4 评估

申请者可能使用产品/系统的部分直至全部功能来进行驾驶舱的评估。这些都有两个共同点:成员接口和系统接口的描述没有必要要符合最终的文件;认证机构一般不在现场。实体模型、工作台或实验室评估、模拟器评估和飞行试验的适用性和局限性详见附表1-4。

实体模型是物理配置(形式和匹配)的全范围、静态描述,不包括飞行控制面板和它的安装设备的功能方面。

附表1-4　符合性方法描述——评估

描述
评估就是由申请者实施的对设计进行的评估，然后把结果的报告提交给适航管理当局
可交付性
一个提交给适航管理当局的报告
参与者
申请者和可能参加的机构
设施
评估可以在工作台上的实体模型、实验室、仿真器或飞机上实施
一致性
一致性不是必需的
实体模型评估
实体模型可以被用作设计的描述，允许参加者可以与设计进行物理交互。CAD系统中的三维设计描述，与飞行控制面板的三维模型配合，可以作为评估的一些限制类型用作“虚拟的”实体模型。例如，评估可以使用任何类型的实体模型
实体模型评估的例子
一个分析用来展示控制装置的设置可以让身高从1.58～1.91 m的飞行机组成员使用所有的控制装置。这个分析可以使用源于计算机工程绘图的数据。申请者可以在实际的飞机上演示分析的结果
工作台或实验室评估
申请者可以使用设备仿真成员接口为单个系统或相关的一组系统实施评估。申请者可以使用飞行硬件、仿真系统或联合使用所有设备
工作台或实验室评估的例子
一个集成系统的工作台评估可以是安装在飞行控制面板的实体模型中的航空电子系统，可以包含主显示和自动驾驶控制。这种工具在开发期间是有用的而且可以为适航管理当局提供系统须知。但是，在一个高度集成的结构中，在没有更完整的仿真或没有使用实际的飞机时，评估航空电子系统能以何种程度符合总体飞行控制面板是很难的或不可能的
模拟器评估
仿真器评估使用设备展现一个飞行控制面板的集成仿真(使用飞行硬件、仿真系统或者两者的联合使用)和操作环境。这些设备也可以与响应特性一起“飞行”，这些响应特点可以在一定程度上复现出飞机的响应。仿真功能和物理精度(或真实程度)需求一般取决于配置、功能、任务和设备
飞行试验
评估是在真实飞机上进行的
使用
传统上这些类型的活动都是作为设计过程的一部分在使用，并没有正式的认证。但是这些活动可以改善设计并且更能够遵循适用性要求
局限性
局限性在于设备能够在多大程度上描述驾驶舱配置以及真实的机组任务。驾驶舱系统集成度越高，分任务评估作为符合性验证方法的作用变得越小。尽管如此，分任务评估也是必不可少的

3.3.5 试验

试验是符合性验证的方法，详见附表1-5。试验的实施与评估的方式很类似，一个明显的不同就是试验需要一致性的产品/系统接口。试验可以在工作台、实验室、仿真器和飞机上进行。

附表1-5 符合性方法描述——试验

描述
试验是当适航管理当局对设计实施的评估
可交付性
呈交给适航当局的报告
参与者
申请者和可能的机构
设施
试验可以在工作台、实验室、仿真器和飞机上进行
一致性
设备必须符合一致性
工作台或实验室试验
这种类型的试验经常要求去展示各部分的性能要和设计要求时的一样。工作台试验不能单独成为符合性验证的方法，但是可以在和其他方法联合使用时提供数据支持
工作台或实验室试验的例子
申请者在工作台试验时应该展示出显示器在期望照明条件下的可见性(假如定义了期望照明条件)的支持分析。通过计算期望视角，这种支持分析可能包括阳光可以照射到显示屏上的方向的几何分析。这些条件在实验室条件下可能会复现
与工作台或实验室试验相关的一致性
部分或系统需要去展示符合一致性
模拟器仿真
仿真器评估使用设备展现一个驾驶舱的集成仿真(使用飞行硬件、仿真系统或者两者的联合使用)和操作环境。这些设备也可以与响应特性一起在实际飞行条件下使用，这些响应特点可以在一定程度上复现出飞机的响应。申请者应该决定仿真的物理和功能精度需求，作为评估的关键考虑
模拟器试验一致性和精度

续附表 1-5

模拟器仿真时只需验证部分驾驶舱的一致性。申请者可以使用飞行机组成员训练模拟器去确认设计的大部分正常和紧急步骤和飞行机组成员设备的任何对工作负荷的影响。如果驾驶舱完全满足符合性且航空电子由验证的硬件和软件驱动，那么申请者可以实施和使用集成航空电子试验去验证符合性。虽然并不是所有方面的仿真都必须有很高精度的符合性，然而，在评估时要考虑评估精度需求
飞机试验
飞机试验可以在地面或空中实施。
飞机试验的例子
一个地面试验的例子是对显示器潜在的反射问题的评估。这种试验一般包括驾驶舱窗口仿真黑暗和按照期望的亮度水平去设置驾驶舱的亮度。由于光源、显示硬件和窗口接口的区别，这种试验在模拟器中可能无法实现，所以需要进行飞机试验。取得适航认证期间的飞行试验是设计的最终演示。飞机和它的组成部分（驾驶舱）是最具代表性的需要验证的设计类型而且设备是最接近真实操作的。飞行试验是最真实的飞行环境，尽管它受到那些可以安全实施的评估的限制。飞行试验可以用来证实项目在开发和取证期间先前进行的实验。最好使用飞行试验作为最终的、通过使用其他符合性方法收集的信息的数据验证，如分析和评估
飞行试验的局限性
飞行试验受到特殊情况下（如天气、不正常海拔）的飞行条件能被呈现的程度的限制。也应该注意到的是飞机的飞行试验提供了在任何符合性方法条件下的最少控制。适航管理当局和申请者应该非常认真地讨论，飞行试验和它们的结果在什么时候如何被用来展示符合性。

附录 2 AC23.1523 最小飞行机组

1 前　言

本咨询通告于 1962 年生效。本咨询通告提出了一种通用的，具有广泛适用性的体系。美国联邦航空局(FAA)据此向 FAA 客户、工业方、航空协会和公众发布相关咨询材料。本咨询通告为联邦航空法规 23 部 23.1523 条提供了一种证明符合性的方法；23.1523 条规定了与 23 部飞机相关的最小飞行机组验证要求。

2 目　的

a. 本咨询通告为与 23 部最小机组验证要求相关的 23.1523 条提供了一种符合性验证方法。

b. 本咨询通告提出了一种可决定工作负荷因素的方法，适用于正常类、特技类、实用类、通勤类飞机。本咨询通告为基础性材料，并非法规文件，仅起指导作用。

c. 本咨询通告为 23 部相关的飞机制造商、修理商、FAA 设计评估工程师、试飞工程师、工程试飞员(飞机审定办公室 ACO，飞机标准和厂商)以及人为因素工程评估人员提供了参考材料。FAA 授权代表可根据本咨询通告进行工作负荷评估。

d. 本咨询通告鼓励上面 c 部分所述的所有组织或单位的参与和配合。本咨询通告与 AC23-8B 最小飞行机组评估部分中工作负荷因素所述的试飞指南和工作负荷因素内容相一致。在进行 23 部试飞和飞行员评估时，本咨询通告中的符合性方法是适用的。

3 背　景

a. 在 19 世纪 80 年代早期，开始了将新一代商业喷气飞机机组数量从 3 人减少到 2 人的趋势。这就需要运输类飞机指导委员会对 25 部飞机制定更多的标准和指导以决定其最小机组数量。AC25.1523 的制定为厂商和验证人员提供了与 25 部 25.1523 条相关的符合性验证方法。但与 23 部相关的大部分飞机的操纵仍仅要求单个飞行员，无须 3 个机组成员，只有少数需要 2 个机组成员。因此，对 23 部飞机，无须颁布针对飞机机组数的补充案或具有相同作用的其他规定。通过安装集成电子显示仪来代替传统电子机械装置可更准确地检查机组工作负荷。

b. 多年来，23 部飞机在设计上相对简单，在操作中所用的设备和系统也基本相同。这使得飞行员能够安全地从一种型号的 23 部飞机过渡到另一种型号的 23 部飞机。然而，近些年来由于现代技术的发展和电子设备零部件成本的降低，更多新颖复杂的集成电子系统逐渐被安装应用到 23 部飞机当中。这些新的系统改变了驾驶舱的外观界面、操作方式和功能，同时，生产厂商在这些系统的设计和操作特性应用上也有了更多的改变。因此，通过相关研究表明，此时熟悉精通某一类飞机系统的飞行员并不能充分地了解和熟练地操纵另一类飞机系统。虽然这些新设计的飞机系统很多时候可以改进飞行员的特定环境意识和安全性，但是，不好的飞机系统设计会增加飞行员的工作负荷，并且也增加了潜在的飞行员操纵失误的可能性。另外，如果在设计和操纵这些系统时缺乏标准也会对飞行员训练和飞机性能和安全性产生消极影响。所以，对于这些复杂的、集成驾驶舱设计，必须对驾驶员工作负荷和潜在威胁进行更加严格的检查。

c. 2002 年 8 月，小型飞机委员会颁发了与 23 部飞机相关的人为因素法规。该法规讨论了与 23.1523 条相关的人为因素事项。本咨询通告中包含了该法规中与人为因素相关的规章要求。另外，本咨询通告中颁布了与 23.1523 条相关的飞机验证程序指南，用以阐明本条验证过程中的基本注意事项，这些文件包括：

① The FAA and Industry Guide to Product Certification，1998；

② The FAA and Industry Guide to Avionics Approvals，2001。

4　适用性

本咨询通告为所有 23 部飞机 23.1523 条最小机组验证提供了一种符合性验证方法。1987 年 2 月，23－34 修正案对 23.1523 条进行了修正，增加了通勤类飞机的额外工作负荷评定标准。对通勤类飞机，本咨询通告中包含了一些推荐评估标准的内容，相关标准同样也适用于经过重大改进的正常类、实用类、特技类飞机的工作负荷和适用性评估。历史上，23 部所涉及的大多数飞机是由单个飞行员操纵的，因此并不期望这一情形会有根本改变。因为大部分新设计的 23 部飞机仍按照传统设计标准为单个飞行员操纵，因此 FAA 不会要求其更改设计标准为 2 个或更多的机组成员，除非单个飞行员操纵被评估为是不安全的。因此，从内容上讲，本咨询通告主要是单个飞行员操作工作负荷符合性验证的指导材料。对于那些之前已经过验证或初始设计为单个飞行员操纵的 23 部飞机，可用本咨询通告对其进行飞行员工作负荷评估，评估包括驾驶舱布局、操作显示界面、表达信息、操纵控制和支持单个飞行员操纵的系统控制逻辑的完整性。通常，这些项目的评估结果，可用于发现对于单个飞行员操纵，飞机设计所需要进行更改和改进的范围。

5 相关规章与条例

a. 规章。以下为与最小机组评估有关的规章：

23.771 驾驶舱；

23.773 驾驶舱视界；

23.777 驾驶舱操纵器件；

23.1301 功能与安装；

23.1303 飞行和导航仪表；

23.1305 动力装置仪表；

23.1309 设备、系统及安装仪表：安装；

23.1311 电子显示仪表安装；

23.1321 布局和可见度；

23.1322 警告灯、戒备灯和提示灯；

23.1367 开关灯；

23.1381 仪表灯；

23.1523 最小飞行机组；

23.1525 最大客座量布置；

23.1541 标记和标牌：总则；

23.1543 仪表标记：总则；

23.1545 空速指示器；

23.1549 动力装置和辅助动力装置仪表；

23.1551 滑油油量指示器；

23.1553 燃油油量表；

23.1555 操纵器件标记；

23.1583 使用限制。

b. 咨询通告。现存的、对外公布的咨询通告副本可从美国运输部出版署(M-30,Ardmore East Business Center，3341 Q75th Avenue，Landover，MD 20785)免费得到。另外,也可以从网站 http://www/airweb. faa. gov/AC 得到相关材料,即 AC23.1311-1A 23 部飞机电子显示仪安装。

c. 政策声明。可以从以下网站得到现有法规的副本:http://www. faa. gov/certification/aircraft/。首先点击"Regulations，Policy and Guidance",随后点击"Policy"即可。同样可以向小飞机委员会(901 Locust St，Kansas City，MO 64106)致函获取相关法规文件。23 部人为因素法规编号为 PS-ACE100-2001-004。

d. 需购买的咨询通告。可以从以下网站得到现存法规文件：http://www/airweb.faa.gov/AC。如果不能从上述网站下载到所需的法规文件，那么也可向美国政府印刷处(P.O. Box 371954, Pittsburgh, PA 15250-7954)文件管理负责人联系购买相关规章：

AC23-8B 试飞指南；

AC23.1309-1C 23 部飞机设计相关的设备系统及安装。

6 基本审定事项

a. 就所需机组数和机组工作负荷的讨论，FAA 和申请者应在型号设计的早期进行，并且对于某些问题，讨论应深入到要求的试验水平。对驾驶舱的小改动无须重新进行工作负荷分析，但是，对于驾驶舱大改动则需要进行全面深入的评估。相应的试验水平应与改动程度相一致。试验标准由申请人制定，同时为保证协同，申请人应及时将其提交给 FAA。同时，讨论范围也应关注可能会对机组工作负荷造成影响的设计特征的鉴定上。实施后续分析、验证和试验以证明这些设计特征不会过度增加任一机组成员的工作负荷或造成机组差错几率的增加。通常，申请人在型号设计的早期就已确定最小机组数，而且这一参数极少改变，因此，最小机组评估通常即为对申请人设计最小机组数量的验证评估。另外，评估需表明在典型运行环境中，机组工作负荷与申请人预计工作负荷相吻合，同时，飞机工作负荷需满足 23.1523 条的要求。

b. 最小机组数一般是申请人在型号研制的初期，综合考虑设计驾驶舱界面机组工作负荷、飞行员个人经验和其他需考虑因素后确定的。但是，最终的最小机组数需经过对飞机功能和集成系统的充分评估后方可确定。因为驾驶舱设备和驾驶舱界面对机组工作负荷和机组表现有着直接的影响，应通过地面测试、模拟和模拟器等手段对其进行系统评估。建议申请人在这些评估中使用 FAA 飞行员和人为因素专家。本咨询通告建议，某些飞行科目应在典型的运行环境中进行评估。同时，本咨询通告也建议飞行员评估小组应由 3～5 名具有不同服役背景、不同机型的飞行员组成。不同的背景和经验水平的飞行员能保证评估飞行员技能和水平的不同，从而可获得该机型的平均机组工作负荷。而典型环境下的飞行评估可以反映是否需要过度的机组工作负荷，从而对机组工作负荷进行重新分配；或通过典型环境下的飞行评估发现设计、运行、培训或操纵程序中需改进的问题。

c. 在本咨询通告的附件部分就 23 部人为因素列出并讨论了与驾驶舱人为因素设计相关的很多需关注的问题。另外，通过早期的研究和经验也发现了一些与高工作负荷相关的典型的人的行为，附件 1 中列出了这些行为。本咨询通告建议试验评估者/观测人员应熟悉规章中所述的问题以及附件 1 所列的内容。在进行这些部分的试飞评估过程中,试飞评估者应保持谨慎,记录何时以及何种条件下发生了上述问题和情形。如果在评估过程中发生了这些问题和情形,则需要进行更加详细的工作负荷评估和检查。

d. 在确定最小机组数的机组工作负荷分析和验证中,有些工作负荷因素被认为是会对飞行任务的完成产生重大影响的因素。本咨询通告附件 2 中列出了这些工作负荷因素,并且这些因素应在评估过程中有所论述。在对飞机进行 23.1523 条最小机组的符合性验证时,需严格保证评估内容包含了本咨询通告附件中所列的所有工作负荷因素。

7 验证程序

a. 试验计划评估

对任一新机型或重大改型飞机,都需利用已通过 FAA 验证的试验计划对其进行系统评估。验证 23.1523 条符合性的方法包括 FAA 认可的分析方法、模拟器验证和/或飞行试验。对于新机型或重大改型飞机,应通过合理的分析、评估和验证程序来确定其最小机组工作负荷。

b. 分析方法

(1)总则。申请者应在设计过程的早期进行合理的分析。在选取相应的分析方法时,对于特定的驾驶舱布局,应评估选取方法的有效性、可靠性和适用性。如果条件允许,分析应包含所评估机型与其他相似机型之间的驾驶舱比较。分析的重点应集中在驾驶舱更改部分和新设备上。对于驾驶舱重大修改,如更改驾驶舱布局、更改飞行员操纵界面、更改飞行员任务或运行程序等,则需进行更加综合详细的评估。FAA 鼓励申请人及时将分析结果提交至有关验证部门,及早发现潜在的问题。

(2)实例。一种可接受的工作负荷评定方法为对所执行任务进行百分比划分(时间线分析法,其他符合性分析方法见附件 3):根据易于辨识的重要的时间节点,将所执行任务适当地划分为一系列飞行阶段,这一方法适用于与显著的飞行员任务(如飞行操纵和数据输入)相关的驾驶舱更改评估。为保证该方法的符合性,应在一定范围内仔细地选取典型运行要求下(包括正常、非正常和应急程序)的飞行场景和时间段。当所执行的任务有严格的运行时间限制时,采用时间线分析法可得到非常有效的数据。对所需时间的精确评估是此方法是否有价值的关键。此方法所确定的时间度量不应视为绝对的标准,但是所记录数据可用于后续模拟机飞行或试飞试验中以确定所增加的工作负荷需求,并可与现役飞机所需的机组工作负荷进行比较。对于可能影响非正常和应急程序的驾驶舱设计更改,则需进行专门评估。如果验证小组通过预分析发现了任何潜在的问题，则需进行更加广泛深入的评估。

c. 试 验

(1)概述。对机组数量和机组工作负荷的评估是始于型号设计早期的迭代分析过程。这一过程包括相关的实体模型制作、工作台制作或模拟机试验，以及最终布局形态下在目标飞机上的试飞试验。飞机系统评估前，在研发阶段，结合模拟机试验进行系统性能预评估是非常必要的。虽然并不做要求，评定飞行员应不仅仅限于生产商试飞员和FAA试飞员(如不是生产商和FAA验证小组成员的个人)。如果验证过程中包含此类飞行员，他们可代表具有类似飞行经验和培训背景的目标飞行员，而他们通常为系统/飞机更加合理的预期使用者。只有经过具有相应资质的、有经验的现役飞行员试飞验证后方能决定飞机所需的最小机组数。

(2)试验范围。试验大纲中应包含所有与23.1523条和本咨询通告附件2中所列的工作负荷职能和工作负荷因素。例如，在进行工作负荷评估时，需在包含飞机正常运行环境通讯任务的条件下进行评估。这是为了保证在真实运行条件下(包括典型的空中交通、天气、航线运行和相应的公司运行和与客舱机组间交流)根据计划数量机组成员评估机组工作负荷。

(3)评估方法。主要有三种评估方法：直接比较、间接比较和独立评估。比较评估(直接比较或间接比较)通过对比新系统与已经过安全验证的现役飞机系统来检验“飞行员-系统”的性能和符合性。通常，如果新系统所需工作负荷被评估为与参考系统相当或低于参考系统，则可以认为新系统所需工作负荷是符合要求的。比较评估包括：新系统与参考系统就指定任务和飞行阶段完成状况进行直接比较；以及仅对新系统进行试验评估，而根据飞行员对另一飞机系统的性能和操作经验，来完成两系统间的间接比较。利用比较法进行评估时应注意：如果之前已经过验证的系统存在某些功能/运行缺陷或其他不合理特性，则该系统并不能作为“好”的参考系统来进行比较。在进行任何比较评估时，都需对参考系统进行全面系统的安全性评估和服役表现评估，以确保用于比较的参考系统不存在任何安全问题或其他缺陷。另一种评估方法是将评估系统作为一个相对独立的系统部件来进行评估，此方法无须与其他系统进行比较，而只需评估该系统本身的优缺点。但是，在使用此方法时，应保证所评估系统作为整个驾驶舱的一部分来进行评估，因为，在进行系统集成时此系统可能对其他驾驶舱系统任务性能和工作负荷产生影响。在进行独立评估试验前，对每一试验点，需制定相应的试验标准。例如，在利用Bedford等级法进行主观工作负荷评定时，在试验之前，评估者需制定“不符合”所对应的评定标准。尽管所记录的数据可能显示对于特定任务，该系统工作负荷过高或不符合所制定标准，但是在进行最终抉择时，对于该系统的工作负荷或性能，应由试验评估小组来决定是否需要进行设计、程序和/或培训更改。对于那些仅有一两个评估人员遭遇或认为不符合的问题，评估小组经过评定可将其归结为由于技能水平、培训经历、知识水平和经验差异等因素所引起的。这能保证评估差异是否是由系统缺陷所引起的。

① 直接比较。使用此方法时，最好是建立有组织的试验体系，通过试验评估人员对新设计与之前已经过验证的系统间特定任务的性能比较，记录比较数据来完成评估。通过设计可全面反映新设计特性的试验场景来完成特定评估。在进行直接比较时，如何合理地组织和设计试验任务，以保证评估试验在两对比系统中的准确性和可重复性，是评估是否成功和准确的关键因素。另外，应尽量保证两系统进行同一评估任务间的时间间隔最小。

② 间接评估。有时由于条件所限，并不能实施两系统间的并联评估来进行直接比较。对此，一种可接受的评估方法是通过评估飞行员的"心理感受"（根据其对参考系统的性能和工作负荷的记忆和经验）来进行新系统与经验证系统间的间接比较。在利用此方法进行结果分析时，应特别谨慎。因为相比于通过直接比较法所得到的数据，此方法所记录的数据并不准确可靠。因此，需对此方法所得到的数据进行仔细评估，以保证所得结论的合理性和一致性。

③ 独立评估。此方法适用于当新设计系统与现存的所有已验证系统有着本质的不同，没有合适的参考（基准）系统来进行直接或间接比较时使用。例如，当新的设计会造成飞机自动化程度或机组职责的重大改变时，参考设计比较法的有效性则会大大降低。此时，没有合适的基准系统用于比较，而只能通过评估该系统本身的优劣性来决定其是否满足用户需求和 FAA 规章要求。应根据其预计功能，在所有可能的运行条件下，设计充分完整的评估任务要求来完成该系统的功能评估。

④ 场景。验证评估需确保在可代表飞机运行环境的典型场景中对新系统和驾驶舱布局变更进行评估。虽然申请人会提供一定数量的机组工作负荷验证数据，但为了验证申请人所提交数据，仍需在典型运行环境中进行有组织的主观评估。在相同或相似的环境中，通过主观评价飞机本身与所提交数据操纵难易度之间的差异以完成评估。为表明符合 23.1523 条，申请人提交的试飞试验大纲应包含以下因素：

① 航线。试验航线应综合考虑航海营救、机场、仪表进场和空中交通管制等因素。

② 天气。航线的选择应能保证在遭遇不利天气状况（仪表飞行气象条件、夜间飞行、湍流、结冰等）时飞机仍能够正确地实施操作。

③ 机组工作计划。根据设计飞机的运行类型，合理地安排试验机组工作计划，使其与飞机设计类型相一致。该计划应包括连续工作天数、预计最大离港和到港数

量、夜间飞行数、最大允许工作时间和机组最小作息周期。

④ 最低设备清单。在制定飞行试验大纲时，申请人需综合考虑典型的签派放行形态。这些典型的签派放行形态和可能与其对应的后续模拟故障模态构成了很多评估场景的基础。

⑤ 空中密度。飞机需在仪表飞行气象条件（IMC）和目视飞行气象条件（VMC）下，模拟空中高密度运行，但同时也需考虑精密和非精密进近、复飞、转场等情形。

⑥ 丧失能力机组成员。大多数 23 部飞机为单个飞行员操纵的，但是也有某些 23 部飞机需要 2 名机组成员操纵。对于这些飞机，则需进行丧失 1 个机组成员时的工作负荷评估。验证程序需包括任何飞行阶段 1 名机组成员完全丧失活动能力时操作程序的验证。需证明通过剩余机组成员，飞机仍能安全地运行和着陆。当 1 名机组成员完全丧失活动能力时，剩余机组应及时通报空管人员，空管人员则会特别安排空中管制以协助该飞机安全下降、进近直至着陆。因此，在实施丧失单个机组成员操作验证时，无须考虑“高”密度机场情形时的验证，因为它并不能准确地代表实际运行任务要求。丧失工作能力机组成员试验无须进行其他“签派放行形态及相应失效”场景试验。丧失工作能力应归结为签派放行形态所对应的一两种“后续失效”场景的例子，这一签派放行形态对应从最低设备清单中所选择的相应的设备。

⑦ 系统失效。试验大纲中需对可能会导致系统失效和操作模态等级降低的工作负荷进行评估。试飞大纲应考虑主要系统和备用系统，各种典型的失效模式组合也应在试飞大纲中有所说明。对于系统失效，需记录飞行员反应时间、指令准确性、指令行动是否可被合理地感知和对系统失效的修正和补偿等数据。试飞大纲中应列举各种应急情形和非正常情形的案例，来说明它们对机组工作负荷的影响。应记录与飞行员辨认应急情形和非正常情形，以及在应急情形和非正常情形时采取合理的行动的能力相关的数据。建议在进行这些评估的同时验证相关检查单和操作程序的完整性。

需要说明的是：在确定试飞试验大纲中需验证的系统失效模态时，应通过模拟和分析决定哪些是最有可能的失效模态。应根据模拟和分析所得的发生几率来选择失效模态。例如，那些极不可能发生事件（1×10^{-9}）则无须进行系统失效评估。需明确应急情形或非正常情形时机组工作负荷的分配，以确保选择合适的失效情形。对于如何选择主观的、生理的和性能上的工作负荷评估方法和技巧以实施机组工作负荷评估，参见 FAA《机组工作负荷度量方法、技巧和程序的评估》报告（Vol. II Report No. WRDC－TR－89－7006）。

⑧ 机组差错评估。需评估驾驶舱设计以确定工作负荷是否为造成飞行员差错的重要因素。控制和显示设计上的不足是造成飞行员差错的重要因素。进行机组差

错分析同时也能保证在遭遇该情形时不会导致不安全或灾难性事件的发生。

d. 数据采集和分析

(1)工作负荷数据。所采集的数据包括客观性能度量标准,通过调查表记录的主观(感官)性能评估和各任务的飞行员评价,以及试验实施者、试飞工程师或人为因素工程师的观测报告。通常,相比于主观数据,应优先记录客观数据(完成任务的时间、错误率、独立动作的数量等)。但是,从主观信息(如主观经验、观测报告以及飞行员和试验人员意见)中往往能得到更多信息。另外,在某些情形中,由于试验计划或其他不能被试验小组控制或克服的可变因素的限制,不能准确地记录客观数据,这时,只能通过记录主观评价数据来证明对23.1523条的符合性。当利用所记录的主观评价数据进行评估时,申请人需考虑附件2中所列的、可感知的工作负荷评定要素的定性评定等级,和对应于附件1的可观测的飞行员行为种类。然而,本咨询通告仍建议在评估时应综合采用所有可能的评估方法(主观的和客观的)。通过评估方法的组合,可得到关于操纵界面的合理性、工作负荷和飞行员掌握和使用飞机系统能力等的有价值的信息。验证部门应负责根据试验大纲所记录的所有数据,经过分析评估来决定所验证系统是否满足规章要求;在进行评估时,应重点关注工作负荷、任务持续时间、没有完成的任务和差错率这些因素。

(2)表格。数据记录表、调查问卷单、等级评定表和其他试验报告详见附件4。

e. 试验授权

在新系统或部件研发的整个过程中,申请人都应进行驾驶舱设计和飞行员性能评估。如果申请人可表明整个评估过程中所评估系统/零部件的一致性,FAA可授权其进行相关试验。尽管申请人必须证明评估过程中所用零部件或系统的一致性,但相关证明可在评估完成之后进行。申请人在验证过程早期对系统所进行的有效的、综合的评估,可减少后期试飞试验的数量和FAA的介入范围。关于此类评估的授权应在试验前与FAA有关责任部门或授权代表协商以获得。

8 附 件

附件1 与高工作负荷相关的飞行员行为

与高工作负荷相关的一系列典型的人的行为如下所述。在试验实施过程中,试验实施者/观察者应特别注意观察这些行为,另外,也需特别留意何时在何种条件下观察到了这些行为。如果试验评估过程中观察到了任何与高工作负荷相关的飞行员行为,则必须进行更加详细具体的检查。

a. 监视学习行为

(1) 飞行员花费过多精力来学习设备使用

① 需要大量的帮助；

② 反复参考培训资料。

(2) 飞行员需要很长的时间来熟悉相关操作

(3) 需要过度的记忆

① 程序操作过程中，需反复参考培训手册；

② 很难在操作菜单中找到所需功能；

③ 很难回到初始操作界面、操作模式。

b. 监视驾驶舱操作行为

(1) 反复参考飞行手册或指南

(2) 需反复进行操作以输入或改变数据

(3) 过度的低头时间

① 中断对驾驶舱的正常扫描；

② 单一显示或操作界面的固定；

③ 在目视飞行气象条件下，不能充分监视周围空域。

(4) 不能充分监视驾驶舱显示面板

(5) 任务卸载时

① 多项并行任务没有全部实施(如没有执行检查单项目)；

② 过度使用自动控制来保证飞机性能；

③ 通讯任务：

- 响应单一；
- 不能获得某些通讯信息；
- 读回信息不正确；
- 飞行员失去通讯。

(6) 错误

① 离散的：

- 错误的指令(如选择了错误的模态)；
- 疏忽错误(如没有选择所需模态)。

② 连续的：

- 轨迹追踪错误

  -垂直方向(高度)；

  -水平方向(横向错误和/或偏离)。

(7) 过压或疲劳迹象

① 不能及时对关键系统或设备做出反应；

② 犹豫不决(做出抉择时间过长或没有做出抉择);

③ 疏忽(不能对事件做出反应);

④ 在通讯时总是要求对方重述所说的内容;

⑤ 不专注(在完成某件任务时精力不够集中)。

附件2 最小机组标准

在决定最小机组时,应遵循23部23.1523条,其内容如下所述。

必须考虑下列因素来规定最小飞行机组,使其足以保证飞机安全运行:

(a) *每个机组成员的工作负荷。此外,对于通勤类飞机每个机组成员工作负荷的确定还必须考虑下列因素:*

① *飞机航迹控制;*

② *防撞;*

③ *导航;*

④ *通信;*

⑤ *对飞机必不可少的各系统的操作和监控;*

⑥ *指挥决策;*

⑦ *在所有正常和应急操作期间,相应机组成员在飞行工作位置上对必需的操纵器件的可达性和操作简易性。*

(b) *有关机组成员对必需的操纵器件的可达性和操纵简易性;*

(c) *按第23.1523条所核准的运行类型。*

参见AC23-8B(《23部试飞指南》),在分析和验证所需工作负荷,决定飞机最小机组时,下列因素被认为是非常重要的工作负荷因素:

(1) 飞机基本特性对飞机稳定性和飞机航迹控制难度的影响。在评估飞机航迹控制能力时,需考虑飞机的配平能力、耦合、扰动响应、阻尼特性、操纵断开力和操纵力梯度等因素。追踪和分析飞机航迹控制特性时所需的生理力、心理力和时间以及其与其他工作负荷间的相互作用是必须考虑的要素。

(2) 所有与飞机、动力和零部件控制相关的、必需的操作的可达性、操纵难度性和简易性。包括应急燃油切断阀、电气控制、电子控制、增压系统控制和发动机控制。

(3) 所有必需的装备和失效告警装置(如火警装置,电气系统失效和其他失效或报警显示器等)的可达性和指示显著性。同样,这些装置或设备能否指导机组采取正确的行动也是应考虑的因素。

(4) 在特别考虑结构或其他适航要求所需的燃油管理时,燃油系统运行的负责度和困难度。另外,当燃油储存在2个或2个以上油箱时,燃油能否从其他油箱补充到一个油箱以保证发动机连续运转也是一个很重要的考虑因素。

(5) 在正常运行、诊断和处理失效及应急情形时，集中心理力、生理力所需的程度和持续时间。包括完成检查单，开关和阀门的位置和可达性等。

(6) 在航线运行和记录发动机数据等情形时，对燃油系统、液压系统、增压系统、电气系统、电子系统、防冰系统和其他系统的监控范围。

(7) 在任何飞机系统故障或失效时，飞机的自动化程度。通过自动交联备用系统或切断失效系统，以保证飞机的连续运行，减少机组处理该情形所需的操作。

(8) 通信和导航工作负荷。

(9) 由于某种应急情形导致其他应急情形发生，从而增加机组工作负荷的可能性。

(10) 乘客问题。

(11) 当运行飞机需要至少两名机组时，一位机组成员完全丧失行动能力。

附件3　工作负荷评估的相关介绍

本附件提出了工作负荷的定义并解释了其与性能之间的关系。

a. 工作负荷定义

"工作负荷"用来描述为完成某项任务所需的个人能力(生理和心理)和完成这项任务所需的系统等级和环境要求之间的关系。操作者所能获得的资源多少与完成任务所需的资源数量之间的差距决定了工作负荷的大小。那些需要许多人力资源(人的操作)的任务称为高工作负荷任务，相反，那些不需要很多人力资源(人的操作)的任务则称为低工作负荷任务。

b. 性能和工作负荷

工作负荷大小与性能好坏大致成"反U形"分布。工作负荷太高或太低都会影响飞机的性能。所需工作负荷水平太低(多见于自动化程度很高的飞机)会让操作者变得像飞机自动控制中的监视者。这会让飞机操纵者/飞行员变得不够专注和/或厌烦，这种情形通常称为任务所需负荷不足。相反地，所需工作负荷水平太高则会导致飞行员错过重要信息，不能执行任务、犯错或为减少工作负荷而遗漏某些任务。尽管通常使用自动控制系统是为了减少机组工作负荷，但某些时候自动控制系统不仅不会减少机组工作负荷，相反还会增加机组工作负荷。虽然自动控制系统可以减少其所对应任务的机组工作负荷，但同时它也增加了飞行员操作自动控制功能所需的工作负荷。在使用高自动化的飞机系统时，一个很大的难点是当自动控制系统失效时，飞行员工作负荷会显著地增加。因此，需有较明显的操作难度的改变，以使飞行员能够觉察系统失效或获得有关系统失效的必要信息。

对于系统设计者而言，如何设计具有中等水平工作负荷的飞机系统，以使飞行员快速有效地执行正常操作的同时保持一定的警惕性，且不会因为工作负荷过大而不能完成操作，是设计成功与否的关键所在。另外，工作负荷分析需包含自动控制系统失效时，飞行员必须执行自动控制系统所对应功能时的工作负荷分析。因此，当飞机引入复杂集成航电系统时，不论其自动化程度的高低，都应对其进行工作负荷评估和人为差错检查。

c. 工作负荷和差错

人为差错往往与工作负荷放在一起讨论，通常过度的工作负荷会导致人为差错的发生。另外也需注意，过低的工作负荷也会导致差错的发生。

记录相关数据时，根据以下与飞行员性能相关的因素来做定量分析：

① 差错发生的数目；

② 差错导致的结果；

③ 改出差错所需的时间；

④ 差错所引起的不正确操纵的数目；

⑤ 使用手册以改出差错的时间。

附件 4　建议试验大纲指南和需记录的数据信息

a. 数据采集方法

对于如何实施主观、生理和性能工作负荷评定方法，应参见 FAA 发布的《机组工作负荷评定方法、技巧和程序的评估》第 2 卷(No. WRDC－TR－89－7006)。

(1) 选择性能评定方法，定义相应准则。应根据参考系统的性能或设计系统的预计功能，制定相应的系统评估标准。所使用的性能评估方法与所制定的评估标准直接相关。

(2) 制定调查问卷：

① 工作负荷评定等级的构建/选择。过去年间，发展出了许多种工作负荷等级评定方法。

② 措词、偏差因素以及如何得到系统工作负荷相关的主要因素。构建问题的结构和样式，以及提出问题的措辞，会对评价结果产生很大的影响。

(3) 评价方法：比较评估与直接评估

① 将每个参与评估者作为比较评价者(试飞员评估)，分析得到基准数据并做出比较；

② 对于参考系统与新系统间的比较，分析每个个体评估者在不同系统上的表现差异；

③ 与机组差错相关的数据的采集和分析。

b. 表格

为验证 23.1523 条的符合性，申请人应在试验早期制定数据采集表，并将其提交给FAA审查。通过申请人和FAA的协商努力，保证所制定的数据采集表能够记录关键的、有意义的数据，通过这些数据能够就最小机组、系统工作负荷和系统有效性得出相关的结论。通常，所制定的表格应包括飞行员评定等级、观测资料相关的问题及其记录、空中观测结果，同时应包括机组表现、机组差错、失去通讯、检查单存在的问题、飞行管理或飞行管理系统等信息。如果可能，飞机的布局应能使观测者能够观察到所有的机组行动和听到机上所有的(内部的和外部的)通讯内容。在执行任务后马上记录相关的信息具有更好的准确性，因为事件发生与记录数据间的时间越长，所记录信息的准确性也越低，甚至会丢失某些重要信息。飞行员评论是工作负荷评估中的重要数据，飞行员评论及其记录应贯穿整个试验过程。特别是在完成相对复杂的任务时，鼓励飞行员在执行任务的整个过程中，不断地、大声地评价整个任务过程。在试验开始前，作为验证飞行员和观测者的验证小组成员应熟悉试验大纲数据采集表中的相关问题。强烈建议在正式试验前进行预评估，以检验所制定的数据采集表的合理性和有效性。

c. 陈述报告

在试飞完成后，需完成陈述报告。主试飞工程师(TC)回顾整个试飞过程并与飞行员一起检查浏览所记录的评论。飞行员可以更深入地阐明为何会做出上述评论并指出设计/系统所存在的显著的问题。如果有试飞后调查问卷表，应在陈述报告前将其交给试飞员。

d. 数据处理

在试飞期间所搜集的数据需要进行相应的处理和总结。通常，对于试验次数较少的试验和有限制条件的试验，不能进行统计数据分析。此时，建议按试验课题分类总结所得到的数据，并以表格、指示图的形式总结所得到结果。例如，每一评价等级所对应的数量(如：1次—少得多，2次—比较少，2次—等于，1次—比较多，0次—多得多)。同样地，应根据科目整理所得到的评论及观测结果，并将其分为正面评价和消极评价。指出所有可能导致工作负荷“增加”或“不可接受”的因素，并对其进行详细的调查。必须指明所增加的工作负荷(相对于参考系统而言)不会导致不可接受情形(证明材料)，但同时也需指明需进行额外检查的范围以确保工作负荷是可接受的。检查报告中需包括所有完成的数据、表格和所记录的评论、观测结果的副本。对于试验过程中所发现的问题，申请人需在报告中指明相应的处理方法。申请人可选择只提供试验结果而允许FAA对其做出结论，或者选择申请人自身根据相关数据做出结论并在试验报告中阐明。如果是申请人在试验报告中阐明试验结论的情形，需明确FAA才是验证飞机/系统设计符合性和符合性规章可接受性的最终授权机构。

e. 试验水平

所需试验的水平和数量应与新系统/驾驶舱与之前系统(如果有)间的差异相一致。对于零部件或驾驶舱布局只经过微小改变,或者仅仅是某一零部件增加至现有已验证布局情形,工作负荷分析应集中在特定零部件的功能和运行状况以及其与其他驾驶舱设备的相互作用上。当然,如果对应的是驾驶舱布局重大改变,则需对其进行更加深入详细的工作负荷评估。

f. 制定调查问卷

(1) 此节的目的不在于为如何构建调查问卷表提供指导,而是强调在制定与机组工作负荷和性能相关的调查问卷表时所需要注意的地方和问题。

(2) 调查问卷通过记录所选择评估者对系统的感官和看法,对其做出分析;它是一种主观评估工具。调查问卷构成了工作负荷评估中采集数据的重要部分。调查问卷的一大优点是:通过同样的方式对每一位试验参与者询问同样的问题,以方便对不同试验者所得的试验结果进行比较。另外,它能让试验评估者将其评估集中在新系统/设计的关键问题或重要区域上。如果设计合理,调查问卷同样也有利于数据分析和数据分析表格的建立。调查问卷可广泛应用于评估诸如可接受性、使用简易性和优先级等定性参数。不幸的是,调查问卷的某些特性使得其对于某些情形反而是有害的。

(3) 不好的调查问卷表会使评估者将其精力集中在不重要的(非关键)系统属性上,从而疏忽或遗漏了系统的关键问题。制定调查问卷表的一个很重要的问题和难点是制定调查问卷表时所使用的措词。许多权威人士认为调查问卷表中不正确或不合理的措词是造成评估错误的一个很重要的因素。试验评估者对调查问题不理解或理解错误同样是造成试验结果错误或不合理的原因,不理解或理解错误通常是由于使用了错误的措词或模棱两可的措词所造成的。

(4) 好的问题措词能够很好地激发评估者对所评估系统做出评论和反映出所评估系统的问题。通常,好的调查问题的措词不会引导或指示评估者选择某些“倾向性”的答案。所提问题应该是无倾向性的,任何答案都是可接受的。例如,一个任务完成状况的问题可按下列方式描述:相比于“X”系统,在系统“Y”中插入一个航路点,简单得多,简单一些,难度基本相同,复杂一些,复杂得多。第二种构建问题的方法是综合提出一系列正面和负面评价,让评估者就所论述观点的契合度进行打分。如,在插入航路点时,系统“Y”比系统“X”要简单得多,评估者会被要求采用一定的等级评价标准对上述论点的契合度进行评定,可以这样表述:非常同意,有点同意,不同意也不反对,有点不同意,非常不同意。

(5) 即使在制定调查问卷时非常仔细认真,同样也会遗漏某些内容或对某些内容覆盖不够充分。因此,建议检查问卷表保留足够的空白空间以用于评论,以便评估者自由地表达其对所评估系统特性的看法和意见。另外一种方法是在调查问卷表中保留“建议改进”栏，以更好地记录评估人员对所评估飞机的感受和建议。通过设置“建议改进”栏能够方便地发现需改进方面，但是它不能作为问题凭证在其他方面使用。

g. 等级评定

(1) 等级评定是一种评价升降舵响应的有效方法。过去，出于不同的目的发展了许多不同的等级评定方法。典型的是，使用各种具有级别的描述性形容词以用于描述等级端点和中间等级点。使用各等级形容词以判断系统品质的好坏，提供判定系统与另一系统等价的评定方法(好于，相同，差于)或者判别完备性水平，可接受性(非常适合，非常不适合)。FAA 设定等级评定的目的不是为了精确地评定机组工作负荷或性能，而是为了确保系统能够提供可接受的机组工作负荷和性能水平，并且不会导致不安全情形的发生。因此，等级评定方法并不要求非常严谨，一些可接受等级评定方法的例子如下：

- 完全可接受
- 一定范围内可接受
- 中等的
- 完全不可接受

- 完全具备
- 一定范围内具备
- 中等的
- 完全不满足

- 完全好于
- 稍微好于
- 同等
- 稍微差于
- 完全差于

- 完全好于
- 稍微高于
- 同等
- 稍微差于
- 差的多

- 非常少
- 稍微少于
- 相当的
- 稍微多余
- 多得多

- 非常易于操作
- 稍微易于
- 中等
- 稍微难操作
- 非常难

- 非常好
- 好
- 一般
- 差
- 非常差

- 完全满足
- 大部分满足
- 中等
- 不大满足
- 完全不满足

(2) 很多工作负荷评定方法是由政府部门和工业界开发并使用的。其中,大多数等级评定方法被测试和评定为可接受的工作负荷评定方法,能够很好地评定出被测工作负荷的轻微差别。在《机组工作负荷评定方法、技巧和程序的评定》(第1、2卷)中讨论的任何等级都可用以采集工作负荷数据。另外,之前所涉及的各等级描述也用于评定相应的问题。采集飞行员操作界面性能和工作负荷数据的例子见附表2-1,采集飞行员/用户评价和意见及反馈的表格见附表2-2和附表2-3。

附表2-1　选择飞行员操纵界面和工作负荷数据

<table>
<tr><td colspan="2">试验点
编号:1</td><td colspan="5">试验科目:水上非正常姿态回复——
评价飞行员判断飞机飞行位置和从非正常姿态及时正确地改回操纵的能力。</td></tr>
<tr><td colspan="7">试验程序:水面以上,通过视野系统1,视线范围内只有水,当试验飞行员低头时,安全飞行员将飞机调至非正常姿态(低头),试验飞行员应在最小高度损失范围内将飞机改回至水平飞行状态。</td></tr>
<tr><td>高度:≥水平面以上 3000 ft (914m)</td><td>空速:
按要求</td><td colspan="5">其他条件:</td></tr>
<tr><td colspan="2" rowspan="2">问题:</td><td colspan="5">等级评定</td></tr>
<tr><td>VG</td><td>G</td><td>F</td><td>P</td><td>VP</td></tr>
<tr><td colspan="2">1. 在试验开始时辨识飞机相对姿态与位置的能力</td><td></td><td></td><td></td><td></td><td></td></tr>
<tr><td colspan="2">2. 瞬间辨别水平方向的能力</td><td></td><td></td><td></td><td></td><td></td></tr>
<tr><td colspan="2">3. 非正常姿态改回时的显示性能</td><td></td><td></td><td></td><td></td><td></td></tr>
<tr><td colspan="2">4. 工作负荷等级(勾选对应框)</td><td>非常小</td><td>小</td><td>一样</td><td>多</td><td>非常多</td></tr>
</table>

等级标准如下：VG—非常好，G—好，F—中等，P—差，VP—很差。

飞行员评价：

附表 2－2　抽查飞行员/用户评价及反馈

评价

飞行员姓名：__________ 日期：__________ 电话：__________

基本复杂性和可用性：

选项/功能选择程序：

数据输入程序：

系统反馈：

显示特性：

告警、警戒和警示：

其他：

附表 2－3　抽查飞行员/用户意见及反馈

建议改进措施

飞行员姓名：____________　日期：____________　电话：____________

设计和控制操作：

选项/功能选择程序：

显示特性：

告警、警戒和警示：

其他（详细说明）：

附录3　AC25.1523 最小飞行机组

1　目　的

本咨询通告为联邦航空法规 25.1523 适航规章提供了相关符合性验证方法，25.1523 条规定了与运输类飞机最小机组有关的验证要求。和所有的咨询通告(AC)一致，本咨询通告并非强制性文件，因此并不构成适航法规，仅对相应适航法规的验证起指导作用。

2　FAR 相关条款

根据 25-3 修正案所修订的 FAR 25.1523 条款。

3　背　景

早在 1981 年，对飞行机组数量就提出过相应的任务量标准。该标准对"新一代商用运输类喷气飞机由 2 名机组成员操作是否安全，以及这类飞机验证中的 FAA 职责是否应当与 1958 年所制定的联邦航空议案(该联邦航空议案是为促进飞行安全而制定的)相一致"提出了某些看法和建议。1981 年 7 月 2 日，在"飞行机组数量所涉及任务量"的报告中提出了几点建议，其中包括：建议 FAA 完善并保持现有 FAA Order 8110.8《运输类飞机工程试飞指南》第 187 章节(最小飞行机组)。FAA 采纳了以上建议并逐渐完善了相关标准内容，并将报告中的部分内容增至 Order 8110.8 之中。1982 年底，FAA 决定将该命令(Order)的内容升级为咨询通告以对公众开放。

4　讨　论

a. 根据 25.1523 条，为保证安全运行，运输类飞机必需按照以下几点确定最小机组：

(1) 最小机组运行条件下，每个机组成员的工作量；

(2) 相关机组成员对必需的操纵器件的可达性和操作简易性；

(3) 25.1525 条所规定的运行类型。

b. 标准

25 部附录 D 阐述了按 25.1523 条要求确定最小飞行机组时应采用的准则。

c. 为验证 25.1523 条和 25 部附录 D 的符合性，以下不同类型审定对象，其验证程序复杂度不同。

(1) 新机型；

(2) 后续机型；

(3) 对已颁布型号合格证飞机，为减小其现有机组规模而进行的修改；

(4) 预期会对任一飞行机组成员工作量产生实质增加的型号设计变更或补充型号认可证项目。

d. 虽然25.1523条除单个机组成员工作量之外，也阐明了对必需的操纵装置的可达性和操作简易性，但却没有直接规定相关工作量的评估方法，对于此条的验证通常也决定了最小飞行机组数。另外，25部对机组工作量的评估中没有直接阐明人为因素，因此对人为因素的评估往往归入最小机组的评估之中。一般认为最小机组数在申请人型号设计初期就已经确定。所以，根据25.1523条实施最小机组评估的目的是为了保证申请人所提交的预计机组工作量符合25.1523规章要求，提供飞机在真实运行环境下对单个机组成员工作量的独立而全面的评估。如果发现问题，一般可通过更改系统设计或机组操纵程序，从而更加均匀地分配机组工作量，以满足规章要求。

e. 有关机组数量和相关机组工作量的讨论，相应的FAA飞机验证部门和生产制造商之间应在型号研发初期进行。这些讨论应集中在会对机组工作量产生影响的设计特征的证明上。通过实施后续分析、验证和试验以证明这些设计特征不会过度增加任一机组成员的工作量。需合理安排每个机组成员的职责和任务，保证他们在持续工作的同时保持精力集中。

5 验证程序

a. 总 则

(1)对任一新机型或改型飞机，需进行系统评估和制订相应的试验大纲。验证25.1523条符合性的方法包括可接受的分析方法、模拟器验证和/或飞行试验。通过飞行试验，可以验证通过分析或模拟所预计的结果。对于特定的驾驶舱设计，应通过合理的分析、评估和验证程序来确定其最小机组工作量。

(2) 申请者应在设计过程的早期进行合理的分析。在选取相应的分析方法时，对于特定的驾驶舱布局，特别是对于驾驶舱更改或新设备，应评估选取方法的有效性、可靠性和适用性，以及是否可通过合适的参考机型进行对比。

b. 分析方法

(1)一种可接受的工作量评定方法如下：对所执行的任务进行百分比划分(时间线分析法)，根据易于辨识的重要的时间节点，将所执行任务适当地划分为一系列飞行阶段，这一方法适用于与显著的飞行任务(如飞行操纵和数据输入)相关的驾驶舱更改评估。为保证该方法的符合性，应在一定范围内仔细地选取典型运行要求下(包括正常、非正常和应急程序)的飞行场景和时间段。当所执行的任务有严格的运行时间限制时,采用时间线分析法可得到非常有效的数据。对所需时间的精确评估是此方法是否有价值的关键。此方法所确定的时间度量不应视为绝对的标准,但是所记录数据可用于后续模拟机飞行或试飞试验中以确定所增加的工作量需求,并可与现役飞机所需的机组工作量进行比较。对于可能影响非正常和应急程序的驾驶舱设计更改,则需进行专门评估。

(2)验证新设计飞机符合性最常用的方法为:将实际运行中经过验证的现役飞机与新设计飞机进行对比。通过设计一些能体现新的飞机设计特性的场景,并将新飞机在此场景中的表现与参考机型进行比较,通过对比,应能表明新的设计特性可以达到其预期的设计目标。如果新的设计为对参考机型驾驶舱的改进,且没有增加足以影响机组工作量的重大系统时,则可进行直接比较。需要评估参考机型服役期间或与新机型具有类似系统的其他飞机中所存在的问题,确保在新机型中,这些问题已得到解决或改进。

(3)当验证小组通过预分析发现设计潜在问题范围时,应对这些存在问题的范围进行更加深入的评估和数据采集,相关信息应完全地记录在生产制造商的试验大纲中或递交给FAA的验证计划当中。

(4)当新的飞机设计会造成飞机自动化程度或机组职责的重大改变时,参考机型比较法的有效性也会相应地降低。飞机机组完成正常和应急程序时所需的时间,如果没有准确的试验数据,则需通过模拟飞行和/或飞行试验来完成相应的验证。

c. 试　验

(1)只有经过具有相应资质的、有经验的现役飞行员试飞后方能决定验证飞机所需的最小机组数。评定飞行员不应仅仅局限于生产商试飞员和FAA试飞员,本AC强烈建议由具有类似机型经验的"航线飞行员"来完成某些科目的评估,因为他们能够根据他们的运行经验很好地完成相关评估。25部附录D包含了根据25.1523条款决定最小飞行机组的相关标准(基本工作职能和工作量因素)。

(2)试验大纲需包括25.1523条和25部附录D中列出的所有工作职能和工作量因素。例如,在进行工作量评估时,需在包含飞机正常运行环境通信任务的条件下进行评估。这是为了保证在真实运行条件下(包括典型的空中交通、天气、航线运行和相应的公司运行和与客舱机组间交流)根据预计数量的机组成员评估机组工作量。

(3)验证飞行员需确保在可代表飞机设计运行环境的典型场景中对新系统和驾驶舱布局变更进行评估。虽然通常验证工作需提供一定数量的验证数据,但是在现有技术层面上,对机组工作量的评估仍依赖于对系统的主观评价。在相同或相似的环境中,通过新机型与具有一定服役经验的参考机型之间操纵难易度的比较以完成评估。

(4)为表明25.1523条和25部附录D相关规定的符合性,申请人需拟定试飞试验大纲，该试飞试验大纲需由以下因素构成：

（ⅰ）航线。试验航线应综合考虑航海营救、机场、仪表进近和空中交通管制等因素。

（ⅱ）天气。航线的选择应能保证在遭遇不利天气状况时飞机仍能够正确地实施操作（仪表飞行气象条件，夜间飞行，湍流，结冰等）。

（ⅲ）机组工作计划。根据设计飞机的运行类型，合理地安排试验机组工作计划，使其与飞机设计运行类型相一致。该计划应包括连续工作天数、预计最大离港和到港数量、夜间飞行数、最大允许工作时间和机组最小作息周期。

（ⅳ）最低设备清单。在制定飞行试验大纲时，申请人需综合考虑典型的签派放行形态。这些典型的签派放行形态和可能与其对应的后续模拟故障模态构成了很多评估场景的基础。

（ⅴ）空中密度。飞机需在仪表飞行气象条件（IMC）和目视飞行气象条件（VMC）下，模拟空中高密度运行，但同时也需考虑精密和非精密进近、复飞、转场等情形。

（ⅵ）丧失活动能力机组成员。

- NTSB 事故数据显示从 1980 年 1 月至 1989 年 7 月期间，共发生了 262 起与 91 部相关的机组丧失活动能力事件，并导致 180 起灾难性事故，所有这些灾难性事故都可归结为单个飞行员操作。NTSB 数据显示同时期共发生了 32 起与 135 部相关的飞行员丧失驾驶能力事件，并导致 32 起灾难性事件。所有这些灾难性事件也都应归结为单个飞行员驾驶。相反地，在同时期第 121 部飞机运行中共发生了 51 起单个飞行员丧失活动能力而由另一飞行员将飞机改回至正常运行状态的案例。
- 在任何实际运行标准下都需要至少 2 名最小飞行机组，验证程序中需包括任何飞行条件下 1 名机组成员完全丧失活动能力时的操作程序的验证。需证明通过剩余机组成员，飞机仍能安全地运行至目标机场或其他备用机场着陆。丧失工作能力机组成员试验尤须进行其他“签派放行形态及相应失效”场景试验。某个机组成员丧失活动能力应归结为签派放行形态所对应的一两种“后续失效”场景的例子，这一签派放行形态对应从最低设备清单中所选择的相应的设备。虽然 25 部中并没有明确指出不允许单个飞行员进行运输类飞机取证，但综合考虑运输类飞机的使用范围，运输类飞机可能因为飞行员丧失活动能力所引起的灾难性结果，以及上文所述的历史事故记录，对 25 部运输类飞机，FAA 并不允许单个机组成员。

(vii) 系统故障。试飞大纲中应对飞机由正常状态改变至失效模态时所引起的结果进行说明。同样地，试飞大纲应考虑初始系统和备用系统，各种典型的失效模态组合也应在试飞大纲中有所说明，参见 5c(4)(viii)。

(viii) 应急情形及非正常情形。在试飞大纲中应列举各种应急情形和非正常情形的案例，来说明它们对机组工作量的影响。注意：在确定将在试飞大纲中进行评估的系统失效前，需进行模拟或相关分析，并且需明确应急情形或非正常情形时机组工作量的分配，以确保选择合适的失效情形。

(5) 对于如何选择主观的、生理的和性能上的工作量评估方法和技巧以实施机组工作量评估，参见 FAA《机组工作量度量方法、技巧和程序的评估》报告(Vol. II, Report No. WRDC-TR-89-7006)。

d. 记录飞行试验数据

(1) 作为型号许可证验证小组的试飞员和观测人员，申请人应向其提供主观工作量评估清单，以保证其所进行的评估能够达到一定的评估范围和水平。如果已通过充分验证的驾驶舱布局因为增加了某一新的系统而发生了改变，则相关评估可限定在对应场景和评估清单范围内。对于全新的驾驶舱设计和申请人想要减小现有已验证最小机组数量情形，则需根据相应的完整评估清单，对飞机运行中所有飞行阶段的工作量进行完整地评估。另外，应有相应的机上观测人员表格(清单)，该表格应对如何记录机组性能、机组差错、失去联系、检查单问题、飞行管理或飞行指导系统等的方法进行说明，或者应有在飞机设计后根据经验运行情形确定的问卷单或检查单。另外，为保证数据采集，飞机布局应能保证评估人员能够从驾驶舱观察所有的机组活动，听见机组间的内部交流以及机组与外部之间的通讯交流。

(2) 不同于参考机型及试验环境的变化，规章标准及单个飞行机组能力并不利于精确度量以进行分析。相反，在与基准样机进行比较时，或在评估者评估与现有飞机相似的飞机设计的典型工作量时，对 25 部附录 D 所列出的可感知的工作量因素进行相对粗糙的等级评估却是可接受的。必须明确和解决由于外界因素、系统失效和个体等级差异所增加工作量的范围，以及机组差错的数量和影响。增加的工作量并不一定会使被评估飞机变得不可接受。然而，为保证符合性，对 25 部附录 D 所规定的所有工作量要素，验证小组应达成一致：即设计飞机任务量可由具有适合等级且经过相关训练的飞行员完成。

e. 额外工作量测试方法

(1) 当新的飞机设计及更改没有与之相对应的传统试验方法时，生产制造厂需提出可供选择的其他方法，并提供足够的数据表明这种方法的有效性、可靠性和适用性。

（2）必要时需通过对比传统驾驶舱设计和改进后的驾驶舱设计之间，或传统操纵品质与改进操纵品质之间的工作量和解决相同问题的速度和准确度来确定评定方法的适用性。无论如何，都不能假设传统的试验方法适合所有新的设计。

f. 第三方参与。

数据采集的前期准备及后续的数据分析应由申请人负责。FAA 应保证机组工作量评定大纲中所使用的机组工作量评定方法是被有关专家认可的、能代表当前知识和技术发展水平的、有效且可靠的评定方法。FAA 及申请人应致力于与政府和工业界其他专家广泛地交流与合作以到达此目标。

6 事件清单

25.1523 条符合性审查相关的各审查阶段以表格形式列出，检查单列出了每一个简述的行动程序应在何时开始和结束，并指明了该计划及其实施的主要责任人。

附录 4　某型号飞机最小飞行机组审定试验飞行场景

某型号飞机最小飞行机组审定共设定 14 个飞行场景，具体场景设置如下。

1　人工手动飞行

1.1　试验科目

飞行全程执行人工手动操作（不使用自动油门、自动飞行系统）。

1.2　制造符合性检查

a）测试改装设备：摄像头、人体生理数据采集装置、眼动仪、心率手表。

b）主飞行显示器、导航显示、飞行管理系统、发动机显示、飞行控制系统、刹车、前轮转弯、通信。

1.3　试验程序

a）在教员台进行如下初始化设置。

1）机场：西安咸阳机场。

2）天气：温度 30 ℃、风 150/3 m、CAVOK（晴天）。

3）飞机：重量 37 000 kg、重心 24%、起飞襟翼 8°。

4）故障设置：无。

5）其他：按正常情况设置。

b）试验开始，飞行员按照以下步骤进行操作：

1）飞机对准跑道后，试验开始；

2）飞行员按程序执行人工手动飞行（目视飞行），飞行过程中不使用自动油门和自动飞行系统；

3）飞机正常爬升至 10 000 ft（3 000 m）后试验结束。

c）试验结束后，对模拟器进行复位。飞行员按照要求对机组工作负荷进行评估，并填写相关的表格。

2　标准仪表离场

2.1　试验科目

从咸阳机场执行标准仪表离场。

2.2　制造符合性检查

a）测试改装设备：摄像头、人体生理数据采集装置、眼动仪、心率手表。

b）主飞行显示器、导航显示、飞行管理系统、发动机显示、飞行控制系统、自动油门刹车、前轮转弯、通信。

2.3 试验程序

a) 在教员台进行如下初始化设置。

1) 机场:西安咸阳机场。

2) 天气:温度 30 ℃、风 150/3 m、CAVOK(晴天)。

3) 飞机:重量 37 000 kg、重心 20%MAC、正常起飞构型、正常空中交通管制。

4) 故障设置:无。

5) 其他:按正常情况设置。

b) 试验开始,飞行员按照以下步骤进行操作:

1) 试验开始,飞机位于跑道端头;

2) 进行标准仪表离场报告;

3) 启用自动油门,飞机通过飞行指引手动操作;

4) 初始爬升至 5 000 ft(1 500 m),加速至 250 kn;

5) 使用最大爬升推力以 250 kn 爬升至 10 000 ft(3 000 m)时任务结束。

c) 试验结束后,对模拟器进行复位。飞行员按照要求对机组工作负荷进行评估,并填写相关的表格。

3 非精密进近(紊流气象条件)

3.1 试验科目

在低云层的情况下执行非精密进近后,由于天气原因进行复飞。

3.2 制造符合性检查

a) 测试改装设备:摄像头、人体生理数据采集装置、眼动仪、心率手表。

b) 主飞行显示器(含飞行指引仪)、导航显示、飞行管理系统(含预设的航线,重量与平衡,执行的计算等)、发动机显示、飞行控制系统、自动油门、推力手柄(含 TOGA 开关)、襟缝翼手柄、起落架控制系统、通信系统。

3.3 试验程序

a) 在教员台进行如下初始化设置。

1) 机场:上海虹桥国际机场(VOR 进近)。

2) 天气:在低云层,云底高 200 m,云层厚度 1 000 m,跑道附近能见度 300 m,中等湍流。

3) 飞机:飞机位置距离机场 50 km,初始高度 2 100 m,正常巡航速度。重量 37 000 kg,重心 20%MAC,巡航构型。

4) 故障设置:无。

5) 其他:客舱压力系统控制通道失效,下降时需手动控制,其他按正常情况设置。

b) 试验开始,飞行员按照以下步骤进行操作:

1) 试验开始,飞行员飞行 40 km 后进行下降前的进近报告;

2）执行非精密进近程序，并准备在预定机场着陆，飞行过程中飞机主要由FGS/FMC控制；

3）到达最低下降高度，不能建立目视参考，通过手动控制FD和自动油门来执行在决断高度上的复飞；

4）复飞后，飞机达到正上升率和收起落架后试验结束。

c）试验结束后，对模拟器进行复位。飞行员按照要求对机组工作负荷进行评估，并填写相关的表格。

4 非精密进近（正常气象条件）

4.1 试验科目

在西安咸阳机场执行非精密进近（VOR）。

4.2 制造符合性检查

a）测试改装设备：摄像头、人体生理数据采集装置、眼动仪、心率手表。

b）主飞行显示器、导航显示、飞行管理系统、发动机显示、TCAS、飞行控制系统、自动油门、襟翼、起落架、通信。

4.3 试验程序

a）在教员台进行如下初始化设置。

1）机场：西安咸阳机场。

2）天气：满足咸阳机场VOR进近标准。

3）飞机：飞机位置距离机场50 km，初始高度2 100 m，正常巡航速度。重量37 000 kg，重心20%MAC，巡航构型。

4）故障设置：无。

5）其他：按正常情况设置。

b）试验开始，飞行员按照以下步骤进行操作：

1）试验开始，飞行员飞行40 km后进行下降前的进近报告；

2）飞机平飞减速至空管规定的校准空速250 kn，下降至高度1 500 ft（450 m）；

3）以速度145 kn稳定进场，进入着陆航线，执行非精密进近。

c）试验结束后，对模拟器进行复位。飞行员按照要求对机组工作负荷进行评估，并填写相关的表格。

5 过V_1后的单发失效

5.1 试验科目

过V_1后发动机失效，飞机单发爬升。随后返回机场执行应急超重着陆。

5.2 制造符合性检查

a）测试改装设备：摄像头、人体生理数据采集装置、眼动仪、心率手表。

b）PFD、NAV、FMS、发动机显示、EICAS、电子检查单、飞行控制系统、自动油门、襟缝翼手柄、起落架控制系统、通信系统。

5.3　试验程序

a）在教员台进行如下初始化设置。

1）机场：昆明巫家坝机场，考虑到高温高原。

2）天气：跑道附近能见度 3 km，右侧风 15 kn，温度 30 ℃。

3）飞机：飞机位置设置在起飞线，发动机慢车，起飞构型。重量 40 000 kg、重心 24％MAC。

4）故障设置：V_1＋3kn 后左发失效。

5）其他：按正常情况设置。

b）试验开始，飞行员按照以下步骤进行操作：

1）按照正常起飞程序起飞；

2）飞行员发现发动机失效后继续起飞，靠单发爬升，使飞机处于最佳单发爬升速度；

3）在等待航线上消耗燃油，满足最大着陆重量后，准备在起飞机场着陆；

4）加入起落航线，执行目视进近；

5）按照单发着陆程序着陆，飞机刹停在跑道时试验结束。

c）试验结束后，对模拟器进行复位。飞行员按照要求对机组工作负荷进行评估，并填写相关的表格。

6　两套液压系统失效

6.1　试验科目

飞机处在设定航线的夜间巡航飞行状态。系统告警显示 2 号液压系统压力严重降低。当执行转场时，3 号液压系统的两套电动泵失效，只有 1 号液压系统能正常工作。

6.2　制造符合性检查

a）测试改装设备：摄像头、人体生理数据采集装置、眼动仪、心率手表。

b）主飞行显示器（含飞行指引仪）、导航显示、飞行管理系统、飞行控制系统、发动机显示、EICAS（液压油量和压力）、电子检查单、时钟、自动油门、襟缝翼手柄、起落架控制系统、通信系统。

6.3　试验程序

a）在教员台进行如下初始化设置。

1）机场：目标机场为浦东机场，备降机场为上海虹桥国际机场。CAT I ILS

可用，机组有该备降场的航图。

2）天气：夜间，备降场跑道附近能见度 3 km，无明显侧风（小于 10 kn）。

3）飞机：飞机处在设定航线的夜间巡航飞行状态，高度 FL320，速度 0.78 Ma，巡航构型，重量 37 t。飞机完全由飞行管理系统控制，但未设置备降机场。

4）故障设置：试验开始后在教员台设置。

5）其他：按正常情况设置。

b）试验开始，按照以下步骤进行操作：

1）试验开始，飞机处在初始化状态，飞机由飞行管理系统控制，飞行员监控飞行管理系统飞行。

2）飞机处在夜间巡航飞行状态 1～5 min 后，在教员台设置 2 号液压系统故障，液压压力由 3 000 psi 降低至 1 800 psi 以下（导致左发的反推不可用）。

3）飞行员发现故障后，按照规定程序进行处置。教员协助回答机组与地面的联系，并引导飞机备降到预定机场。

4）在 2 号液压系统压力告警出现 15 min 后，在教员台设置 3 号液压系统的 2 个电动泵失效。

5）飞行员发现故障后，根据程序断开自动驾驶仪，速度降低至 200 kn，继续飞向备降机场。

6）教员协助回答机组与地面的联系，引导飞机降落。飞机导航至指定的机场着陆试验结束。

c）试验结束后，对模拟器进行复位。飞行员按照要求对机组工作负荷进行评估，并填写相关的表格。

7　TCAS 告警（一名飞行员失能）

7.1　试验科目

飞机进近过程中收到 TCAS 的建议后，紧接着收到告警。飞行员遵照 TCAS 的指令手动操纵飞机。一名飞行员在进近前失能。在新的跑道上执行 CAT I ILS 进近。

7.2　制造符合性检查

a）测试改装设备：摄像头、人体生理数据采集装置、眼动仪、心率手表。

b）主飞行显示器（含飞行指引仪）、导航显示、飞行管理系统（含保持，初始进近和 ILS 参数）、飞行控制系统、发动机显示、TCAS、时钟、自动油门、襟缝翼手柄、起落架控制系统、通信系统。

7.3 试验程序

a）在教员台进行如下初始化设置。

1）机场：上海虹桥国际机场，CAT I ILS。

2）天气：低云层，云底高30 m(决断高度)，大雨。

3）飞机：飞机处在机场管制区等待空域，高度10 000 ft(3 000 m)，等待速度，巡航构型。

4）故障设置：试验开始后在教员台设置。

5）其他：着陆时人工刹车，其他按正常情况设置。

b）试验开始，按照以下步骤进行操作：

1）解冻模拟器，开始试验。飞机在等待空域等待一圈半后，通过教员台通知飞行员准备在浦东机场35L跑道进近和着陆。

2）当飞机在进近第二段后执行下降时，教员台设置TCAS，紧接着开始告警。

3）飞行员听到告警后，按照TCAS的提示进行规避。TCAS告警消除后，飞行员通过联系塔台，重新建立进近航线，预定着陆跑道为35R。

4）飞机进近到2 000 ft(距跑道端头约10 n mile)时，执行正常的CAT I ILS进近，副驾驶失能(离开驾驶舱)。

5）机长继续完成进近，飞机着陆后任务结束。

c）试验结束后，对模拟器进行复位。飞行员按照要求对机组工作负荷进行评估，并填写相关的表格。

8 燃油不平衡

8.1 试验科目

飞机在设定航线的巡航状态下进行平直飞，EICAS告警燃油不平衡。确定燃油不平衡的原因，矫正不平衡(如需)并确定继续飞行的后果。

8.2 制造符合性检查

a）测试改装设备：摄像头、人体生理数据采集装置、眼动仪、心率手表；

b）主飞行显示器(含飞行指引仪)、导航显示、飞行管理系统(含设定航线)、飞行控制系统、发动机显示、EICAS(燃油泄漏/重量，油箱油量)、电子检查单、燃油控制板、发动机控制板、防火手柄、时钟、自动油门、通信系统。

8.3 试验程序

a）在教员台进行如下初始化设置。

1）机场：上海虹桥国际机场。

2）天气：能见度 10 km，试验区无云。

3）飞机：高度 FL350，最佳巡航速度（0.78 Ma），巡航构型。燃油交输活门关断。

4）故障设置：试验开始后在教员台设置。

5）其他：EICAS 显示失效（EICAS 功能切换到 MFD 上），其他按正常情况设置。

b）试验开始，按照以下步骤进行操作：

1）解冻模拟器，开始试验。飞机在当前航线飞行 1～5 min 后，通过教员台设置燃油不平衡；

2）发现 EICAS 提示燃油不平衡后，飞行员开始确定燃油不平衡的原因（通过检查单不能确定原因），通过打开燃油交输活门来矫正燃油不平衡（如果需要）；

3）教员台设置左发燃油渗漏故障；

4）飞行员发现左发燃油渗漏故障后，按照对应程序执行，考虑在就近合适的机场着陆；

5）飞行员与机场联系备降，得到许可后试验结束。

c）试验结束后，对模拟器进行复位。飞行员按照要求对机组工作负荷进行评估，并填写相关的表格。

9　发电机失效

9.1　试验科目

发电机失效，重启无效，执行 APU 空中启动。

9.2　制造符合性检查

a）测试改装设备：摄像头、人体生理数据采集装置、眼动仪、心率手表。

b）主飞行显示器、导航显示、飞行管理系统、发动机显示、EICAS、电子检查单、电源控制板、APU 控制板、飞行控制系统、自动油门、通信。

9.3　试验程序

a）在教员台进行如下初始化设置。

1）机场：西安咸阳机场。

2）天气：航路天气符合飞行标准。

3）飞机：重量 37 000 kg、重心 20%MAC、高度 30 000 ft（9 000 m）、速度 0.7 Ma、巡航构型。

4）故障设置：自动配平失效、马赫数配平失效。

5）其他：按正常情况设置。

b）试验开始，飞行员按照以下步骤进行操作：

1）飞机在设定航线的巡航状态下进行平直飞；

2）教员台设置右侧发电机失效；

3）EICAS出现右侧发电机失效警告；

4）飞行员重启右侧发电机，重启无效；

5）飞机下降高度；

6）执行APU空中启动程序

c）试验结束后，对模拟器进行复位。飞行员按照要求对机组工作负荷进行评估，并填写相关的表格。

10　侧风条件下复飞

10.1　试验科目

目标机场的天气突变（闪电、强风和大雨），需要转至备降机场。在进近至地平面上300 ft（90 m）时接到风切变的告警，执行复飞。

10.2　制造符合性检查

a）测试改装设备：摄像头、人体生理数据采集装置、眼动仪、心率手表。

b）主飞行显示器（含飞行指引仪）、导航显示、雷达、飞行管理系统（含设定航线和备降机场）、飞行控制系统、发动机显示、自动油门、推力手柄和TOGA开关、通信系统。

10.3　试验程序

a）在教员台进行如下初始化设置。

1）机场：目标机场为上海虹桥国际机场；备降机场为上海浦东国际机场。

2）天气：目标机场强风和雷雨，备降机场能见度300 m，但存在风切变，风速25 kn，风向120°。

3）飞机：在FMS中设置好目的机场和备降机场。飞机位置在目的机场初始进近航线上，高度、速度和构型等按正常初始进近状态设置。

4）故障设置：备降机场下滑道300 ft（90 m）附近有风切变。

5）其他：高度告警系统失效，其余按正常情况设置。

b）试验开始，按照以下步骤进行操作：

1）解冻模拟器，开始试验，飞行员准备在目的机场进近和着陆。

2）飞机进近下降到1 000 ft（300 m）高度时，通过教员台通知飞行员，目标机场天气恶劣，不能降落。

3）飞行员听到通知后，终止进近，爬升至10 000 ft（3 000 m），并按既定的计划飞往备降机场。

4）飞机在备降机场，按照正常情况进行CAT II ILS进近（自动飞行/自动油门控制）。

5）进近过程中遇到强风（风切变和湍流），能见度低。进近至300 ft（90 m）高度时接到风切变的告警。AFCS自动选择复飞模式，切断自动驾驶仪后打开TOGA，告警。人工打开TOGA，选择复飞模式，执行复飞。

6）复飞后，飞机爬升到1 000 ft（300 m）高度试验结束。

c）试验结束后，对模拟器进行复位。飞行员按照要求对机组工作负荷进行评估，并填写相关的表格。

11 飞行控制系统直接模式

11.1 试验科目

两台大气数据计算机失效，FCS处于应急直接模式，目视进近时手动操纵飞机。

11.2 制造符合性检查

a）测试改装设备：摄像头、人体生理数据采集装置、眼动仪、心率手表。

b）主飞行显示器（含飞行指引仪）、导航显示、备用仪表、发动机显示、电子检查单、断路器板、飞行控制系统、推力手柄、方向舵、襟缝翼手柄、起落架控制系统、通信系统。

11.3 试验程序

a）在教员台进行如下初始化设置。

1）机场：上海浦东国际机场。

2）天气：机场上空云层厚度300 m，云底高800 m，中度湍流，跑道能见度5 km。

3）飞机：飞机位置在机场进近区附近，高度10 000 ft（3 000 m），速度250 kn，巡航构型。

4）故障设置：试验开始后在教员台设置。

5）其他：其他按正常情况设置。

b）试验开始，按照以下步骤进行操作：

1）解冻模拟器，开始试验。飞行员通过联系塔台，转入下降，准备进近和着陆。

2）飞机即将下降到8 000 ft（2 400 m）高度时，通过教员台设置ALT和IAS失效；飞行员发现PDF上的故障显示后，检查驾驶舱后壁板上的大气数据计算机 C/B,并重新设置。C/B 重启失败,许多 PFD 显示信息丢失。

3）教员台设置客舱增压系统失效。飞行员发现该故障后,以手动方式控制客舱压力的下降率。

4）飞机在直接模式下飞行,自动油门不可用。

5）飞行员执行目视进近,参考备用仪表进行着陆。

6）飞机在跑道上着陆后刹停,试验结束。

c）试验结束后,对模拟器进行复位。飞行员按照要求对机组工作负荷进行评估,并填写相关的表格。

12　发动机着火

12.1　试验科目

飞机处于巡航高度时,左发出现火警,灭火器两次喷射后火被熄灭,转场至就近适合机场。

12.2　制造符合性检查

a）测试改装设备:摄像头、人体生理数据采集装置、眼动仪、心率手表。

b）主飞行显示器(含飞行指引仪)、导航显示、飞行管理系统(重量和平衡,性能计算等)、发动机显示、飞行控制系统、自动油门、通信系统。

12.3　试验程序

a）在教员台进行如下初始化设置。

1）机场:上海浦东国际机场。

2）天气:天气晴朗,有轻微紊流;机场附近无云,跑道能见度 3 km。

3）飞机:飞机位置在离机场 150 km 的航线上,高度 FL350,巡航速度 0.76 Ma,巡航构型。

4）故障设置:试验开始后在教员台设置。

5）其他:按正常情况设置。

b）试验开始,按照以下步骤进行操作:

1）解冻模拟器,开始试验。1～5 min 后,通过教员台设置左发火警故障。

2）飞行员发现火警后,按照相关程序切断左发动机燃油,同时喷射灭火器。

3）教员台需设置两次灭火,第一次灭火不成功,第二次灭火成功。

4）驾驶员发现火未熄灭后,第二次喷射灭火器,随后火熄灭,火警消除。

5）左发停车后,飞机减速并开始下降。飞行员在管制员的引导下进入机场管制区,并按单发程序进行着陆。

6）飞机进入初始进近阶段,试验结束。

c）试验结束后，对模拟器进行复位。飞行员按照要求对机组工作负荷进行评估，并填写相关的表格。

13　标准仪表进场

13.1　试验科目

在西安咸阳机场执行标准仪表进场。

13.2　制造符合性检查

a）测试改装设备：摄像头、人体生理数据采集装置、眼动仪、心率手表。

b）主飞行显示器、导航显示、飞行管理系统、发动机显示、飞行控制系统、TCAS、自动油门、襟翼、起落架、通信。

13.3　试验程序

a）在教员台进行如下初始化设置。

1）机场：西安咸阳机场。

2）天气：CAT I ILS 进近天气。

3）飞机：飞机位于航线终端、重量 37 000 kg、重心 20%MAC，巡航构型。

4）故障设置：无。

5）其他：按正常情况设置。

b）试验开始，飞行员按照以下步骤进行操作：

1）试验开始，飞行员飞行约 40 km 后进行 CAT I ILS 进近报告；

2）飞机平飞减速至 250 kn，高度下降至 1 500 ft(450 m)；

3）飞机以 145 kn 速度稳定进场，进入着陆航线；

4）按程序执行 CAT I ILS 进近；

5）着陆后任务结束。

c）试验结束后，对模拟器进行复位。飞行员按照要求对机组工作负荷进行评估，并填写相关的表格。

14　结冰环境

14.1　试验科目

飞机在寒冷天气下爬升时，飞机开始结冰，执行防冰操作。

14.2　制造符合性检查

a）测试改装设备：摄像头、人体生理数据采集装置、眼动仪、心率手表。

b）主飞行显示器（含飞行指引仪）、导航显示（包含地形和雷达）、飞行管理系统（含预设的航线）、发动机显示、飞行控制板、EICAS（防冰和 ECS）、电子检查单、防冰系统(空速管、机翼、吊挂、风挡)、引气系统、飞行控制系统、自动油门、通信系统。

14.3 试验程序

a) 在教员台进行如下初始化设置。

1) 机场:上海虹桥国际机场。

2) 天气:温度2℃,静风,跑道能见度3 km。机场附近50 n mile范围内有云,云底高500 m,云层厚度1 000 m。大气温度变化垂直梯度每1 000 ft −2.5℃,飞机爬升航线上存在中度结冰条件。根据周围地形的状态将提示采取合适的防冰措施。

3) 飞机:飞机停止在跑道起飞线。重量37 000 kg,重心28%MAC。

4) 故障设置:无。

5) 其他:按正常情况设置。

b) 试验开始,按照以下步骤进行操作:

1) 解冻模拟器,开始试验。飞行员操作飞机按照正常程序起飞;飞机处于手动控制,使用飞行指引和手动油门。在穿越云层时采用仪表飞行。

2) 当飞机持续爬升至巡航高度时开始结冰,飞行员发现结冰后,采取相应的除冰/防冰措施,同时谨慎地根据地形要求重设航线并避开积云。

3) 飞机离开起飞机场60 n mile时,试验结束。

c) 试验结束后,对模拟器进行复位。飞行员按照要求对机组工作负荷进行评估,并填写相关的表格。

参考文献

[1] 中国民用航空局. 2013 年民航行业发展统计公报[R]. 北京：中国民用航空局，2014.

[2] 罗晓利. 飞行中人的因素[M]. 成都：西南交通大学出版社，2002.

[3] 夏炜，孙晓敏，邵文清. 基于 VAPS 的电子飞行仪表系统显示设计[J]. 航空电子技术，2009，40(3)：15-18.

[4] 赵龙，黄一敏. 无人机飞行控制仿真环境三维视景子系统设计[J]. 计算机仿真，2006，23(12)：38-42.

[5] 罗晓利. 人因(HF)事故与事故征候分类标准及近十二年中国民航 HF 事故与事故征候的分类统计报告[J]. 中国安全科学学报，2002，12(5)：55-62.

[6] 杜红兵，李珍香. 进近着陆运输飞行事故原因及预防对策研究[J]. 中国安全科学学报，2006，16(6)：118-122.

[7] 钟明海. 人机交互的审美成分研究[D]. 长春：东北师范大学，2013.

[8] 董士海. 人机交互的进展及面临的挑战[J]. 计算机辅助设计与图形学学报，2004，16(1)：1-13.

[9] 普建涛，陈文广，王衡，等. 多通道用户界面关键技术和未来发展趋势研究[J]. 计算机研究与发展，2001，38(6)：684-690.

[10] 袁保宗，阮秋琦，王延江，等. 新一代(第四代)人机交互的概念框架特征及关键技术[J]. 电子学报，2003，31(12A)：1945-1954.

[11] 李刚，黄席樾，袁荣棣，等. 以人为中心的机器人系统的人机交互技术[J]. 重庆大学学报(自然科学版)，2003，26(5)：59-63.

[12] 李霖，贺锦鹏，刘卫国，等. 先进驾驶辅助系统人机交互界面评价方法研究[J]. 汽车技术，2014，(2)：58-62.

[13] 李娟妮，华庆一，张敏军. 人机交互中任务分析及任务建模方法综述[J]. 计算机应用研究，2014，31(10)：2888-2895.

[14] 卢莉莉. 面向任务的人机交互模型研究及应用[D]. 重庆：重庆大学，2005.

[15] 叶挺. 基于任务分析的指挥空间多通道交互方法研究[D]. 长沙：国防科学技术大学，2009.

[16] 董大勇，袁修干，王黎静，等. 基于飞行任务的驾驶舱显示人机界面仿真[J]. 系统仿真学报，2007，19(2)：678-680

[17] Wiegmann D A, Shappell S A. A – human error approach to aviation accident analysis: The human factors analysis and classification system [M]. Aldershot, UK: Ashgate Publishing Ltd, 2012.

[18] Boeing Commercial Airlines. Statistical summary of commercial jet airplane accidents[R]. Seattle: Boeing Commercial Airlines, 2003.

[19] NTSB. Annual review of aircraft accident data U. S. general aviation, calendar year 2005 [R]. Washington, DC: National Transportation Safety Board, 2005.

[20] Dekker S. The criminalization of human error in aviation and healthcare: A review [J]. Safety Science, 2013, 49 (2): 121-127.

[21] Masys A. A systemic perspective of situation awareness: An analysis of the 2002 mid-air collision [J]. Disaster Prevention and Management: An International Journal, 2005, 14 (4): 548-557.

[22] Abbott K, Slotte S, Stimson D, et al. The interfaces between flightcrews and modern flight deck systems [R]. Washington, DC: Federal Aviation Administration, 1996.

[23] Boy G A. The handbook of human-machine interaction: a human-centered design approach [M]. Aldershot,UK: Ashgate Publishing Ltd, 2012.

[24] Kim S H, Prinzel L J, Kaber D B,et al. Multidimensional measure of display clutter and pilot performance for advanced head-up display [J]. Aviat Space Environ Med, 2011, 82 (11): 1013-1022.

[25] Harris D. Human performance on the flight deck [J]. Ergonomics, 2011, 55 (9): 1123-1124.

[26] Robinson T, Grabski G, Yugawa K, et al. Touchscreen display enhancements for flight deck applications [J]. Sae International Journal of Aerospace, 2012, 5(1): 151-156.

[27] Andre A D, Wickens C D, Moorman L, et al. Display formatting techniques for improving situation awareness in the aircraft cockpit [J]. International Journal of Aviation Psychology, 2009, 1 (3): 205-218.

[28] Gyde M G, Snyder M I, Stewart M J. Multifunction keyboard for advanced cursor driven avionic flight decks:US, 7724240[P]. 2010-05-25.

[29] Sarter N B, Woods D D. Pilot interaction with cockpit automation: Operational experiences with the flight management system [J]. International Journal of Aviation Psychology, 2009, 2 (4): 303-321.

[30] Ramasamy S, Sabatini R, Gardi A, et al. Next generation flight management system for real-time trajectory based operations [J]. Applied Mechanics & Materials, 2014, 629: 344-349.

[31] Barratt J, Dowd K. A new airplane for a new world: The Boeing 787 Dreamliner [J]. Design Management Review, 2006, 17 (4): 25-30.

[32] De Florio F. Airworthiness: An introduction to aircraft certification[M]. Amsterdam: Elsevier, 2010.

[33] Wickens C D. Multiple resources and mental workload [J]. Human Factors: The Journal of the Human Factors and Ergonomics Society, 2008, 50 (3): 449-455.

[34] Stanton N A, Salmon P M, Walker, G H, et al. Human factors methods: a practical guide for engineering and design [M]. Aldershot ,UK:Ashgate Publishing, 2012.

[35] Ahlstrom U, Friedman-Berg F J. Using eye movement activity as a correlate of cognitive workload [J]. International Journal of Industrial Ergonomics, 2006, 36 (7): 623-636.

[36] Michael T P, William H R, Hayes N P, et al. A crew-centered flight deck design philosophy for high-speed civil transport (HSCT) aircraft,NASA Technolgy Memorandum 109171[R].

Hampton, Virginia: NASA, 1995.

[37] FAA. Certification of transport airplane mechanical systems, AC25-22. Washington, DC: Federal Aviation Administration, 2000.

[38] FAA. Airplane simulator qualification, AC120-40B. Washington, DC : Federal Aviation Administration, 1991.

[39] Causse M, Baracat B, Pastor J, et al. Reward and uncertainty favor risky decision-making in pilots: evidence from cardiovascular and oculometric measurements [J]. Applied Psychophysiology and Biofeedback, 2011, 36 (4): 231-242.

[40] Kennedy Q, Taylor J L, Reade G, et al. Age and expertise effects in aviation decision making and flight control in a flight simulator [J]. Aviation Space and Environmental Medicine, 2010, 81 (5): 489.

[41] Schriver A T, Morrow D G, Wickens C D, et al. Expertise differences in attentional strategies related to pilot decision making [J]. Human Factors: The Journal of the Human Factors and Ergonomics Society, 2008, 50 (6): 864-878.

[42] Wilson J R. Fundamentals of systems ergonomics/human factors [J]. Applied Ergonomics, 2014, 45 (1): 5-13.

[43] Hales B M, Pronovost P J. The checklist-tool for error management and performance improvement [J]. Journal of Critical Care, 2006, 21 (3): 231-235.

[44] Hobbs A, Williamson A. Associations between errors and contributing factors in aircraft maintenance [J]. Human Factors: The Journal of the Human Factors and Ergonomics Society, 2003, 45 (2): 186-201.

[45] Wilson G F, Caldwell J A, Russell C A. Performance and psychophysiological measures of fatigue effects on aviation related tasks of varying difficulty[J]. The International Journal of Aviation Asychology Psychology, 2007, 17 (2): 219-247.

[46] Braarud P Ø, Kirwan B. Task complexity: what challenges the crew and how do they cope [M]//Skjerre A B, Bye A. Simulator-based human factors Studies across 25 years. London: Springer, 2011: 233-251.

[47] Shappell S, Detwiler C, Holcomb K, et al. Human error and commercial aviation accidents: an analysis using the human factors analysis and classification system [J]. Human Factors: The Journal of the Human Factors and Ergonomics Society, 2007, 49 (2): 227-242.

[48] Yang Chengjia, Liu Zhongqi, Zhou Qianxiang, et al. Analysis on eye movement indexes based on simulated flight task[C]//International Conference on Engineering Psychology and Cognitive Ergonomics, June 22-27, 2014, Heraklion, Crete, Greece. Basel, Switzerland: Springer International Publishing, 2014: 419-427.

[49] Wilson G F. An analysis of mental workload in pilots during flight using multiple psychophysiological measures [J]. The International Journal of Aviation Psychology, 2002, 12 (1): 3-18.

[50] Cain B. A review of the mental workload literature[R]. Toronto: Defenct Research and Development Canada, 2007.